江苏省"十四五"时期重点出版物出版专项规划项目

水工岩土力学与防灾减灾丛书
丛书主编◎徐卫亚　邵建富

大华水动力滑坡变形破坏机理及稳定性分析

徐卫亚　李　跃　陈鸿杰　杨　玲　王　震◎著

河海大学出版社
·南京·

图书在版编目(CIP)数据

大华水动力滑坡变形破坏机理及稳定性分析 / 徐卫亚等著. -- 南京：河海大学出版社,2023.3
(水工岩土力学与防灾减灾丛书 / 徐卫亚,邵建富主编)
ISBN 978-7-5630-8204-9

Ⅰ.①大… Ⅱ.①徐… Ⅲ.①水库-大坝-滑坡-研究 Ⅳ.①TV698.2

中国国家版本馆 CIP 数据核字(2023)第 043039 号

书　　名	大华水动力滑坡变形破坏机理及稳定性分析 DAHUA SHUIDONGLI HUAPO BIANXING POHUAI JILI JI WENDINGXING FENXI
书　　号	ISBN 978-7-5630-8204-9
策划编辑	朱婵玲
责任编辑	卢蓓蓓
特约校对	唐哲曼
装帧设计	徐娟娟
出版发行	河海大学出版社
网　　址	http://www.hhup.com
地　　址	南京市西康路1号(邮编:210098)
电　　话	(025)83737852(总编室)　(025)83722833(营销部)
经　　销	江苏省新华发行集团有限公司
排　　版	南京布克文化发展有限公司
印　　刷	广东虎彩云印刷有限公司
开　　本	718毫米×1000毫米　1/16
印　　张	13.5
字　　数	228千字
版　　次	2023年3月第1版
印　　次	2023年3月第1次印刷
定　　价	98.00元

目录
CONTENTS

第一章　概　论 ··· 001
　　1.1　研究背景 ··· 003
　　1.2　黄登-大华桥库区滑坡发育分布 ··· 003
　　1.3　大华滑坡工程地质及变形破坏特征 ·· 007
　　1.4　本书主要内容 ··· 009

第二章　堆积体滑带土水动力特性 ··· 011
　　2.1　土水特征曲线确定方法 ··· 013
　　2.2　滑带土土水特征曲线试验 ··· 015
　　　　2.2.1　滑带土特征分析与试样制备 ·· 016
　　　　2.2.2　滑带土脱湿过程土水特征曲线试验 ································· 019
　　　　2.2.3　滑带土 SWCC 拟合 ··· 020
　　2.3　滑带土渗透试验及特性分析 ··· 021
　　　　2.3.1　滑带土非饱和渗透特性 ··· 022
　　　　2.3.2　滑带土饱和渗透试验 ··· 024
　　　　2.3.3　滑带土饱和渗透特性分析 ·· 024
　　2.4　小结 ··· 029

第三章　滑带土抗剪强度水致劣化 ··· 031
　　3.1　饱和与非饱和三轴试验 ··· 033
　　3.2　试验方案及试验关键因素 ··· 036
　　　　3.2.1　试验方案与设置 ·· 036

  3.2.2 试验的几个关键因素 …………………………………… 037
 3.3 非饱和三轴剪切试验成果与分析 ………………………………… 040
  3.3.1 低含石量滑带土试样 …………………………………… 040
  3.3.2 中含石量滑带土试样 …………………………………… 043
  3.3.3 高含石量滑带土试样 …………………………………… 045
 3.4 非饱和抗剪强度参数分析 ………………………………………… 047
 3.5 抗剪强度水致劣化特性分析 ……………………………………… 059
 3.6 堆积体试样破坏特性分析 ………………………………………… 062
 3.7 小结 ……………………………………………………………… 064

第四章 大华滑坡安全监测与预警分析 ……………………………… 067
 4.1 安全监测资料分析 ………………………………………………… 069
  4.1.1 GNSS 表观位移 ………………………………………… 070
  4.1.2 深部位移 ………………………………………………… 075
  4.1.3 测压管监测 ……………………………………………… 080
  4.1.4 变形与库水位变化 ……………………………………… 081
 4.2 基于变分模态分解与优化的滑坡位移机器学习预测 …………… 086
  4.2.1 基于信号分解技术的滑坡位移序列和特征分量提取 … 087
  4.2.2 机器学习模型及智能优化算法原理 …………………… 092
  4.2.3 基于 VMD-SampEn 与 MQGWO-LSSVM 的滑坡位移预测
     模型 ……………………………………………………… 105
  4.2.4 模型验证 ………………………………………………… 109
 4.3 基于安全监测的滑坡预警判据研究 ……………………………… 114
  4.3.1 滑坡预警原理概述 ……………………………………… 114
  4.3.2 位移预警分析 …………………………………………… 118
  4.3.3 应力预警分析 …………………………………………… 123
  4.3.4 库水位预警分析 ………………………………………… 124
  4.3.5 降雨预警分析 …………………………………………… 125
  4.3.6 综合预警体系 …………………………………………… 125
 4.4 小结 ……………………………………………………………… 128

第五章 大华滑坡随机模拟非确定性分析 ············ 131
5.1 地质统计学随机模拟算法 ············ 133
5.2 基于有限元强度折减的大华滑坡非确定性分析 ············ 135
5.2.1 计算流程 ············ 135
5.2.2 计算剖面 ············ 136
5.2.3 大华滑坡非确定性因素的模拟方法 ············ 137
5.2.4 大华滑坡有限元方法非确定性分析结果 ············ 140
5.3 基于离散元的大华滑坡非确定性分析 ············ 142
5.3.1 计算流程 ············ 143
5.3.2 离散元非确定性因素模拟方法 ············ 143
5.3.3 大华滑坡离散元方法非确定性分析结果 ············ 146
5.4 小结 ············ 148

第六章 大华滑坡安全性区间分析研究 ············ 151
6.1 区间极限平衡分析 ············ 153
6.1.1 滑坡区间极限平衡理论 ············ 153
6.1.2 函数测试 ············ 154
6.1.3 考题验证 ············ 156
6.1.4 大华滑坡区间极限平衡分析 ············ 159
6.2 区间有限元分析 ············ 161
6.2.1 滑坡区间有限元滑面应力法 ············ 161
6.2.2 考题验证 ············ 162
6.2.3 大华滑坡区间有限元分析 ············ 167
6.3 小结 ············ 169

第七章 考虑水动力参数劣化的大华滑坡安全评价 ············ 171
7.1 计算模型与计算条件 ············ 173
7.1.1 计算模型与参数 ············ 173
7.1.2 计算条件 ············ 174
7.2 计算成果及其与监测资料对比分析 ············ 174
7.2.1 非饱和非Darcy渗流特征 ············ 174

7.2.2 堆积体滑坡变形分析 …………………………………… 177
　　　7.2.3 堆积体滑坡稳定性分析 ………………………………… 180
　7.3 降雨及库水位变动条件下大华滑坡安全性复核……………… 181
　　　7.3.1 安全性复核背景及计算条件 …………………………… 181
　　　7.3.2 降雨及库水位联合作用下规范要求安全系数 ………… 182
　　　7.3.3 大华滑坡安全性复核 …………………………………… 183
　7.4 水动力条件单因素影响分析…………………………………… 191
　　　7.4.1 降雨历时影响分析 ……………………………………… 192
　　　7.4.2 降雨强度影响分析 ……………………………………… 197
　　　7.4.3 库水位调度影响分析 …………………………………… 199
　7.5 小结……………………………………………………………… 202

参考文献 ……………………………………………………………… 205

第一章 概论

1.1　研究背景

根据滑坡失稳成灾动力作用机制,一般可将滑坡类型分为重力型滑坡、水动力型滑坡、地震动力型滑坡。

其中,水动力型滑坡是指由水动力作用诱发触发形成的滑坡。水动力通常包括降雨(暴雨、久雨),库坝区运行调度水位升降,泄洪雨雾,河道水位骤降抬升变化,高寒山区冰雪消融、冰崩等。滑坡工程水文地质条件、滑坡水动力特性、水动力作用、互馈反馈耦合机理、监测预报预警及风险防控是水动力滑坡防治减灾工程实践中的重要课题,事关重大水利水电工程安全及生态环境安全。

西南地区水力资源丰富,地质物理环境复杂,是我国水电工程高坝大库建设发展的重地。澜沧江干流规划建设 21 级水电站,水电站近库坝区普遍发育分布大型、巨型堆积体滑坡,勘测设计运行阶段均面临堆积体滑坡安全评价及风险防控的重要挑战。特别是澜沧江流域库坝区堆积体滑坡面临暴雨、久雨和水库运行调度库水位抬升及骤降等水动力强力作用,水动力型滑坡、水动力型失稳破坏及滑坡灾害链情势已成为重大水电工程安全和生态环境安全面临的重大挑战。

依托国家自然科学基金重点项目"高坝大库水动力型滑坡致灾机理研究"(51939004)、国家重点研发计划"水动力型特大滑坡灾害致灾机理与风险防控关键技术研究"(2017YFC1501100)、国家自然科学基金项目"大型冰水滑坡堆积体力学参数及变形破坏机理研究"(11772118),结合中国华能集团有限公司重点项目"黄登-大华桥库区典型滑坡变形失稳机理与防治技术深化研究"(HDDC 2019/D01)的研究和实践,本著作对水电工程库坝区较为典型的大型堆积体滑坡——澜沧江黄登-大华桥水电站库区大华滑坡在水动力作用下的地质、渗流、力学特性及水动力作用变形破坏演化机制、水动力滑坡非确定性分析及安全性评价、监测分析及预警等开展实例研究,分析研究水动力条件下滑坡的孕育、形成、演化、运动及监测预警,为水动力型特大滑坡风险防控研究提供技术支撑,可为类似高坝大库水动力滑坡变形破坏机理及风险防控研究提供工程实证参考。

1.2　黄登-大华桥库区滑坡发育分布

澜沧江干流水电基地上游河段"一库七级"水电开发共包括七个梯级电站,

依次为古水水电站、乌弄龙水电站、里底水电站、托巴水电站、黄登水电站、大华桥水电站和苗尾水电站。黄登水电站和大华桥水电站正是"一库七级"电站中的第五级和第六级,黄登-大华桥库区位于云南省怒江州兰坪县。

黄登水电站大坝为碾压混凝土重力坝,坝高 203 m[①]。工程规模为 I 等大(1)型,工程枢纽主要由碾压混凝土重力坝、坝身泄洪表孔、泄洪放空底孔、左岸折线坝身进水口及地下引水发电系统组成。电站装机容量 190 万 kW,年发电量 86.29 亿 kW·h。

大华桥水电站上游距黄登水电站约 40 km,下游与苗尾水电站相衔接,相距约 60 km。大坝为碾压混凝土重力坝,坝高 106 m。工程规模为 II 等大(2)型,枢纽建筑物主要包括:挡水与泄水建筑物、电站厂房、消能防冲设施等。电站装机容量为 92 万 kW。

黄登-大华桥库区正常蓄水位 1 477 m,总库容 2.93 亿 m³。河谷呈"V"字形,库区内山体遭受强烈切割,支流冲沟深切,地表水系发育。水库两岸为高山峡谷地貌,岸坡较陡。两岸地层以碎屑沉积岩和浅变质岩为主,基岩由板岩、片岩等组成,性状较差,库区滑坡、崩塌、泥石流等地质灾害发育,特别是近坝库岸分布有大华滑坡、拉古滑坡、沧江桥滑坡及小扎局滑坡等巨型滑坡体地质灾害,如图 1-1 所示。

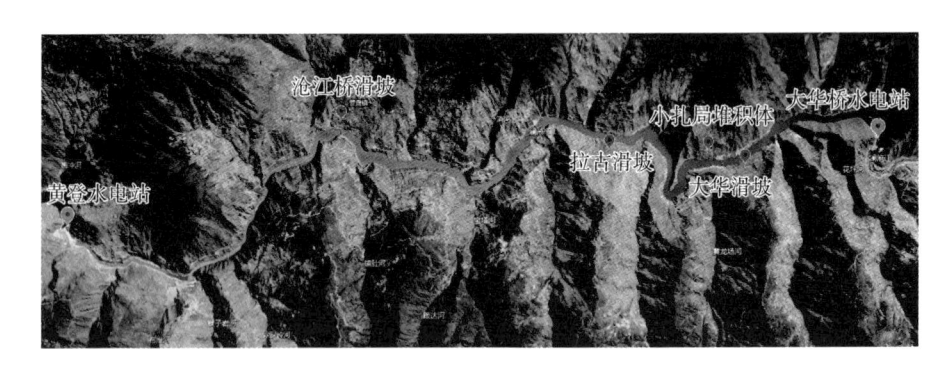

图 1-1 黄登-大华桥库区滑坡分布地理位置

大华滑坡属于特大型滑坡,堆积物体积大约为 4 840 万 m³。距大华桥大坝 5.1 km,其分布高程在 1 410～1 870 m 之间,后缘至前缘长度约 1 000 m,顺河向宽度 1 060 m 左右,周边为基岩陡壁,呈"圈椅"状,属于典型的纵横等长式滑坡,如图 1-2 所示。

---

① 因四舍五入,全书数据存在一定偏差。

图 1-2　大华滑坡概貌图

拉古滑坡属于特大型滑坡，堆积物体积大约为 5 800 万 m³。距大华桥大坝 12.5 km，其分布高程约在 1 430～2 000 m 之间。整个坡体形似扇状，前宽后窄，前缘顺河宽度约 1.6 km。拉古滑坡三面临空，后缘与山体连为一体，如图 1-3 所示。

图 1-3　拉古滑坡概貌图

沧江桥滑坡位于沧江桥左岸，属于大型滑坡，体积约 500 万 m³。距大华桥大坝 24 km。滑坡体地貌形态明显，呈圈椅状，后缘较宽，高程约 1 580～1 610 m；前缘相对较窄，高程 1 445 m，前后缘最大高差 150 m。滑坡体自然地形坡度较缓，前缘较陡。滑坡顺河向宽约 1.2 km，纵向最长约 400 m，如图 1-4 所示。

图 1-4　沧江桥滑坡概貌图

小扎局堆积体位于澜沧江左岸，体积约 850 万 m³。距大华桥大坝 6.8 km，其上下游分别有冲沟发育，具有明显的圈椅状地形，前缘直到江边，高程 1 420 m，后缘高程 1 660 m。堆积体厚度一般大于 30 m，如图 1-5 所示。

图 1-5　小扎局堆积体概貌图

1.3 大华滑坡工程地质及变形破坏特征

大华滑坡位于兰坪县兔峨乡大华村附近，澜沧江右岸，属于特大型滑坡，堆积物体积约为 4 840 万 m³。距下坝址约 5.1 km。水库正常蓄水位 1 477 m 时，滑坡体前缘约有 67 米的深度位于水位以下。

1. 地形地貌

大华滑坡地处滇西纵谷高原区，属中甸大理高、中山峡谷盆地亚区，以深切中、高山地貌为主。总体地势北高南低，两岸山脉高程 2 500～3 500 m，相对高差 1 300～2 500 m。区内地层主要为白垩系、侏罗系地层。库区为高山峡谷地貌，澜沧江流向基本上为 NNW 向至 SE 近 SN 向，河谷呈 V 形，谷坡坡度 40°～50°，两岸分水岭高程多在 2 700～3 600 m。库区内山体遭受强烈的切割，支流冲沟深切，地表水系发育，且多有常年水流补给澜沧江。如图 1-6 为大华滑坡堆积体地理位置卫星影像。

大华滑坡分布高程在 1 410～1870 m 之间。整个坡体形似扇状，前宽后窄，近 NS 向展布。后缘—前缘长度约 1 000 m，顺河向宽度 1 060 m 左右，周边为基岩陡壁，呈"圈椅"状，形成后缘及上下游侧缘被基岩陡坡围限、前缘临空的态势，属于典型的纵横等长式滑坡。岸坡坡度 50°～60°，局部岸坡前缘已经形成失稳滑动塌岸。

图 1-6 大华滑坡堆积体地理位置卫星影像

2. 基本地质情况

大华滑坡物质主要由三层组成：表层 10～50 m 左右为崩积土夹碎块石，中部 20～50 m 左右为侏罗系坝注路组倾倒变形的全、强风化紫红色板岩(J_3b)，下部为原状岩层。中部岩层基本保持原状层序，岩层倾向岸内，从浅到深岩层倾角逐渐从缓变陡，倾角 15°～30°左右，强度低，手捏即可成碎块、碎片、碎屑状。下部弱风化紫红色板岩(J_3b)，岩层倾角上部 35°～45°左右，随着深度的增加，岩层倾角逐渐变陡至 70°～85°，趋于正常。大华滑坡区内地势西（后缘）高东（前缘）低，总体坡度 26°左右。

3. 分区特征

根据地表形态及历史滑坡特征，将大华滑体划分为五个区，各区位置见图 1-7。

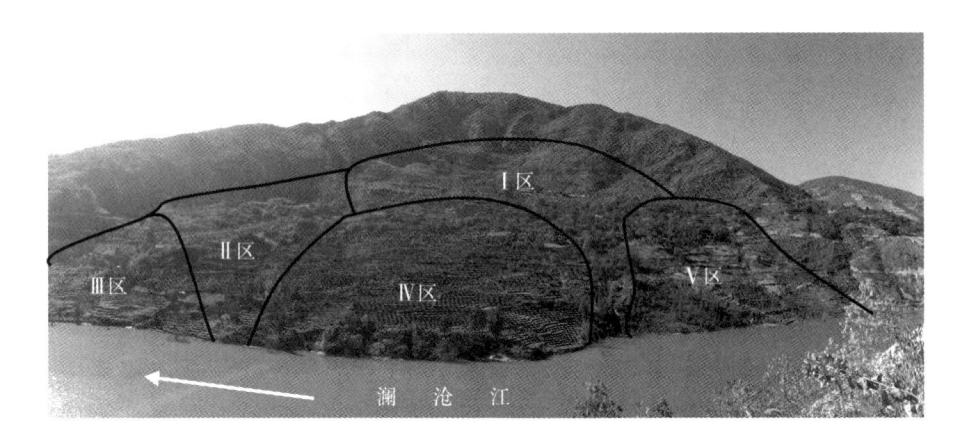

图 1-7 大华滑坡分区图

Ⅰ区地面高程约在 1 650～1 860 m 之间，主滑方向近 EW 向，与澜沧江流向大致垂直，呈弧形长舌状展布，坡体平均宽度 960 m，斜长约 390 m，面积约 3.74×10^5 m²，平均厚度约 40 m，滑坡体方量约 1.42×10^7 m³，Ⅰ区上游侧缘分布有大华桥村。

Ⅱ区地面高程约在 1 580～1 810 m 之间，坡体呈舌状展布，平均宽度 240 m，斜长约 440 m，面积约 1.06×10^5 m²，平均厚度约 75 m，滑坡体方量约 7.92×10^6 m³，坡体区前缘陡坎坡度约 25°左右，该区前缘和上下游侧缘以高约 15 m 的陡坎与其他各区分界。

Ⅲ区呈喇叭状展布，平均宽度约 490 m，斜长约 335 m，面积约 1.64×

10^5 m²,平均厚度约 51 m,滑坡体方量约 $8.37×10^6$ m³。

Ⅳ区整体呈扇形展布,平均宽度约 540 m,斜长约 520 m,面积约 $2.81×10^5$ m²,平均厚度约 30 m,滑坡体方量约 $1.18×10^7$ m³。地面高程约在 1 410～1 720 m 之间。

Ⅴ区呈长舌状展布,平均宽度约 230 m,斜长约 490 m,面积约 $1.13×10^5$ m²,平均厚度约 56 m,滑坡体方量约 $6.31×10^6$ m³。地面高程约在 1 410～1 670 m 之间。

4. 气象水文条件

根据实际观测资料和统计资料,区内多年平均降水量为 973.8 mm,降水量年内分配不均匀,7、8 月份降水最多,占年降水总量的 41.7%,6 月至 9 月降水量占全年的 71.7% 以上,11 月至次年 3 月降水较少,仅占年降水总量的 6.4%。该地区暴雨强度不大,年最大日降水量为 119.8 mm。

该地区地下水类型主要有两种,即第四系孔隙水和基岩裂隙水。第四系孔隙水分布于河床砂卵砾石层及山坡堆积体中,地下水位随冲沟、河水位的涨落而变化,主要接受大气降水和两岸地下水的补给。基岩裂隙水分布于山体内,地下水位高于沟谷及河水位。基岩裂隙水主要储存于砂岩层中,板岩为相对不透水层;基岩裂隙水以接受大气降水补给为主,通过岩石的风化裂隙或构造裂隙,渗入集中,向深处及低处运移,遇断层涌出地面成上升泉,或由风化裂隙在山麓沟谷两侧渗出而形成下降泉。地下水位总体上随地势的升高而抬高,同时还受断裂构造的影响。总体来看,两岸地下水不丰富,水位一般较低。

在大华滑坡范围内Ⅰ区高程 1 830 m、Ⅳ区高程 1 630 m 和Ⅴ区高程 1 420 m 有三个泉水出露点,在各区的冲沟内均见有地表水流,滑坡体前缘江边陡坎上见有多处出水点。对现场 23 个钻孔水位观测结果表明,堆积体内地下水位埋藏不一,浅至 5～10 m,深至 60～70 m,其水位变幅大部分在 10 m 以下,个别钻孔受地表水的影响,水位变幅较大。

1.4 本书主要内容

1. 堆积体滑带土土水特征曲线试验研究

开展大华滑坡水动力特性的试验研究,通过试验手段分别研究大华滑坡滑带土的土水特征曲线特性及其非饱和—饱和渗透特性与演化规律,从而为水动力条件下的堆积体滑坡破坏机制研究提供基础。

2. 堆积体滑带土水致劣化特性试验研究

开展大华滑坡滑带土非饱和抗剪强度的试验研究,分析不同含石量堆积体在不同含水量状态下的抗剪强度特性,并进一步研究水对堆积体抗剪强度的劣化作用。

3. 大华滑坡安全监测和预警分析

针对大华滑坡安全监测数据,开展监测资料分析,尤其针对大华滑坡在降雨、库水位骤降等水动力工况下滑坡体的变形趋势,预测滑坡灾害对工程可能造成的影响。在此基础上,构建大华滑坡高精度位移预测模型,并开展滑坡预警判据研究。

4. 基于随机模拟的大华滑坡非确定性分析

基于地质统计学随机模拟算法进行大华滑坡有限元和离散元两种方法的非确定性分析研究。通过序贯指示模拟研究土石混合结构的非确定性,通过单正态方程模拟研究滑带位置的不确定性,通过序贯高斯模拟研究岩土力学参数的空间变异性,分析大华滑坡的安全系数和稳定性较差的区域。

5. 大华滑坡安全性区间分析

考虑滑坡岩土体参数的区间不确定性,研究滑坡区间极限平衡法和区间有限元滑面应力法的安全系数区间扩张问题。提出基于粒子群优化算法的区间极限平衡法和基于粒子群优化算法的滑坡区间有限元滑面应力法,进行大华滑坡区间安全性分析。

6. 大华滑坡安全性评价

基于大华滑坡滑带土的非饱和—饱和的渗透特性、抗剪强度水致劣化特性研究,结合非 Darcy 流条件下的非饱和—饱和渗流计算方法,对大华滑坡在降雨、库水位升降等多种水动力条件下的渗流与变形破坏特性展开分析;在此基础上,开展降雨及库水位变动条件下大华滑坡安全性复核,并分析不同降雨历时、不同降雨强度和不同的库水位上升、下降调度方案对大华滑坡安全性的影响。

第二章 堆积体滑带土水动力特性

岩土体的非饱和力学特性和非饱和力学作用是非饱和岩土力学研究的重要课题。非饱和岩土研究可归结为土力学和水力学问题,土力学问题是非饱和土的力学和变形问题,水力学问题主要是非饱和土中水的运动问题。非饱和岩土中水的运动问题,多由大气降水、地下水位变动、库水位升降、冰川融雪、地表径流以及地下水活动等多种水动力条件[1]引起,会导致土体的含水量、基质吸力、渗透能力等发生变化。在土壤学研究中,将与水分运移特征密切相关的一些参数如含水量、土水特征曲线(Soil Water Characteristic Curve, SWCC)、非饱和—饱和渗透系数、扩散率、容水度等统称为水动力参数[2],这些参数直接影响到水动力作用下滑坡的稳定性。

本章通过试验研究大华滑坡工程滑带土的土水特征曲线规律,在此基础上进一步研究该工程滑带土的非饱和渗透规律,开展大华滑坡滑带土的饱和渗透试验规律研究,得到大华滑坡非饱和—饱和渗透过程演化规律,为进一步分析该滑坡在降雨、库水位变化等水动力条件下的稳定性提供科学依据。

2.1 土水特征曲线确定方法

非饱和土中水的流动问题最典型的例子就是毛细管现象,即管的直径越小,管壁对水的附着力越高,自由水面上升的高度越大,图 2-1 直观地诠释了这个问题。在毛细管中,液柱的重量和毛细管径的平方成正比,液柱上升高度为:

$$h = \frac{2\gamma\cos\theta}{\rho_f g r} \xrightarrow{\text{液体为水}} h \approx \frac{0.14}{r}\text{cm} \qquad (2-1)$$

式中:γ 为表面张力系数,θ 为接触角,ρ_f 为液体密度,g 为重力加速度,r 为毛细管半径。当液体为水时,若毛细管半径为 1 cm,水位可以上升大约 1.4 mm;当毛细管半径为 0.1 cm 时,水位可以上升大约 14 mm。由此可见,毛细管压力在细小管道中的液体流动问题中不容忽视。

在由三相物质组成的土体中,土颗粒之间形成的孔隙被孔隙水和孔隙气所填满,每个通道宛如一个个细小的毛细管,在这些"毛细管"中,"管径"越大,土中水的上升高度越小;"管径"越小,土中水的上升高度越大,如图 2-2 所示。更确切地说,水在土中传导的过程,除了与孔隙大小有关,还与土体的渗透性能、扩散性能等因素有关,在这些因素的共同作用下,即构成了土中的水分运动过程。土中水的运动特征包括了土体的土水特征曲线、非饱和渗透系数函数、扩散率和容水度等。本节主要考虑土水特征曲线如何确定的问题。

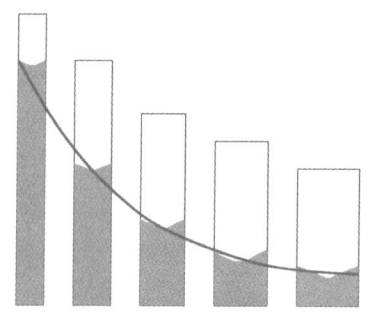

图 2-1 毛细管现象

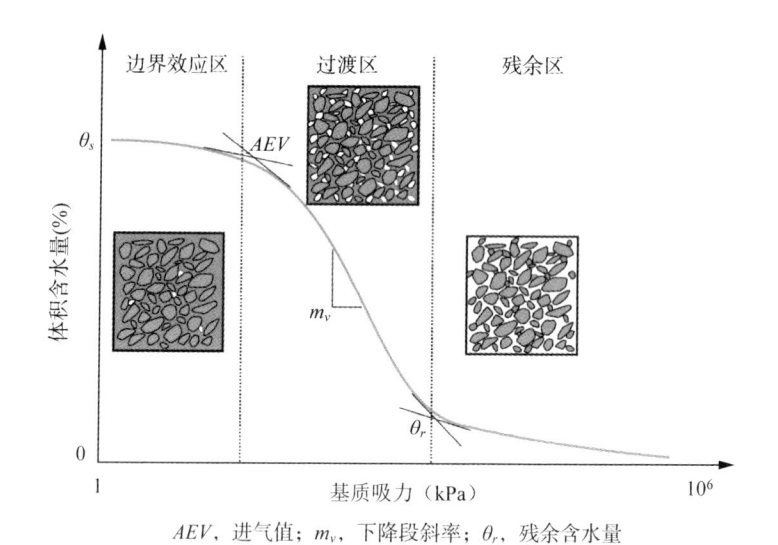

图 2-2 土中的毛细管现象

AEV,进气值;m_v,下降段斜率;θ_r,残余含水量

图 2-3 典型干土的土水特征曲线

土水特征曲线(SWCC)是非饱和土力学中的一个重要特征,它描述了基质吸力(Matric Suction)与土体体积含水率(Volumetric Water Content,VWC)之间的关系,也就是土体的持水能力(Water Retention,Bearing Capacity),它表示了土体在抵抗重力作用下保持住水分的能力。在土水特征曲线的基础上,可以进一步推求描述土体的渗透系数函数(Water Permeability Function for Unsaturated Soil,Unsaturated Hydraulic Conductivity)、抗剪强度等指标,因此土

水特征曲线 SWCC 是描述土体水动力特性的基础性参数。图 2-3 为典型的土水特征曲线,当土的含水量趋近 0% 时,基质吸力可达几百至上千 MPa。

土水特征曲线的获取主要有试验测定法和经验模型法,试验测定法又分为现场测试法和室内测试法。

2.2 滑带土土水特征曲线试验

大华滑坡滑带土土水特征曲线试验采用压力板仪进行,如图 2-4 所示。该仪器是一套简便易用的非饱和土试验装置,可以测得一定压力作用下非饱和土体的基质吸力与含水量(或饱和度)之间的关系曲线,包括完整的吸湿和脱湿两个过程,可得到与应力相关的 SWCC 曲线,有助于更好地了解土体在不同应力状态下、不同吸力下的持水能力,因此用压力板法进行 SWCC 的量测被广泛采用。

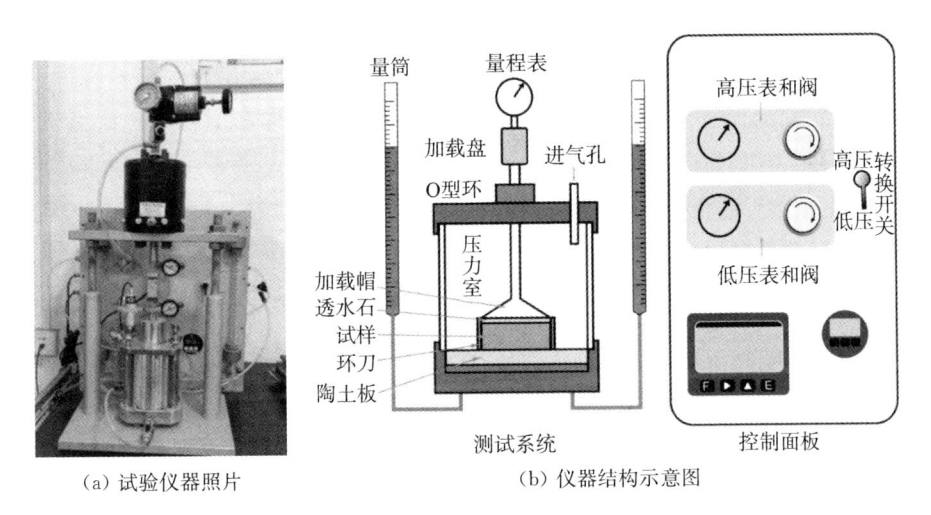

(a) 试验仪器照片　　(b) 仪器结构示意图

图 2-4　压力板仪照片及结构示意图

压力板仪主要由量测装置、加载装置和压力室三个部分组成。试验前在压力室底部的圆形凹槽内放置一个高进气值的陶土板,采用加压饱和的方式,将陶土板内气泡全部排出,使其饱和。陶土板饱和完成后,采用吸水纸擦除其表面附着的水膜,以免对排水量的测量产生较大影响。再将制备好的环刀样放置其上,从顶部采用恒定压力加载,使压力室内土体不断排出水分,每隔 24 h 测定一次排水量,当 24 h 变化量小于 0.1 mL 时,认为排水量保持恒定[3],此时可认为压力室内土体中的吸力和设定的压力达到平衡状态,即处于土水平衡态,该压力值即为此含水量下的基质吸力。

图 2-4 所示的压力板试验系统采用两个不同规格的压力表和调节器,高压调节器可以保证控制的基质吸力高达 1 500 kPa,低压调节器可以保证在低压时更好地控制精度。试验中基质吸力的控制范围取决于陶土板(即压力板)的进气值,Gee 等[4]研究了陶土板进气值与试验土体基质吸力的关系,指出针对不同土体选择进气值相匹配的陶土板非常重要。刘奉银等[5]也指出了合理选择陶土板的进气值既可以保证试验的精度,又能缩短试验周期。根据本次试验研究对象的特征和试验效率的要求,结合现有试验条件,最终采用进气值为 5 bar 的陶土板进行试验,即理论可测的最大基质吸力为 500 kPa。

2.2.1 滑带土特征分析与试样制备

堆积体滑坡滑带土室内试验的试样制备,应尽可能反映现场实际。受限于试验仪器的规格,滑带土试样中含有一些超径颗粒,需要对其进行处理。根据《土工试验方法标准》(GB/T 50123—2019)[6],对于含超粒径土样的处理方式,可采用剔除法、等量替代法、相似级配法和混合法等四种常用方式。研究按照提出的土石颗粒 5 mm 阈值,小于 5 mm 的颗粒为土,大于 5 mm 的颗粒为块石,块石再分别按照 5 mm≤d<10 mm,10 mm≤d<20 mm,20 mm≤d<40 mm 三种粒径进行分组。当使用小尺寸的三轴试验仪进行试验时,采用剔除超粒径颗粒法制备试样;使用较大规模的直剪仪时,按照实际级配进行制备。

试样制备前,先称重原状土的质量,然后将试样放入 105℃烘干箱中烘 12 h,取出土样后将其置于干燥器中冷却至室温,再称得烘干后土样的重量,计算得到原状土的初始含水率,其计算公式如下:

$$\omega_0 = \frac{m_0 - m_d}{m_d} \times 100\% \tag{2-2}$$

式中:m_0 为原状土的质量,kg;m_d 为烘干后的土重,kg;ω_0 为初始含水率,%。

对取回的原状滑带土进行筛分,如图 2-5(a)所示,得到大华滑坡工程滑带土的颗粒筛分曲线[图 2-5(b)]。采用 0.01 g 精度的分析天平,结合级配曲线配制不同含石量的三轴试样,如图 2-6 所示。

（a）滑带土筛分照片　　　　　（b）滑带土颗粒筛分曲线

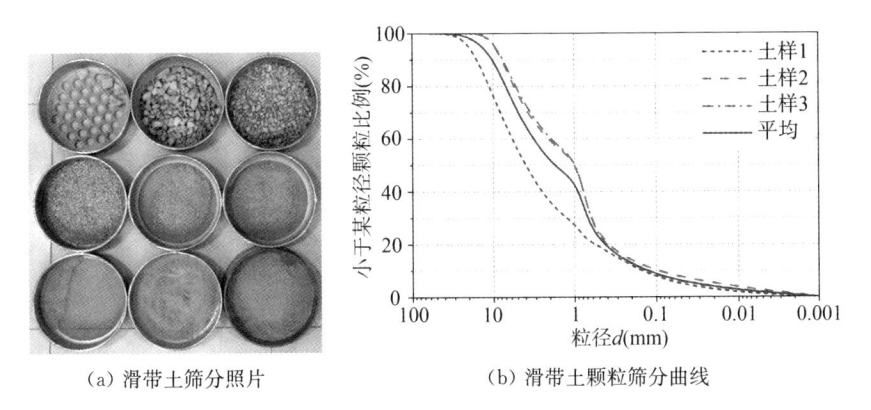

图 2-5　大华滑带土的颗粒筛分

图 2-6　大华滑带土三轴试样的制备

试样制备时,需要注意以下几个问题:

第二章　堆积体滑带土水动力特性

(1) 土样制备时使用喷雾器均匀、慢速喷洒所需水量到土体上,然后搅拌均匀,尽量保证土样不结团,再将其放入保湿器内湿润 24 h 后实测含水率,含水率的最大允许误差应控制在 ±1% 以内;

(2) 根据土样密度和制样筒体积计算出土体质量,采用分析天平将土样等量分成 4～6 份,在制样筒中按照指定的密度,每填筑一层都进行夯实,保证每层夯实高度相同,以此控制土样密度的均匀性。此外,制备上一层时,应将下层土体刨毛,保证土样更好结合,不出现分层现象;

(3) 制备好土样以后,将其用橡胶套套住,放入规格相当的土样制备器中密封保存,以防土样发生轴向或环向变形以及含水率产生变化。

饱和试样的制备,根据土样的不同,可采用浸水饱和、真空饱和、反压饱和等方式进行。由于大华堆积体滑带土的透水性较好,故选用浸水饱和方式。饱和时先将装好试样的饱和器放入水箱中,再注入清水,水面不超过试样顶面。然后关上水箱,防止水分蒸发,借助毛细作用完成试样饱和,整个过程大约需要 3 d。

试样饱和后,对土样的饱和度进行复核,如不满足要求,重复此过程,直至满足要求。饱和度计算按照下述公式进行:

$$S_r = \frac{\omega G_S}{e} \tag{2-3}$$

式中: S_r 为饱和度,%; G_S 为土颗粒比重; ω 为含水量,%; e 为孔隙比。

大华滑带土级配如图 2-5 所示。根据级配情况以及现场测定的相关参数,制备环刀试样,环刀尺寸高 19 mm,直径 70 mm,初始含水率控制在 8.0%～12.5% 之间。滑带土为土石混合物,相对密度 G_S 为 2.65,初始干密度 ρ_d 为 1.786 g/cm³。表 2-1 为试验用的滑带土主要物理性质参数,相关颗粒特征参数如表 2-2 所示。试验中采用的压力路径为 10 kPa→25 kPa→50 kPa→100 kPa→200 kPa→250 kPa→450 kPa,图 2-7 为试验过程中施压路径的示意图,图 2-8 为滑带土 SWCC 试样。

表 2-1 大华滑坡滑带土试样物理性质参数

取样位置	G_S	w_L (%)	w_P (%)	I_P	ρ_d (g/m³)	ρ_{sat} (g/m³)	e_0
滑带	2.65	30.9—32.7	17.6—21.2	11.6—13.3	1.786	2.195	0.60

表 2-2　大华滑坡滑带土试样颗粒特征参数

d_{60}(mm)	d_{10}(mm)	d_{30}(mm)	d_{50}(mm)	$Cu(d_{60}/d_{10})$	$Cc[(d_{30}^2)/(d_{60}\times d_{10})]$
2.29	0.14	0.40	0.88	16.36	0.50

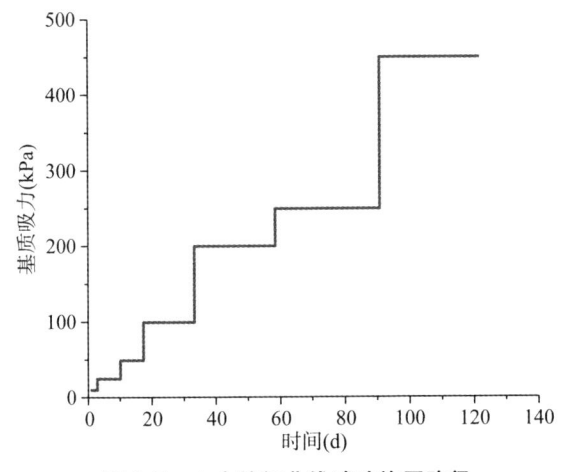

图 2-7　土水特征曲线试验施压路径

图 2-8　滑带土 SWCC 试验试样

2.2.2　滑带土脱湿过程土水特征曲线试验

针对上述滑带土样开展脱湿过程的 SWCC 试验,初始土样已饱和,测得试验过程中各级压力下的累计水分迁移量如图 2-9 所示。从图中可以看出,在试验刚开始阶段,虽然设定的压力只有 10 kPa,但由于饱和度较高,土水达到平衡的时间较快,大约只需要 5 d;随着试验的进行,施加的压力不断增加,土中水分也持续迁移,试样含水量随之降低,导致土水平衡的时间也逐渐增长;在试验后期,由于试样中大部分水分已排出,土体含水量显著降低,加压后水分迁移的速率明显变慢,从而使得土水平衡时间也更长,到最后一级压力时,土水平衡时间已经增加至 30 d 左右。

根据每一级压力下达到土水平衡态时的水分迁移量,计算出滑带土当前压力下剩余的质量含水量,即可得到相应的体积含水量,将各级压力与所对应的体积含水量点绘于半对数图中,如图 2-10 所示。值得注意的是,本次试验最大压力为 450 kPa,因此这些点连成的曲线并不是传统意义上的完整 SWCC,须对上述土水特征点进行拟合。

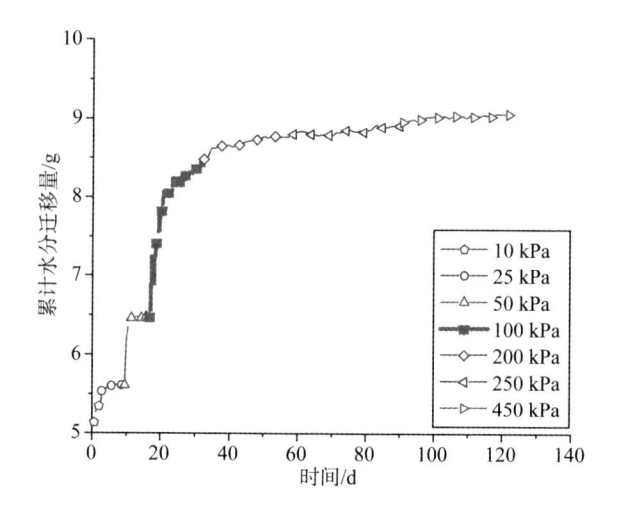

图 2-9 SWCC 试验中累计水分迁移量变化图

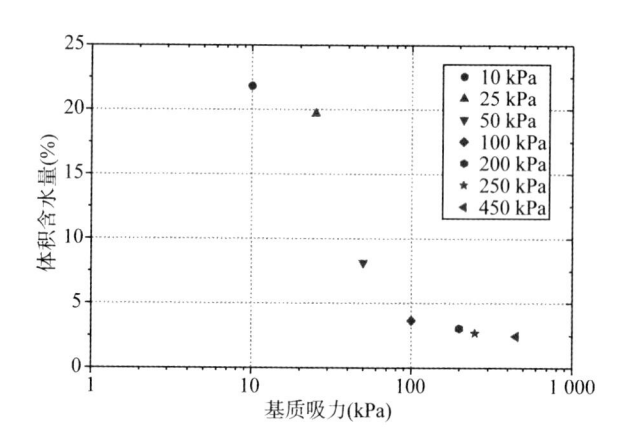

图 2-10 试验得到的土水特征曲线特征点

2.2.3 滑带土 SWCC 拟合

根据 Croney 和 Coleman[7] 的试验研究以及 Richards[8] 的热力学角度证明,当土的含水量无限接近于 0% 时,其最大基质吸力可达到 1×10^6 kPa。除滤纸法以外,绝大多数的 SWCC 测试方法都不能得到完整的曲线,但由于该法对操作要求极高,否则极易出现极大的偏差,因此其他方法也被广泛采用。比如 Khanzode 等[9] 用小型离心机对处理过的粉土、印度 Head 冰碛土、加拿大 Regina 黏土进行了土水特征曲线测量,得到基质吸力范围为 0~600 kPa。

Song 等[10]采用的自动 SWCC 测试装置的最大测试吸力为 300 kPa。Li 和 Sun 等[11]采用吸力为 1 500 kPa 的陶土板进行试验,测试得到的基质吸力范围也局限于 1 500 kPa 之内。

显然,要将这些研究成果应用于工程实践中,须进行适当的延拓。研究分别采用 VG 模型、Fredlund-Xing 模型和 Gardner 模型进行拟合。结果表明,VG 模型拟合的效果最好,拟合的残差平方和为 0.131,相关系数 $R^2 \approx 1$,拟合结果如式(2-4)所示,拟合曲线如图 2-11 所示,表明 VG 模型对大华滑带土具有很好的适用性。

$$\theta_w = \theta_r + \frac{(\theta_s - \theta_r)}{[1+(\alpha\psi)^n]^{-(1-\frac{1}{n})}} = 2.77 + \frac{(22.29 - 2.77)}{[1+(0.028\psi)^{4.30}]^{-0.767}} \quad (2-4)$$

式中:θ_w 为含水量;θ_r 为残余含水量;θ_s 为饱和含水量;ψ 为基质吸力;α 和 n 为拟合参数。参数对应的值如表 2-3。

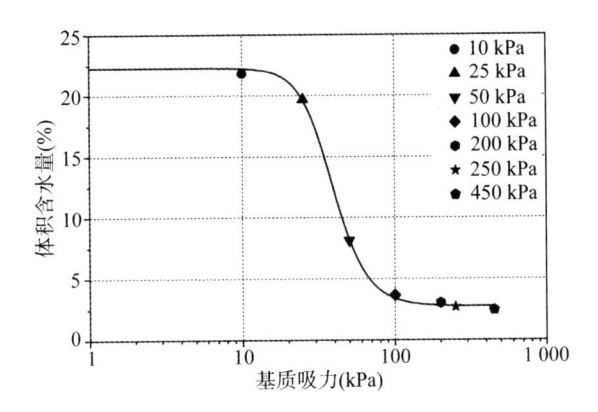

图 2-11 采用 VG 模型拟合大华滑带土的土水特征曲线

表 2-3 VG 模型拟合得到的参数

拟合模型	α	n	θ_s	θ_r	残差平方和	相关系数 R^2
VG 模型	0.028	4.30	22.29	2.77	0.131	0.999 998

2.3 滑带土渗透试验及特性分析

渗透系数是用来描述物质传导流体能力的参数。堆积体非饱和渗透系数函数描述了非饱和状态下的水分传导能力。由于所研究的堆积体是典型的二元结构,其渗透性能既取决于大颗粒的块石形状、尺寸和分布,又决定于小颗粒的土体基质的含量、分布和对孔隙的填充情况,其渗透特性相较于普通土体而言更为复杂。当库区堆积体滑坡受到水动力作用时,含水量因水动力作用而增加,将会引起渗透过程从非饱和渗透逐步演化到饱和渗透;反之渗透过程则相反。

2.3.1 滑带土非饱和渗透特性

库区堆积体滑坡滑带土的非饱和渗透系数方程可用基质吸力水头描述。Van Genuchten[12]在SWCC基础上提出渗透系数公式并被广泛使用,其形式为:

$$k = \frac{\{1-(\alpha h)^{n-1}[1+(\alpha h)^n]^{-m}\}^2}{[1+(\alpha h)^n]^{\frac{m}{2}}} \tag{2-5}$$

式中:k为渗透系数,cm/s;h为基质吸力ψ的水头,cm;其余参数α、n、m在上一节中拟合土水特征曲线时已得到,其物理意义同前。根据获得的滑带土SWCC参数,拟合得到滑带土相对渗透系数k_r表达式如下:

$$k_r = \frac{\{1-(0.028h)^{3.30}[1+(0.028h)^{4.30}]^{-0.767}\}^2}{[1+(0.028h)^{4.30}]^{0.384}} \tag{2-6}$$

在此基础上,以滑带土达到稳定渗流时的渗透系数为基准($k_r=1.0$),绘制滑带土相对渗透系数k_r与基质吸力ψ关系曲线,如图2-12所示。

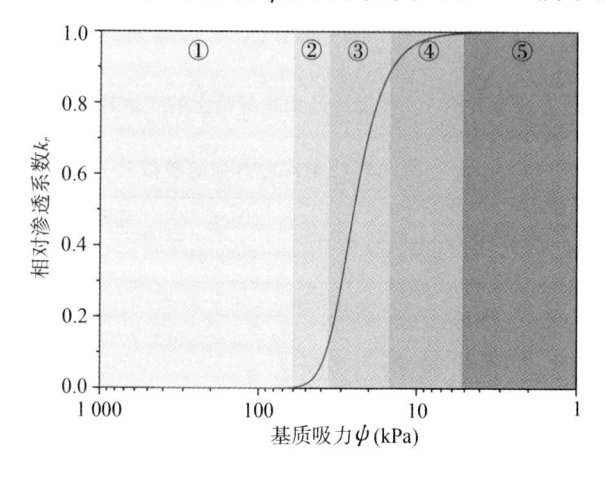

图2-12 滑带土相对渗透系数随基质吸力的变化曲线

从图 2-12 可以看出,随着基质吸力 φ 的减小,滑带土的相对渗透系数 k_r 总体呈现出增大的特征。根据 k_r 和 φ 的相互对应关系,可将滑带土相对渗透系数 k_r 的变化全过程大致划分为 5 个阶段:

阶段①:滑带土从最大基质吸力开始减小,此时相对渗透系数几乎无明显变化。这主要是由于,当试样为最大基质吸力时,试样含水量为残余含水量,其中自由水含量极低,此时孔隙气占据了土体中绝大多数孔隙,此阶段水分主要用来排挤孔隙气、占据孔隙空间,因此含水量将会增大,基质吸力减小。但由于水分难以通过土体,表现为相对渗透系数微弱增加,在图中表现为近似水平线。

阶段②:相对渗透系数曲线斜率开始显著增加。此时随着含水量的逐步增大,土体基质吸力有所降低,如图 2-12 所示,该阶段吸力值约从 60 kPa 下降到 35 kPa 左右。此阶段滑带土中部分孔隙气被挤出并被自由水填充,并越来越快地形成一些贯通的渗流通道,曲线斜率随之加速增大。这些贯通渗流通道的形成,使得渗透能力进一步增强,通过试样的水分也越来越多,表现出相对渗透系数随基质吸力的降低而显著增长的态势,在图中表现为上凹型曲线。

阶段③:相对渗透系数剧烈增加,呈近似线性增长。此时由于渗透过程引起滑带土含水量持续增加,基质吸力约从 35 kPa 降低至 15 kPa,孔隙气排出速度进一步加快,更多的孔隙被水分占据,渗流通道持续稳定快速增长,水分通过试样的能力迅速增强,表现为相对渗透系数随基质吸力的降低呈近似线性剧增,在图中呈近似直线。

阶段④:相对渗透系数增幅趋缓,曲线斜率逐渐减小。此阶段基质吸力进一步从约 15 kPa 下降到 5.5 kPa,随着越来越多的孔隙气被挤出,新增的贯通渗流通道数量也随之减小,孔隙水形成的稳定渗流通道也越来越多,此时渗透系数虽仍进一步增大,但增长幅度明显减小,因此相对渗透系数增长开始趋缓,表现为曲线斜率呈加速减小的态势,图中表现为上凸型曲线。

阶段⑤:相对渗透系数几乎达到稳定,不再增长。此阶段基质吸力下降到约 5.5 kPa 左右,表明试样实质上已接近饱和,此时绝大多数孔隙气被挤出,孔隙气已基本消失,土中孔隙基本都为水分所充填,渗流通道开始稳定,相对渗透系数基本保持不变,在图中表现为近似水平线。

当滑带土从非饱和状态逐步过渡到饱和状态以后,含水量(或基质吸力)不再发生改变,其所表现的出饱和渗透特性与含水量(或基质吸力)无关。实际上,相较于既费时又昂贵的非饱和渗透系数的测试工作,饱和渗透系数的试验开展则要方便很多。为研究大华滑带土在不同围压和不同渗压条件下的饱和渗透特性,将采用三轴试验仪开展大华滑带土在不同条件下饱和渗透特性的研究。

2.3.2 滑带土饱和渗透试验

采用三轴试验仪开展了大华滑带土在不同围压和不同渗压条件下的饱和渗透试验,研究滑带土在不同条件下的饱和渗透特性。在试验过程中,设定不同的围压以模拟滑带土处于不同高程下所受到的围压作用,通过改变试样两端的压力差,模拟不同的渗透压力条件。为充分研究堆积体滑带土的水动力渗透特性,尽量减少其他因素的干扰,试验过程中不再施加轴向荷载,并设置渗透试样的下游水头与大气压连通,针对不同含石量的试样,选取不同压力差进行恒水头渗透试验。试验方案如表 2-4 所示。

试验采用稳态渗流法,试验前先对试样上游施加一定的低水头压力,直到试样饱和;然后在同一级围压下,改变渗压差(此处主要为改变上游的水头压力),并记录渗流量的变化情况,当渗流量保持稳定达到半个小时以上时,认为此时达到稳定渗流状态。然后以此分析堆积体滑坡的渗透规律,计算其饱和状态下的渗透系数。如图 2-13 为滑带土样渗透试验过程中的渗流量与时间的关系。

表 2-4　大华滑坡渗流试验方案

围压(kPa)		100					200			
渗压(kPa)	25	50	75	25	50	75	100	125	150	175
围压(kPa)					300					
渗压(kPa)	25	50	75	100	125	150	175	200	225	250

2.3.3 滑带土饱和渗透特性分析

根据滑带土渗透试验的成果,绘制了不同渗压、不同围压下的渗透量随时间的变化过程如图 2-14 所示。当渗流量稳定达 30 min 以上,认为渗透处于稳定状态,此时可计算出该土样的饱和渗透率。

1. 相同围压、不同渗压下渗透规律分析

对于相同围压,在试验初期 2.5 min 以内,不同渗压条件下试样的渗透量

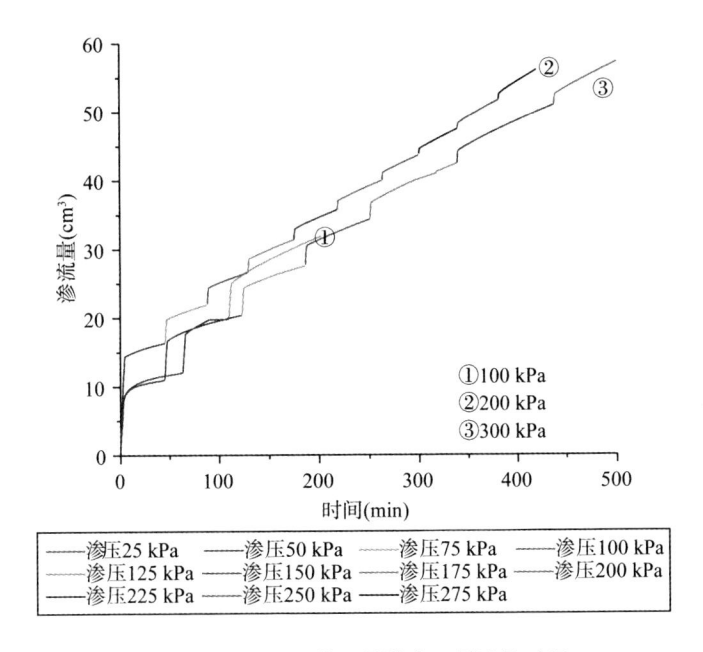

图 2-13 大华滑带土样的渗透量演化过程

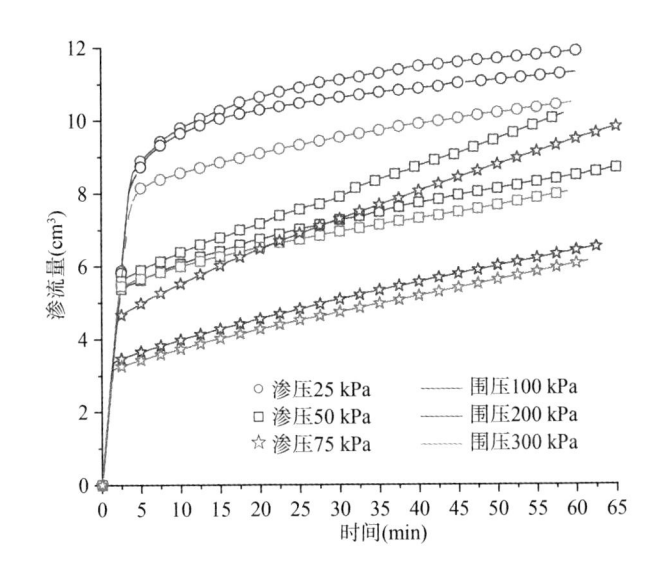

图 2-14 大华滑带土试样渗透量的变化情况

随时间的变化斜率基本一致,即渗透速率基本一致,表明在试验初期渗压对试样的渗透特性无明显影响;随着试验时间的增加,渗压对渗透特性的影响开始凸显,表现为渗压越大,试样渗透量随时间的变化量也越大,达到稳定渗透状态的时间越短,这主要是由于渗压的增加引起渗透过程中水力梯度的增大,使得水分通过土样的过程加快,表现出稳定渗流量随时间变化曲线的斜率越大,即渗透速率随着渗压的增大而增大。

上述现象在低围压条件下表现得更加明显,而在高围压下的差异性则较小。这主要是因为在低围压下,土体的致密性一般,随着渗压的增大,渗透通道受到增大的水力梯度影响变大;而当围压较高时,由于土样结构被压缩,孔隙率降低,水分通过土体的能力有所减弱,导致渗透速率的差异性被弱化。

2. 相同渗压、不同围压下渗透规律分析

由图2-14可以看出,在相同渗压下,围压越低,试样的渗透量越大;相反,围压越高,其渗透量越小。同时,随着渗透时间的逐渐增加,试样渗透量也逐渐表现出了差异性。具体而言,在试验初期,不同围压下曲线基本重合,表明在渗流开始的初期,不同围压下的渗透速度无明显差异;此后随着渗透时间的逐渐增加,试样渗透量随时间表现为近似线性增加,这表明此时试样的渗透速率逐步达到稳定状态。

另一方面,从图2-14可以看出,在同一渗压下,随着围压的不断增大,渗透量呈非线性递增,且随着围压的增加,试样渗透量有所减小,表现为后两级围压的渗透量曲线的纵坐标差值较前两级有所减小。这主要是由于,在低围压下,试样的孔隙率未发生太大改变,其渗透性能较好;而随着围压的增大,试样产生一定程度的收缩变形,孔隙率降低,部分渗透通道被堵塞,渗透路径增大,致使水分通过试样的难度变大,渗透量由此降低。随着围压的进一步增加,由于试样已被一定程度压缩,土体孔隙率变化的空间有所减小,渗透通道减少的幅度较前者低。

3. 不同围压下饱和渗透流态分析

将渗透试验稳定后的流量作为土样的渗透系数计算参考值,统计得到的渗透试验成果如表2-5所示,并据此绘制了不同围压下的水力梯度 J 与稳定渗透速度 v 之间的散点图,如图2-15所示。从中可以看出,在不同围压下,J 与 v 表现出了明显的非线性关系,表明滑带土试样的渗透特性不满足线性的Darcy定律。

表 2-5　渗透试验成果统计

围压(kPa)	渗压(kPa)	稳定流量(m³/s)	稳定流速(×10⁻⁴ m/s)	水力梯度
100	25	0.000 5	0.417	31.875
	50	0.001 3	1.083	63.75
	75	0.001 5	1.250	95.625
200	25	0.000 6	0.500	31.875
	50	0.000 7	0.583	63.750
	75	0.000 8	0.667	95.625
	100	0.000 9	0.750	127.5
	125	0.001 1	0.917	159.375
	150	0.001 2	1.000	191.25
	175	0.001 3	1.083	223.125
300	50	0.000 7	0.583	63.75
	100	0.000 9	0.750	127.5
	125	0.001	0.833	159.375
	150	0.001 1	0.917	191.25
	175	0.001 15	0.958	223.125
	200	0.001 2	1.000	255
	225	0.001 3	1.083	286.875
	250	0.001 35	1.125	318.75
	275	0.0015	1.250	350.625

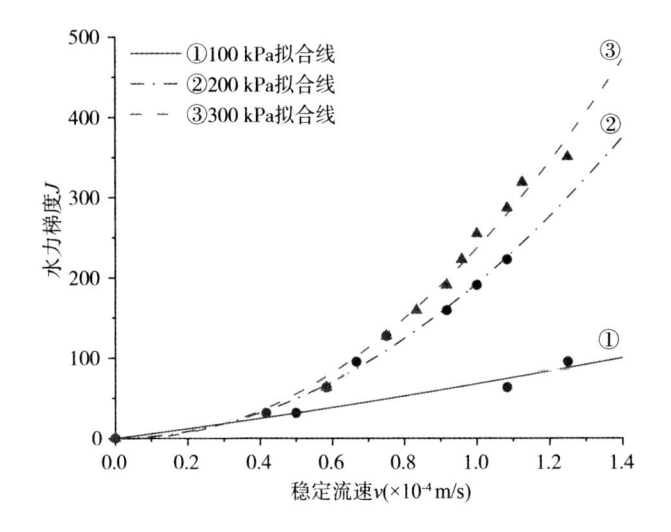

图 2-15　不同围压下的 J 与 v 之间关系

从图 2-15 可以看出，随着围压的不断增大，水力梯度与流速表现出的非线性关系也越强。为此，采用 Forchheimer[13] 二项式函数 $J = av + bv^2$，对不同围压下滑带土的渗透速率与水力梯度进行拟合，得到如下表达式：

$$J = \begin{cases} 59.08v + 9.088v^2 & （围压 100 \text{ kPa}） \\ 5.583v + 187.5v^2 & （围压 200 \text{ kPa}） \\ 237.8v^2 & （围压 300 \text{ kPa}） \end{cases} \quad (2-7)$$

其中：围压为 100 kPa 时，$a = 59.08$，$b = 9.088$，相关系数 $R^2 = 0.9853$；围压为 200 kPa 时，$a = 5.583$，$b = 187.5$，相关系数 $R^2 = 0.9948$；围压为 300 kPa 时，$a \approx 0$，$b = 237.8$，相关系数 $R^2 = 0.9970$。结果表明，Forchheimer 二项式函数拟合效果较好。

由式 2-7 可知，不同围压下滑带土饱和渗透过程中的流态受速度一次项 $J_1 = av$ 和速度二次项 $J_2 = bv^2$ 的共同影响，其中 $J_1 = av$ 亦可作 $v = AJ_1 (A = 1/a)$，为线性流；$J_2 = bv^2$ 亦可作 $v = BJ_2^{1/2} (B = \sqrt{1/b})$，为非线性流。且当围压从 100 kPa 逐渐增大到 300 kPa 时，水力梯度受速度一次项（线性流）的影响逐步减弱，而受速度二次项（非线性流）的影响逐渐增强。当围压为 300 kPa 时，一次项系数 a 近似为 0，b 持续增大到 237.8，此时水力梯度只与速度二次项相关。根据上述结果，绘制了系数 a、b 与围压的变化关系，如图 2-16 所示。

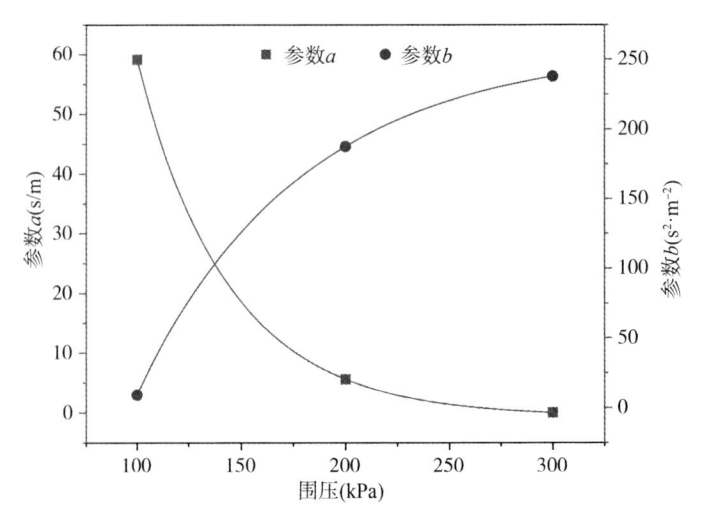

图 2-16 不同围压下参数 a 和 b 值的变化图

从图 2-16 可以看出,随着围压增加,一次项系数 a 不断减小,而二次项系数 b 不断增大。造成这种现象的主要原因是,滑带土中土与石互相交错叠加,当围压较小时,土样几乎未被压缩,其原始样的结构致密性一般,有大量空隙互相连结,具备较为完整的渗透通道,这些空隙中的水分流动主要表现为线性关系;此外,大量土石界面的存在使得水分流动沿着块石边缘产生了水分绕流,这部分绕流表现为非线性流形态。当土样致密性不高时,沿着空隙的线性流动占据主导,沿着交接面的非线性流为辅助,表现为系数 a 值较大,系数 b 相对较低。当围压开始增加时,土样的致密性增大,部分渗透通道被堵塞,大规模空隙被进一步压缩为小规模的孔隙,贯通的孔隙通道数量大大减少,表现出线性流的作用急剧降低,a 值迅速下降,此时围绕土石界面的绕流所占比重大幅增加,表现出非线性流的作用更为显著,b 值骤升。当围压进一步增大时,土样被持续压缩,此时大的空隙已基本都被压缩成为小的孔隙,孔隙间的贯通现象基本消失,表现出线性流的影响降为最低,a 值逐渐降低甚至趋于 0,此时土石界面处的绕流占据了绝对主导,b 值进一步增加,渗透规律主要表现为纯非线性流态。由于土样在前期稳定围压增加的过程中压缩幅度较大,因此系数 a、b 下降(上升)的速度较快;到试验后期,土样越来越难以压缩,其中的空隙与孔隙通道变化程度较小,系数 a、b 变化速率明显降低。

试验研究过程中,由于制样时已对土样密度、级配等因素进行了较为严格的控制,因此试验中非 Darcy 流态的变化主要受控于围压。围压对试样造成某种程度的压缩,导致土样孔隙率发生改变,从而引起渗透路径的变化。当围压在 100 kPa 或以下时,计算得渗透系数为 1.69×10^{-4} m/s,将饱和渗透系数在标准温度 20℃下进行修正:

$$k_{20} = k_T \frac{\eta_T}{\eta_{20}} \tag{2-8}$$

式中:η_T 为 T ℃时水的动力黏滞系数(kPa·s),η_{20} 为 20℃时水的动力黏滞系数(kPa·s),黏滞系数可由表查得。本试验开展时的室温为 11℃±,动力黏滞系数为 1.274×10^{-6} kPa·s,$\eta_T / \eta_{20} = 1.261$,由此可将试验得到的渗透系数转化为常温下的值:$k = k_{20} = 2.131 \times 10^{-4}$ m/s。

2.4 小结

本章开展了大华滑坡滑带土土水特性试验研究,得到以下初步结论:

（1）采用 VG 模型可较好地描述大华滑带土的土水特征曲线和非饱和渗透特性。大华滑带土的相对渗透系数随基质吸力的减小而增大，可将其相对渗透系数变化的全过程大致划分为微弱增加、显著增加、剧烈增加、增幅趋缓、达到稳定等五个不同阶段。

（2）滑带土处于饱和渗透状态时，相同围压下，渗压越大，渗透通道受到增大的水力梯度影响变大，渗透能力越强，这种现象在低围压条件下更加显著。相同渗压下，围压越低，渗透能力越强，随着围压的增大，渗透能力有所减弱。这主要是因为当围压较高时，土样结构被压缩，孔隙率降低，水分通过土体的能力减弱。

（3）滑带土饱和渗透速度与水力梯度之间关系呈现出较强的非 Darcy 流特性，其饱和渗透特征符合 Forchheimer 二项式 $J=av+bv^2$ 规律，即受控于线性流和非线性流的双重作用。其中，系数 a、b 随着围压的增加而分别降低和增加，在前几级围压增长阶段，变化更为显著，随着围压进一步增大，a、b 变化幅度明显减弱。当围压增加到一定程度时，渗透特性主要由速度二次项主导。

第三章 滑带土抗剪强度水致劣化

水动力是影响水电工程库坝区堆积体滑坡稳定性的主要因素之一。降雨、库水位升降等造成滑坡体内水运动条件变化，引起滑坡体稳定性状态的改变甚至变形破坏。大量已有工程案例表明，滑带土强度参数的微小变化，都会对滑坡体的整体稳定产生极大影响。因此开展滑带土的水致劣化特性研究，对于库坝区堆积体滑坡的水动力破坏研究具有十分重要的理论意义和实践价值。本章开展大华堆积体滑带土的非饱和抗剪强度室内三轴试验，分析不同含石量堆积体在不同含水量状态下的抗剪强度特性，并进一步研究水对堆积体抗剪强度的劣化作用。

3.1 饱和与非饱和三轴试验

抗剪强度表征应力作用下岩土体沿破坏面单位面积上的最大阻力。三轴剪切试验是目前土体抗剪强度测试的重要方法之一，饱和三轴剪切和非饱和三轴剪切，其基本原理都是相似的。三轴剪切试验就是通过液体（水或液压油）在围压室中施加恒定围压，利用试件顶部的接触加荷杆加载轴向应力，其应力加载可以根据杆件的位移、推进速率等方式进行。在加载过程中，通过控制岩土试样的排水、排气和固结方式，从而模拟不同状态下的岩土体抗剪强度。

1. 饱和土的三轴试验

通常认为饱和土是两相体，即由土颗粒和填满土颗粒之间孔隙和空隙的水组成。饱和土的三轴试验主要可以分为三种：固结排水三轴剪切试验（Consolidated Drained，CD）、固结不排水三轴剪切试验（Consolidated Undrained，CU）、不固结不排水三轴剪切试验（Unconsolidated Undrained，UU），区别在于控制试验过程中，试样是否发生固结和排水行为。上述三种试验中，UU试验由于无需控制排水与固结，在试验过程中只需进行总应力的控制和记录，最为简单快捷，可用来评估土体在短期荷载作用下的稳定性；CD试验适用于测定土体在长期荷载下的反应，从而测定土体的有效应力和总应力，因此需控制好剪切速率，在试验过程中不产生超孔隙水压力，最为耗时，一般用来评价土体的长期稳定性；CU试验的剪切速率较CD更快，又可测定有效应力，在测试过程中可以测定土体的超孔隙水压力变化情况，故最为常用，试验成果可用来评价土体在中长期应力状态下的稳定性。

对于传统的饱和土三轴试验,抗剪强度常用 Mohr-Coulomb 破坏准则,其形式为:

$$\tau_f = c' + (\sigma - u_w)_f \tan\varphi' \tag{3-1}$$

式中:τ_f 为土体破坏时破坏面上的剪应力;$(\sigma - u_w)_f$ 为破坏时破坏面上的有效正应力;u_w 为孔隙水压力;c' 和 φ' 分别为土体的有效黏聚力和有效内摩擦角。

在 $\tau_f \sim (\sigma - u_w)_f$ 空间上的破坏包线是一条直线,如图 3-1 所示。由此可见,饱和土的抗剪强度主要由两部分组成,即土体的有效黏聚力 c' 和有效内摩擦角 φ',分别表征土体的黏聚强度和摩擦强度,这两个指标属于土体的基本属性,不随土体含水量等状态的变化而改变。

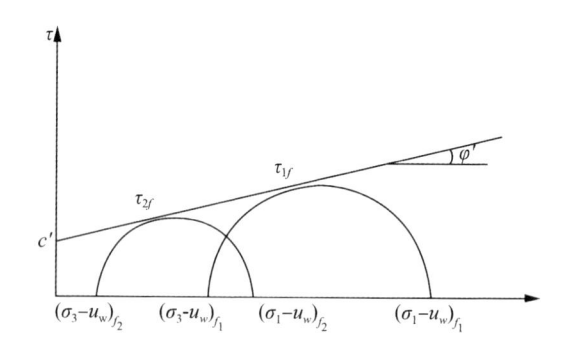

图 3-1 饱和土的 Mohr-Coulomb 强度准则破坏包络线

当土体处于不同排水状态下(排水或不排水),试验得到的总应力指标 c、φ 不同。当饱和黏性土试样处于不排水状态时,由于孔隙水压力无法及时消散,将产生一定的超静孔隙水压力,测得其不排水抗剪强度指标 $\varphi_U = 0$,在 $\tau_f \sim (\sigma - u_w)_f$ 应力空间上反映为一串等高圆,破坏包络线为水平线。对于砂土等无黏性土,一般认为颗粒之间没有严格意义上的黏聚力,但实际情况是,在很密实的情况下,砂土颗粒之间会相互紧密咬合,甚至可在垂直开挖中保持稳定。当这些传统意义上认为的"无黏性土"保有一定含水量时,同样也可能保持垂直开挖一定深度而不坍塌的状态,人们遂将其归结于毛细吸力,并称之为"假黏聚力"。随着非饱和土力学理论的系统性提出[14],这类土壤基质中的毛细吸力被归结到非饱和土中基质吸力的范畴,非饱和土力学抗剪强度理论与测试也走入大众视野。

2. 非饱和土的三轴试验

非饱和土的三轴试验与饱和土的类似,其基本原理都是在一定的围压作用下,施加偏压直至试样破坏。不同的是,非饱和土在试验中还存在是否排气的问题,故其试验方式和种类较饱和土更为复杂,其主要试验方式有以下几种:

(1) 固结排水试验(CD):试验前首先对土样进行排水与排气,使土体产生固结,剪切过程也是在孔隙水和孔隙气外排的条件下进行的;

(2) 常含水量试验(CW):试验前排水、排气,使土体固结,试验中只排气、不排水,保证试样的含水量不变;

(3) 固结不排水试验(CU):试验前排水、排气,使土体固结,试验剪切过程在不排气、也不排水的条件下进行;

(4) 不固结不排水试验(UU):试样在不固结的条件下,进行不排水、不排气剪切试验;

(5) 无侧限压缩试验(UC):无围压,比 UU 试验简单,轴向加载至试样破坏。

非饱和土三轴试验系统是通过对传统的饱和土三轴试验仪器改进而来的。一般采用高进气值的陶瓷板控制基质吸力,从而达到分析不同应力路径和排水状态下的总法向应力 σ、孔隙气压力 u_a、孔隙水压力 u_w 的目的,进而评价非饱和土体的抗剪强度与体积变化随着净法向应力 $(\sigma - u_a)$ 和基质吸力 $(u_a - u_w)$ 等状态变量的变化特征。图3-2为非饱和土三轴试验设备和原理图,设备是非饱和土基质吸力测试设备与饱和土三轴试验系统的综合,其优点在于可同时测定土体在某一状态下的基质吸力和抗剪强度;但由于土水平衡时间极长,试验耗时巨大。因此也有人提出应尽可能多地对同一试样进行多级测试[15],在试样可能达到破坏状态之前,停止增加或释放应力;随后再改变不同的净法向应力 $(\sigma - u_a)$ 和基质吸力 $(u_a - u_w)$,对土样进行重复加载,从而尽可能多地对同一土样获取信息。然而,这也造成另外一个问题,即在某一基质吸力状态下,由于加载作用,土体颗粒结构组成和应力状态已被干扰。在改变净法向应力 $(\sigma - u_a)$ 和基质吸力 $(u_a - u_w)$ 进行重复加载时,土体已不是初始状态的原状土,其颗粒结构分布和应力状态在前一级加载中已发生改变,试样变成了另一个不同的试样,这使得分析结果不再准确可靠。

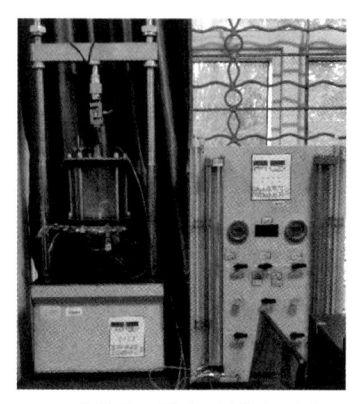

(a) 非饱和土测试三轴设备照片 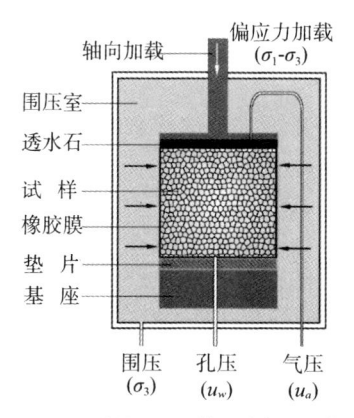　　　　(b) 非饱和土三轴试验仪原理简图

图 3-2　非饱和土三轴试验设备与原理图

3.2　试验方案及试验关键因素

采用非饱和土三轴试验设备的最主要原因之一，是可以获取试样当前基质吸力状态下的抗剪强度。相当于在测量非饱和土样抗剪强度的同时，也同步测试了该土样的土水特征点。相较于非饱和土三轴抗剪强度试验，普通三轴抗剪强度试验无需等待土水平衡过程，其测试过程更为方便、快捷。由于已试验研究得到了大华滑带土的土水特征曲线，因此只需制备好不同含水量下的土样，即可知该状态下的试样基质吸力，对其开展常规三轴抗剪强度试验，将两者成果结合起来分析，可获得不同基质吸力和净法向应力条件下的土体抗剪强度特征，可大幅度提高试验效率。

3.2.1　试验方案与设置

1. 试样的含石量方案

含石量对堆积体滑坡土石混合料的抗剪强度影响很大，采用筛分法对现场所取大华滑带土样进行颗粒级配分析，计算出各粒径块石所对应的百分含量，考虑到不同部位滑带土的含石量可能存在差异，研究中主要考虑三种级配，即取样得到的天然级配、低于天然级配、高于天然级配的情况，依次为23%、5%、50%，分别称之为中含石量、低含石量和高含石量。三种含石量既可横向互相比较，又可分别模拟堆积体内不同含石量的滑带土性质，具有一定代表性。

2. 试样的含水量方案

Wei 等[16]采用直剪试验研究了非饱和条件下不同含水量堆积体的强度参数变化规律,指出当含水量增加时,土体强度逐渐降低。堆积体三轴抗剪强度试样中含水量的确定,要参考其初始含水量。初始含水量可由烘干法测定,经测定大华滑坡滑带土的初始质量含水量约在 5.0%～12.5% 之间,对应的体积含水量为 8.5%～15.5%。由于比质量含水量 5% 更低的土样在试验室中难以制备,因此将该值作为试验方案中的最低含水量。在此基础上,增加初始上限体积含水量 12.5%,中等含水量 17.5%、高含水量 20.5% 等三种不同含水量的试样方案。根据制样时干密度的不同,换算成体积含水量如表 3-1 所示。在同一种含石量的情况下,研究滑带土体积含水量从 8.5%→15%→17.5%→20.5% 时的强度参数变化特征,有助于分析大华滑坡的滑带土强度劣化特性的演化规律。

表 3-1　大华三轴试样的质量和体积含水量的对应关系

含水量表述	天然含水量下限	天然含水量上限	中含水量	高含水量
质量含水量	5%	12.5%	13%	15%
体积含水量	8.5%	15%	17.5%	20.5%

3. 试验设备及方案

根据上述级配方案和含水量方案,采用应力应变控制式三轴剪切渗透试验仪,该仪器可对试样进行等应力、等应变控制,开展 UU、CU、CD 试验等。该三轴仪最大轴向力为 20 kN,等应变控制范围为 0.002～4 mm/min,最大围压为 1.99 MPa,最大反压 0.99 MPa,试样尺寸为 40 mm×80 mm。仪器照片和试验结构示意如图 3-3。对所制备不同状态滑带土样进行三轴固结不排水剪切试验。对不同含石量和不同含水量的土样采用正交试验方案(表 3-2),共完成了 45 个试样的试验。

3.2.2　试验的几个关键因素

由于试验对象是不同含水量的非饱和样,因此试样的水分控制十分重要,这也构成了滑带土强度劣化研究的关键之一。在试样制备过程中,每级颗粒尺寸范围的块石质量以及需加水量均由千分位天平控制。为了保证土样中水分的均匀性,加水过程中采用雾状喷壶均匀喷于土样表面,待搅拌均匀后,再次喷洒适量水继续拌合均匀,如此重复直至所有水量添加完毕。土样制备完成后,用保鲜膜将其包裹静置 24 h,确保水分不会流失,同时也确保水分充分与土样接触,尽可能减少影响试验数据离散性的因素。

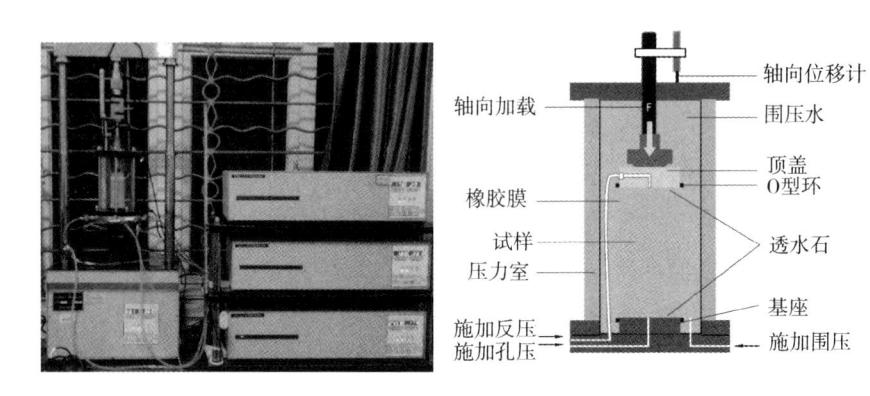

图 3-3 三轴试验仪器照片与原理图

表 3-2 大华滑带土三轴试验的围压方案 (单位:kPa)

含石量	体积含水量 8.5%	体积含水量 15%	体积含水量 17.5%	体积含水量 20.5%
低 5%	100	100	100	100
	200	200	200	200
	300	300	300	300
	400	400	400	400
中 23%	100	100	100	100
	200	200	200	200
	300	300	300	300
	400	400	400	400
高 50%	100	100	100	100
	200	200	200	200
	300	300	300	300
	400	400	400	400

1. 制样密度

考虑到相同围压下不同压实含水量土样的 SWCC 形态也不相同(图 3-4)[17],会影响到土体的非饱和抗剪强度,为保证试验效果的可对比性,尽量将制样密度差异降到最低,表 3-3 为所制备的土样密度。图 3-5 为所制备不同含石量和含水量的滑带土三轴试样。

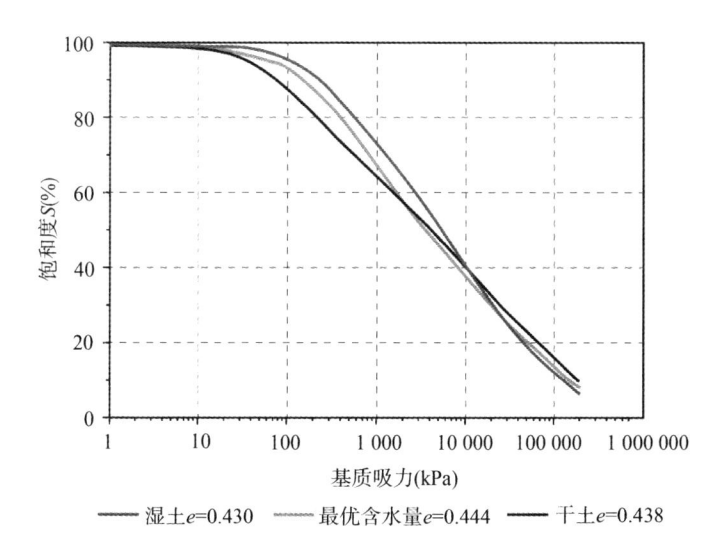

图 3-4 相同围压、不同孔隙比下的土体 SWCC 差异[17]

含石量0%，含水量8.5%　含石量23%，含水量15%　含石量50%，含水量17.5%

图 3-5 不同含石量和体积含水量的三轴试样

表 3-3 滑带土三轴试验土样的密度　　　　（单位：g/cm³）

含石量	体积含水量 8.5%	体积含水量 15%	体积含水量 17.5%	体积含水量 20.5%
低 5%	1 737.8	1 732.5	1 724.5	1 722.6
	1 735.3	1 721.3	1 718.7	1 730.5
	1 708.6	1 732.2	1 731.5	1 724.8
	1 730.5	1 707.8	1 724.3	1 725.6

第三章　滑带土抗剪强度水致劣化

续表

含石量	体积含水量 8.5%	体积含水量 15%	体积含水量 17.5%	体积含水量 20.5%
中 23%	1 759	1 923.7	1 930.6	1 785
	1 780	1 930	1 930	1 779.6
	1 800	1 931.1	1 950	1 782.5
	178.9	1 950	1 980	1 783.4
高 50%	1 781.9	2 000	2 000	2 000
	1 800	2 001	2 000	2 000
	1 795	2 003	2 000	2 000
	1 800	1 867	2 010	2 000

2. 破坏点的选择

根据试验结果绘制主应力差 $(\sigma_1-\sigma_3)$ 与轴向应变 ε_1、有效主应力比 σ'_1/σ'_3 与轴向应变 ε_1、孔隙压力 u 与轴向应变 ε_1 的关系曲线，$(\sigma'_1-\sigma'_3)/2$ 与 $(\sigma'_1+\sigma'_3)/2$ 或 $(\sigma_1-\sigma_3)/2$ 与 $(\sigma_1+\sigma_3)/2$ 作出应力路径的关系曲线。可采用如下方法选择破坏点：

(1) $(\sigma_1-\sigma_3)$ 与 ε_1 或 σ'_1/σ'_3 与 ε_1 关系曲线存在明显峰值时，取峰值；

(2) $(\sigma_1-\sigma_3)$ 与 ε_1 或 σ'_1/σ'_3 与 ε_1 关系曲线没有明显峰值时，可取应力路径密集点；

(3) 无明显峰值时，还可取 $\varepsilon_1=10\%\sim20\%$ 间某一应变值对应的强度。

由于滑带土样中存有块石，均一性较纯土样差，在破坏点选取时，根据应力应变曲线实际情况，综合以上三种方式确定。

3.3 非饱和三轴剪切试验成果与分析

3.3.1 低含石量滑带土试样

根据土水特征曲线的研究成果，体积含水量 8.5%、15%、17.5% 和 20.5% 所对应的基质吸力分别为 49 kPa、34.3 kPa、29.6 kPa 和 22.4 kPa，如图 3-6 和图 3-7 分别为低含石量条件下不同含水量下滑带土的 $(\sigma_1-\sigma_3)$ 与 ε_1 和 (σ'_1/σ'_3) 与 ε_1 关系曲线。

图 3-6 为含石量 5% 的大华滑带土样非饱和三轴抗剪强度试验的偏应力 $(\sigma_1-\sigma_3)$ 与 ε_1 的关系曲线。从图中可以看出，含石量较低时，随着含水量从

8.5%逐步增加到 20.5%,同一围压条件下的轴向最大偏应力($\sigma_1-\sigma_3$)不断降低,说明试样轴向的抗荷载能力在不断减弱。这主要是因为,随着含水量的不断增加,试样中的基质吸力随之降低,导致基质吸力部分提供的土体抗剪强度有所减弱。从图中还可以看出,当含水量较低时,试样整体呈硬化现象;随着含水量的逐渐增加,土样表现出了一定的应变软化。

(a) 含水量 8.5%

(b) 含水量 15%

(c) 含水量 17.5%

(d) 含水量 20.5%

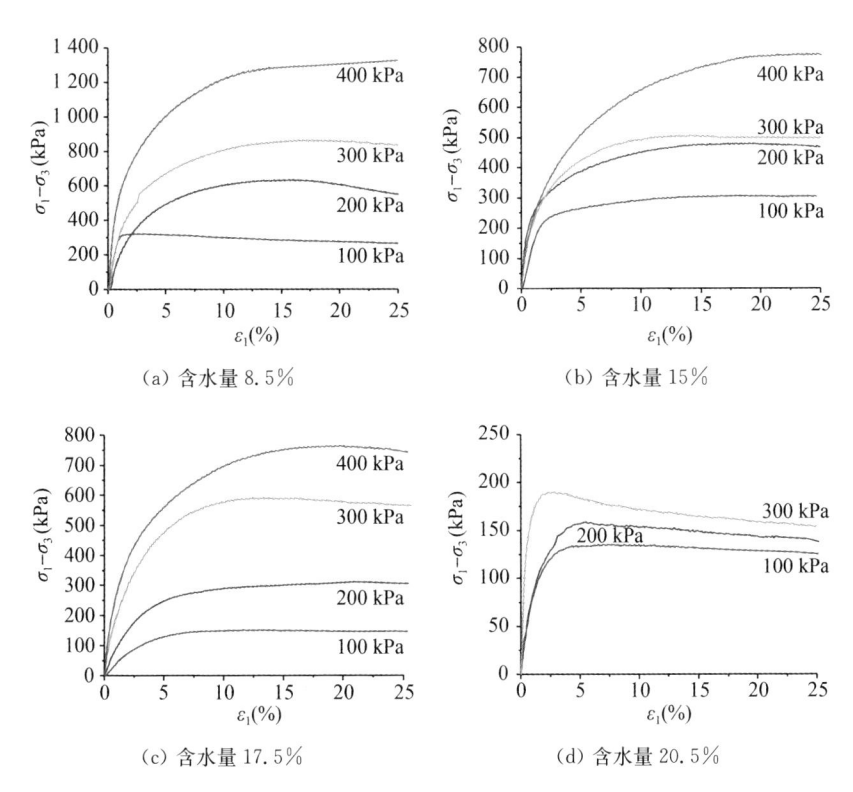

图 3-6 大华堆积体三轴试验偏应力($\sigma_1-\sigma_3$)与轴向应变 ε_1 关系(含石量 5%)

图 3-7 为含石量 5%试样的非饱和三轴抗剪强度试验的有效主应力比(σ'_1/σ'_3)与 ε_1 关系曲线。从图中可见,大多数试验曲线的峰值并不明显,除去个别试验点存在一定的离散性,当含水量较低时,绝大多数土样呈应变硬化;随着含水量的增加,土样开始呈现出应变软化的迹象。

当含水量为 8.5%时,围压 100 kPa 状态下($\sigma_1-\sigma_3$)与ε_1 曲线和(σ'_1/σ'_3)与 ε_1 曲线的峰值点相对应,其偏应力($\sigma_1-\sigma_3$)=320 kPa;对于 200 kPa、300 kPa 和 400 kPa 三种围压的情况,由于($\sigma_1-\sigma_3$)与ε_1 曲线和(σ'_1/σ'_3)与ε_1 曲线均无明显峰值,结合曲线形态,选取 $\varepsilon_1 = 15\%$ 时所对应的偏应力作为破坏强度,其

值依次为 630.1 kPa、854.2 kPa 和 1 285 kPa。

（a）含水量 8.5%

（b）含水量 15%

（c）含水量 17.5%

（d）含水量 20.5%

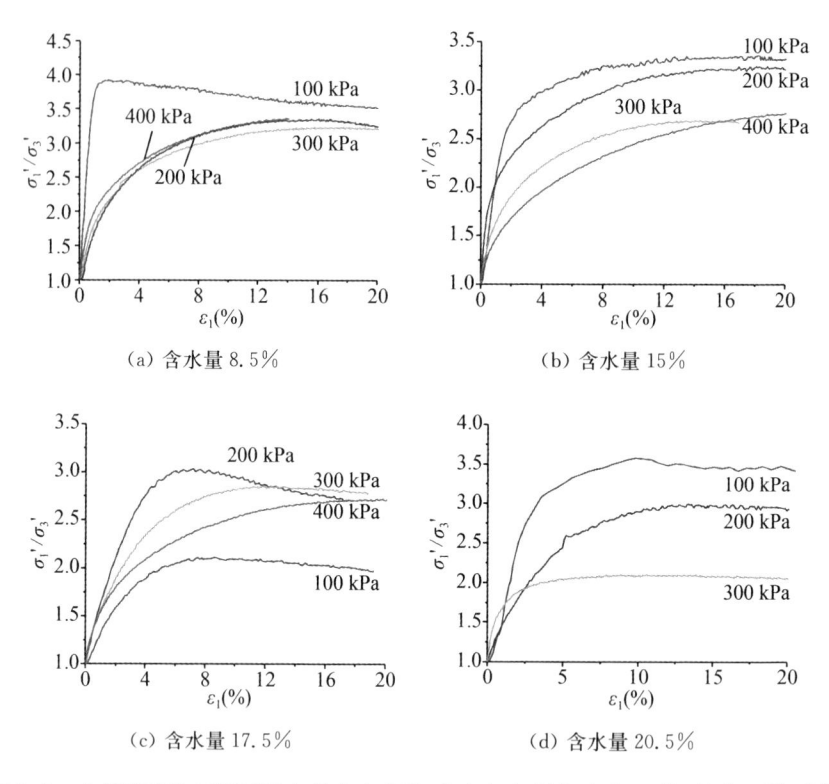

图 3-7 大华堆积体三轴试验有效主应力比 σ'_1/σ'_3 与轴向应变 ε_1 关系（含石量 5%）

含水量 15% 时，因各级围压下（$\sigma_1-\sigma_3$）与 ε_1 和（σ'_1/σ'_3）与 ε_1 曲线均无明显峰值，根据试验曲线形态选取 $\varepsilon_1 = 20\%$ 时所对应的偏应力作为破坏强度，对应于围压 100 kPa、200 kPa、300 kPa 和 400 kPa 的情况，破坏时偏应力（$\sigma_1-\sigma_3$）依次为 306.4 kPa、478 kPa、500.3 kPa 和 769 kPa。

含水量 17.5% 条件下，结合试验曲线形态，选取 $\varepsilon_1 = 20\%$ 时所对应的偏应力（$\sigma_1-\sigma_3$）作为破坏强度，对应于围压 100 kPa、200 kPa、300 kPa 和 400 kPa 的情况，其破坏时的偏应力（$\sigma_1-\sigma_3$）依次为 147.5 kPa、308 kPa、577.9 kPa 和 763 kPa。由于 100 kPa 时的破坏面较后三者离散性较大，将其舍去。

含水量为 20.5% 时，结合试验曲线形态，分别选取各级围压下的（$\sigma_1-\sigma_3$）与 ε_1 曲线的峰值作为破坏强度，在围压 100 kPa、200 kPa 和 300 kPa 的情况下，其破坏时所对应的偏应力依次为 135.5 kPa、159 kPa、190.4 kPa。

3.3.2 中含石量滑带土试样

中含石量即是天然含石量,图 3-8 所示为含石量 23% 的滑带土样非饱和三轴抗剪强度试验 ($\sigma_1 - \sigma_3$) 与 ε_1 的关系曲线。从图中可以看出,随着含水量从 8.5% 逐步增加到 20.5%,同一围压条件下的轴向最大偏应力 ($\sigma_1 - \sigma_3$) 不断降低,说明试样轴向的抗荷载能力在不断减弱,其主要原因与低含石量下的情况相同。

(a) 含水量 8.5%

(b) 含水量 15%

(c) 含水量 17.5%

(d) 含水量 20.5%

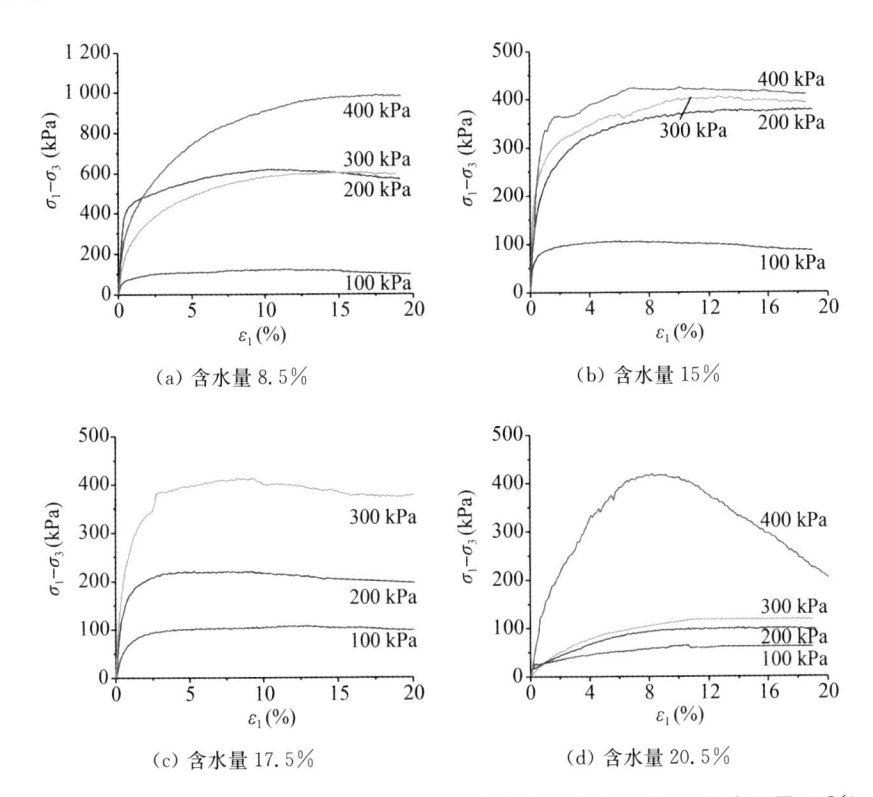

图 3-8　大华堆积体三轴试验偏应力 ($\sigma_1 - \sigma_3$) 与轴向应变 ε_1 的关系(含石量 23%)

与低含石量下的情况类似,随着含水量的不断增大,土样逐渐从应变硬化过渡到应变软化状态。从图 3-8 还可以看出,随着含水量的增加,试验曲线的波动也越来越明显,这主要是因为含水量的不断增加,导致试样中土体的基质吸力不断降低,从而使得土颗粒与块石之间的黏结强度有所减弱,此时更多的力由块石承担,在受到轴向荷载的作用下,块石可能发生一定范围的移动、偏转等,从而导致曲线产生波动。

图 3-9 为含石量 23% 试样的非饱和三轴抗剪强度试验的有效主应力比 (σ'_1/σ'_3) 与 ε_1 关系曲线。从图中可见，随着含水量从 8.5% 逐步增加到 20.5%，滑带土的有效主应力比和应变关系总体表现为从硬化逐步过渡到应变软化，峰后特征也逐渐变得更为明显。且随着含水量的持续增大，有效主应力比和应变关系曲线产生了更为剧烈的波动，这是因为含水量的增大导致土体强度有所降低，使得土石黏结强度减弱，块石开始承担更多的应力，在受力过程中，更容易发生偏移和转动，导致了曲线的波动。

(a) 含水量 8.5%

(b) 含水量 15%

(c) 含水量 17.5%

(d) 含水量 20.5%

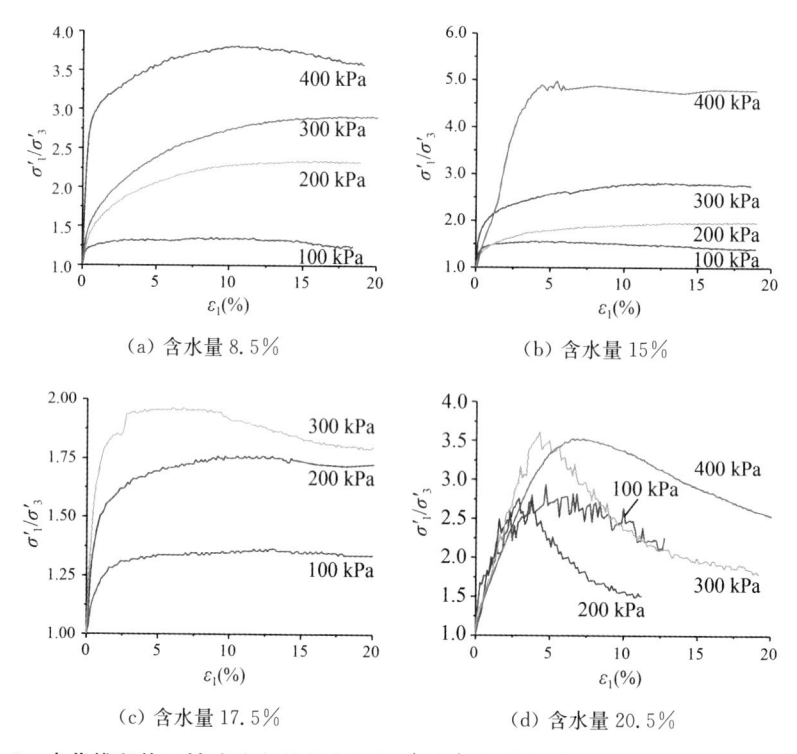

图 3-9 大华堆积体三轴试验有效主应力比 σ'_1/σ'_3 与轴向应变 ε_1 的关系（含石量 23%）

当含水量为 8.5% 时，结合试验曲线形态，对各级围压试验成果分别选取 $\varepsilon_1 = 15\%$ 时所对应的应力作为破坏强度，其破坏时的偏应力 ($\sigma_1 - \sigma_3$) 依次为 115.9 kPa、601.6 kPa、602.4 kPa 和 976 kPa。

含水量 15% 时，根据各级围压下的应力应变曲线 [($\sigma_1 - \sigma_3$) 与 ε_1] 和有效主应力比应变曲线 [(σ'_1/σ'_3) 与 ε_1] 的实际特征，选取 $\varepsilon_1 = 10\%$ 时所对应的偏应力作为破坏强度。围压从 100 kPa 到 400 kPa，破坏时的偏应力 ($\sigma_1 - \sigma_3$) 依次为 101.5 kPa、369.8 kPa、400 kPa 和 424 kPa。

含水量17.5%条件下,在围压为100 kPa、200 kPa和300 kPa的情况下,结合试验曲线形态,依次选取$\varepsilon_1 = 10\%$和$(\sigma_1 - \sigma_3)$与ε_1曲线突变点所对应的应力作为破坏强度。其破坏时所对应的偏应力依次为100.5 kPa、221 kPa、299 kPa。

含水量为20.5%时,选取各围压下$\varepsilon_1 = 15\%$时所对应的应力作为破坏强度。由于400 kPa时的应力应变曲线较前三者误差较大,将其舍去。围压100 kPa、200 kPa、和300 kPa破坏时所对应偏应力$(\sigma_1 - \sigma_3)$依次为61.4 kPa、98 kPa和118.5 kPa。

3.3.3　高含石量滑带土试样

图3-10为含石量50%试样的非饱和三轴抗剪强度试验的$(\sigma_1 - \sigma_3)$与ε_1关系曲线。从图中同样可以看出,随着含水量从8.5%逐步增加到20.5%,相同围压条件下的轴向最大偏应力$(\sigma_1 - \sigma_3)$不断降低,其原因与前两种含石量的原因类似。还可以清楚看出,当含石量达到50%时,其应力应变曲线表现出明显的应变软化特征,试验曲线较前两者波动更加显著,这主要是由于含石量增加,块石之间接触范围随之增加,块石承担了更多轴向荷载,使其进一步发生移动、偏转等,试样受力和变形状态产生振荡;同时,由于块石之间的相对位置发生了改变,土体颗粒进一步填充到块石间的空隙中,导致土样的体积有所减少,从而在宏观上表现出曲线产生较为剧烈的波动,呈现出应变软化的特征。

图3-11为含石量50%试样的非饱和三轴抗剪强度试验的有效主应力比(σ'_1/σ'_3)与ε_1的关系曲线。从图中可见,随着含水量从8.5%逐步增加到20.5%,当含石量较高时,曲线出现的波动更加剧烈,含水量的增加使土样中的块石承担了更多的轴向荷载,由于轴向荷载的增大,偏转更为剧烈,导致曲线的波动更加剧烈。

当含水量为8.5%时,由于在各级围压下的应力应变曲线和有效主应力比应变曲线都没有明显的峰值,根据低含石量滑带土的$(\sigma_1-\sigma_3)$与ε_1和(σ'_1/σ'_3)与ε_1关系曲线实际情况,选取$\varepsilon_1 = 15\%$时所对应的应力作为破坏强度,对应于围压100 kPa、200 kPa、300 kPa和400 kPa的情况,其破坏时的偏应力$(\sigma_1 - \sigma_3)$依次为45.2 kPa、608.7 kPa、787 kPa和933.4 kPa。

(a) 含水量 8.5%

(b) 含水量 15%

(c) 含水量 17.5%

(d) 含水量 20.5%

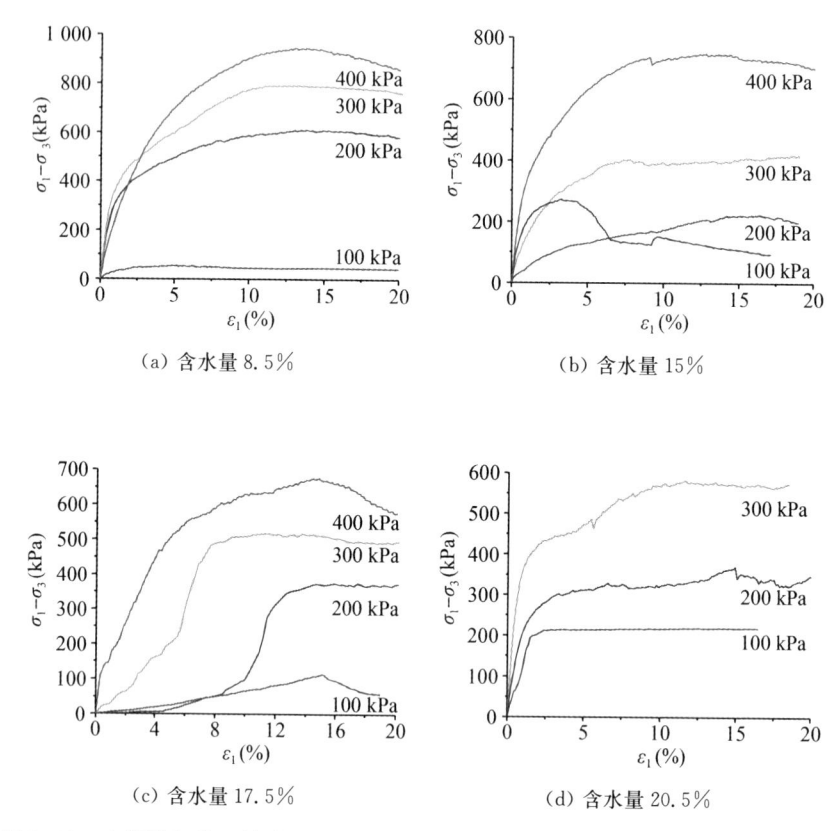

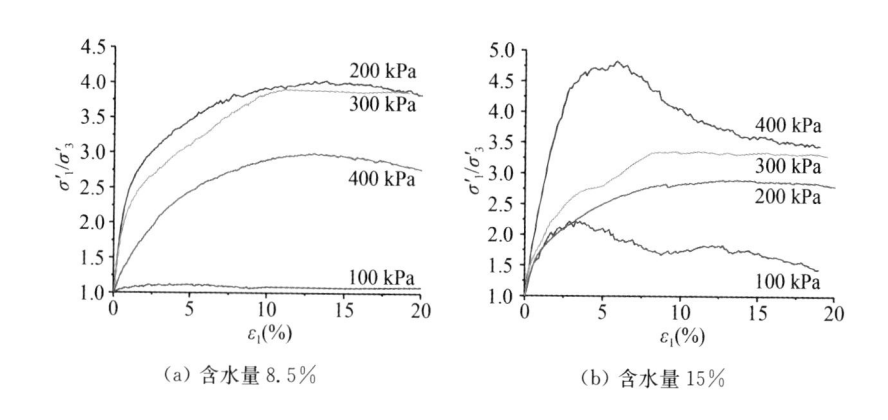

图 3-10 大华堆积体三轴试验偏应力 ($\sigma_1 - \sigma_3$) 与轴向应变 ε_1 的关系(含石量 50%)

(a) 含水量 8.5%

(b) 含水量 15%

(c) 含水量 17.5%　　　　　　　　(d) 含水量 20.5%

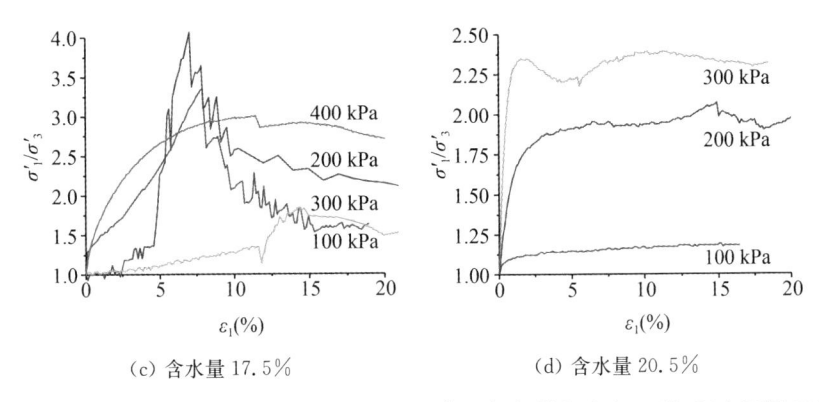

图 3-11　大华堆积体三轴试验有效主应力比 σ'_1/σ'_3 与轴向应变 ε_1 关系(含石量 50%)

含水量 15%时,根据各级围压下的应力应变曲线 $[(\sigma_1-\sigma_3)$ 与 $\varepsilon_1]$ 和有效主应力比应变曲线 $[(\sigma'_1/\sigma'_3)$ 与 $\varepsilon_1]$ 的实际特征,针对围压为 100 kPa、300 kPa、400 kPa 的情况,选取 $\varepsilon_1=15\%$ 时所对应的应力作为破坏强度;围压为 200 kPa 时,选取极值点所对应的应力为破坏强度。围压从 100 kPa 到 400 kPa,破坏时的偏应力 $(\sigma_1-\sigma_3)$ 依次为 220 kPa、272 kPa、403 kPa 和 733.6 kPa。

含水量 17.5%条件下,结合低含石量滑带土的 $(\sigma_1-\sigma_3)$ 与 ε_1 和 (σ'_1/σ'_3) 与 ε_1 关系曲线特征,选取应力应变曲线的峰值点所对应的破坏时的偏应力 $(\sigma_1-\sigma_3)$ 作为破坏强度。围压从 100 kPa 到 400 kPa 的情况,破坏时的偏应力 $(\sigma_1-\sigma_3)$ 依次为 113.3 kPa、371.9 kPa、510 kPa、658.1 kPa。

含水量为 20.5%时,在围压为 100 kPa、200 kPa 和 300 kPa 的情况下,分别选取 $(\sigma_1-\sigma_3)$ 与 ε_1 和 (σ'_1/σ'_3) 与 ε_1 曲线突变处所对应的应力作为破坏强度,所对应的偏应力依次为 219.1 kPa、301 kPa、431 kPa。

3.4　非饱和抗剪强度参数分析

Fredlund 提出了基于应力状态变量 $(\sigma-u_a)$ 和 (u_a-u_w) "双变量理论"[14],其基本形式如下:

$$\tau = c' + (\sigma-u_a)\tan\varphi' + (u_a-u_w)\tan\varphi^b \tag{3-2}$$

式中:c'、φ' 分别为土体的有效黏聚力和有效内摩擦角;φ^b 为基质吸力提供的土体内摩擦角,也称为"吸力内摩擦角"。该理论由于与常见的饱和土 Mohr-Coulomb 准则具有高度的相似性,又被称为"拓展的 Mohr-Coulomb 准则",令

$c_0 = c' + (u_a - u_w)\tan\varphi^b$，则 c_0 称为包含了基质吸力项的"总黏聚力"，此处可被称为"表观黏聚力"，则拓展的 Mohr-Coulomb 准则形式变为：

$$\tau = c_0 + (\sigma - u_a)\tan\varphi' \tag{3-3}$$

其破坏包络面如图 3-12 所示，图中三个坐标轴分别为剪应力 τ、净法向应力 $(\sigma - u_a)$ 和基质吸力 $(u_a - u_w)$。从图中可以看出，当 $(u_a - u_w) = 0$ 时，包络面在剪应力 τ 轴上的截距与倾角 c'、φ' 分别为饱和土体的抗剪强度参数；$(u_a - u_w) \neq 0$ 时，在剪应力 τ 平面上交点的值 AB 多出了一个吸力项。

将试样破坏时的应力状态用独立的应力张量表示。各个试样破坏时的应力张量形式分别如下：

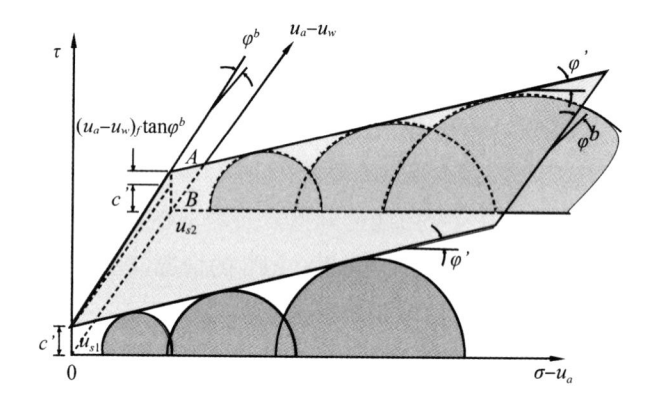

图 3-12 拓展的非饱和土 Mohr-Coulomb 三维破坏包络面

1. 低含石量试样

对于含水量为 8.5% 的试样，其基质吸力张量为：

$$\begin{bmatrix} u_a - u_w & 0 & 0 \\ 0 & u_a - u_w & 0 \\ 0 & 0 & u_a - u_w \end{bmatrix} = \begin{bmatrix} 49 & 0 & 0 \\ 0 & 49 & 0 \\ 0 & 0 & 49 \end{bmatrix} \tag{3-4}$$

其破坏时的主应力张量分别为：

$$\begin{bmatrix} \sigma_1 - u_a & 0 & 0 \\ 0 & \sigma_2 - u_a & 0 \\ 0 & 0 & \sigma_3 - u_a \end{bmatrix} = \begin{cases} \begin{bmatrix} 830.1 & 0 & 0 \\ 0 & 200 & 0 \\ 0 & 0 & 200 \end{bmatrix} & \text{围压 200 kPa} \\ \begin{bmatrix} 1\,154.2 & 0 & 0 \\ 0 & 300 & 0 \\ 0 & 0 & 300 \end{bmatrix} & \text{围压 300 kPa} \\ \begin{bmatrix} 1\,685 & 0 & 0 \\ 0 & 400 & 0 \\ 0 & 0 & 400 \end{bmatrix} & \text{围压 400 kPa} \end{cases}$$

(3-5)

含水量为 15% 的试样，其基质吸力张量为：

$$\begin{bmatrix} u_a - u_w & 0 & 0 \\ 0 & u_a - u_w & 0 \\ 0 & 0 & u_a - u_w \end{bmatrix} = \begin{bmatrix} 34.3 & 0 & 0 \\ 0 & 34.3 & 0 \\ 0 & 0 & 34.3 \end{bmatrix} \quad (3-6)$$

其破坏时的主应力张量分别为：

$$\begin{bmatrix} \sigma_1 - u_a & 0 & 0 \\ 0 & \sigma_2 - u_a & 0 \\ 0 & 0 & \sigma_3 - u_a \end{bmatrix} = \begin{cases} \begin{bmatrix} 406.4 & 0 & 0 \\ 0 & 100 & 0 \\ 0 & 0 & 100 \end{bmatrix} & \text{围压 100 kPa} \\ \begin{bmatrix} 678 & 0 & 0 \\ 0 & 200 & 0 \\ 0 & 0 & 200 \end{bmatrix} & \text{围压 200 kPa} \end{cases}$$

(3-7)

$$\begin{bmatrix} \sigma_1 - u_a & 0 & 0 \\ 0 & \sigma_2 - u_a & 0 \\ 0 & 0 & \sigma_3 - u_a \end{bmatrix} = \begin{cases} \begin{bmatrix} 800.3 & 0 & 0 \\ 0 & 300 & 0 \\ 0 & 0 & 300 \end{bmatrix} & \text{围压 300 kPa} \\ \begin{bmatrix} 1\,169 & 0 & 0 \\ 0 & 400 & 0 \\ 0 & 0 & 400 \end{bmatrix} & \text{围压 400 kPa} \end{cases}$$

(3-8)

含水量为 17.5% 的试样，其基质吸力张量为：

$$\begin{bmatrix} u_a-u_w & 0 & 0 \\ 0 & u_a-u_w & 0 \\ 0 & 0 & u_a-u_w \end{bmatrix} = \begin{bmatrix} 29.6 & 0 & 0 \\ 0 & 29.6 & 0 \\ 0 & 0 & 29.6 \end{bmatrix} \quad (3-9)$$

其破坏时的主应力张量分别为：

$$\begin{bmatrix} \sigma_1-u_a & 0 & 0 \\ 0 & \sigma_2-u_a & 0 \\ 0 & 0 & \sigma_3-u_a \end{bmatrix} = \begin{cases} \begin{bmatrix} 247.5 & 0 & 0 \\ 0 & 100 & 0 \\ 0 & 0 & 100 \end{bmatrix} & \text{围压 100 kPa} \\ \begin{bmatrix} 508 & 0 & 0 \\ 0 & 200 & 0 \\ 0 & 0 & 200 \end{bmatrix} & \text{围压 200 kPa} \\ \begin{bmatrix} 877.9 & 0 & 0 \\ 0 & 300 & 0 \\ 0 & 0 & 300 \end{bmatrix} & \text{围压 300 kPa} \\ \begin{bmatrix} 1\,163 & 0 & 0 \\ 0 & 400 & 0 \\ 0 & 0 & 400 \end{bmatrix} & \text{围压 400 kPa} \end{cases}$$

$$(3-10)$$

含水量为 20.5% 的试样，其基质吸力张量为：

$$\begin{bmatrix} u_a-u_w & 0 & 0 \\ 0 & u_a-u_w & 0 \\ 0 & 0 & u_a-u_w \end{bmatrix} = \begin{bmatrix} 22.4 & 0 & 0 \\ 0 & 22.4 & 0 \\ 0 & 0 & 22.4 \end{bmatrix} \quad (3-11)$$

其破坏时的主应力张量分别为:

$$\begin{bmatrix} \sigma_1 - u_a & 0 & 0 \\ 0 & \sigma_2 - u_a & 0 \\ 0 & 0 & \sigma_3 - u_a \end{bmatrix} = \begin{cases} \begin{bmatrix} 235.5 & 0 & 0 \\ 0 & 200 & 0 \\ 0 & 0 & 200 \end{bmatrix} & \text{围压 200 kPa} \\ \begin{bmatrix} 359 & 0 & 0 \\ 0 & 300 & 0 \\ 0 & 0 & 300 \end{bmatrix} & \text{围压 300 kPa} \\ \begin{bmatrix} 490.4 & 0 & 0 \\ 0 & 400 & 0 \\ 0 & 0 & 400 \end{bmatrix} & \text{围压 400 kPa} \end{cases}$$

(3-12)

将试样破坏时的应力状态用拓展的 Mohr-Coulomb 准则表示,在三维的 Mohr-Coulomb 应力空间中绘制应力 Mohr 圆并拟合出三维包络面。如图 3-13 所示,水平方向的坐标轴分别为基质吸力 ($u_a - u_w$) 和净法向应力 ($\sigma_1 - \sigma_3$),纵坐标为剪应力 τ。

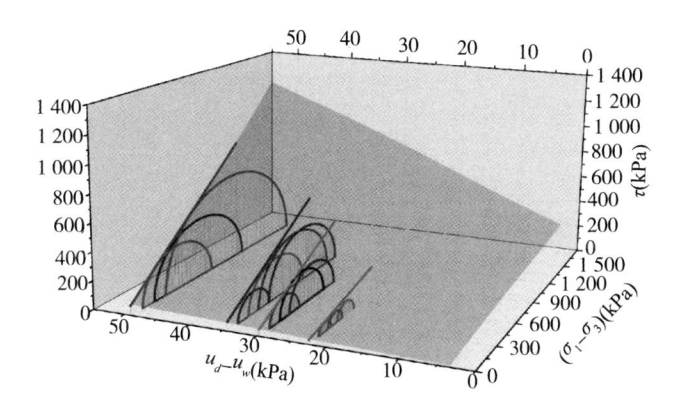

图 3-13 含石量 5% 试样强度的三维包络面

2. 中含石量试样

对于含水量为 8.5% 的试样,其基质吸力张量为:

$$\begin{bmatrix} u_a-u_w & 0 & 0 \\ 0 & u_a-u_w & 0 \\ 0 & 0 & u_a-u_w \end{bmatrix} = \begin{bmatrix} 49 & 0 & 0 \\ 0 & 49 & 0 \\ 0 & 0 & 49 \end{bmatrix} \quad (3-13)$$

其破坏时的主应力张量分别为:

$$\begin{bmatrix} \sigma_1-u_a & 0 & 0 \\ 0 & \sigma_2-u_a & 0 \\ 0 & 0 & \sigma_3-u_a \end{bmatrix} = \begin{cases} \begin{bmatrix} 215.9 & 0 & 0 \\ 0 & 100 & 0 \\ 0 & 0 & 100 \end{bmatrix} & 围压 100\ \text{kPa} \\ \begin{bmatrix} 801.6 & 0 & 0 \\ 0 & 200 & 0 \\ 0 & 0 & 200 \end{bmatrix} & 围压 200\ \text{kPa} \\ \begin{bmatrix} 902.4 & 0 & 0 \\ 0 & 300 & 0 \\ 0 & 0 & 300 \end{bmatrix} & 围压 300\ \text{kPa} \\ \begin{bmatrix} 1\,276 & 0 & 0 \\ 0 & 400 & 0 \\ 0 & 0 & 400 \end{bmatrix} & 围压 400\ \text{kPa} \end{cases}$$

$$(3-14)$$

含水量为 15% 的试样,其基质吸力张量为:

$$\begin{bmatrix} u_a-u_w & 0 & 0 \\ 0 & u_a-u_w & 0 \\ 0 & 0 & u_a-u_w \end{bmatrix} = \begin{bmatrix} 34.3 & 0 & 0 \\ 0 & 34.3 & 0 \\ 0 & 0 & 34.3 \end{bmatrix} \quad (3-15)$$

其破坏时的主应力张量分别为：

$$\begin{bmatrix} \sigma_1 - u_a & 0 & 0 \\ 0 & \sigma_2 - u_a & 0 \\ 0 & 0 & \sigma_3 - u_a \end{bmatrix} = \begin{cases} \begin{bmatrix} 201.5 & 0 & 0 \\ 0 & 100 & 0 \\ 0 & 0 & 100 \end{bmatrix} & \text{围压 100 kPa} \\ \begin{bmatrix} 569.8 & 0 & 0 \\ 0 & 200 & 0 \\ 0 & 0 & 200 \end{bmatrix} & \text{围压 200 kPa} \\ \begin{bmatrix} 700 & 0 & 0 \\ 0 & 300 & 0 \\ 0 & 0 & 300 \end{bmatrix} & \text{围压 300 kPa} \\ \begin{bmatrix} 824 & 0 & 0 \\ 0 & 400 & 0 \\ 0 & 0 & 400 \end{bmatrix} & \text{围压 400 kPa} \end{cases} \quad (3-16)$$

含水量为 17.5% 的试样，其基质吸力张量为：

$$\begin{bmatrix} u_a - u_w & 0 & 0 \\ 0 & u_a - u_w & 0 \\ 0 & 0 & u_a - u_w \end{bmatrix} = \begin{bmatrix} 29.6 & 0 & 0 \\ 0 & 29.6 & 0 \\ 0 & 0 & 29.6 \end{bmatrix} \quad (3-17)$$

其破坏时的主应力张量分别为：

$$\begin{bmatrix} \sigma_1 - u_a & 0 & 0 \\ 0 & \sigma_2 - u_a & 0 \\ 0 & 0 & \sigma_3 - u_a \end{bmatrix} = \begin{cases} \begin{bmatrix} 200.5 & 0 & 0 \\ 0 & 100 & 0 \\ 0 & 0 & 100 \end{bmatrix} & \text{围压 100 kPa} \\ \begin{bmatrix} 421 & 0 & 0 \\ 0 & 200 & 0 \\ 0 & 0 & 200 \end{bmatrix} & \text{围压 200 kPa} \\ \begin{bmatrix} 599 & 0 & 0 \\ 0 & 300 & 0 \\ 0 & 0 & 300 \end{bmatrix} & \text{围压 300 kPa} \end{cases} \quad (3-18)$$

含水量为 20.5% 的试样,其基质吸力张量为:

$$\begin{bmatrix} u_a - u_w & 0 & 0 \\ 0 & u_a - u_w & 0 \\ 0 & 0 & u_a - u_w \end{bmatrix} = \begin{bmatrix} 22.4 & 0 & 0 \\ 0 & 22.4 & 0 \\ 0 & 0 & 22.4 \end{bmatrix} \quad (3-19)$$

其破坏时的主应力张量分别为:

$$\begin{bmatrix} \sigma_1 - u_a & 0 & 0 \\ 0 & \sigma_2 - u_a & 0 \\ 0 & 0 & \sigma_3 - u_a \end{bmatrix} = \begin{cases} \begin{bmatrix} 161.4 & 0 & 0 \\ 0 & 100 & 0 \\ 0 & 0 & 100 \end{bmatrix} & \text{围压 100 kPa} \\ \begin{bmatrix} 298 & 0 & 0 \\ 0 & 200 & 0 \\ 0 & 0 & 200 \end{bmatrix} & \text{围压 200 kPa} \\ \begin{bmatrix} 418.5 & 0 & 0 \\ 0 & 300 & 0 \\ 0 & 0 & 300 \end{bmatrix} & \text{围压 300 kPa} \end{cases}$$

$$(3-20)$$

将试样破坏时的应力状态用拓展的 Mohr-Coulomb 准则表示,在三维的 Mohr-Coulomb 应力空间中绘制应力 Mohr 圆并拟合出三维包络面,如图 3-14 所示。

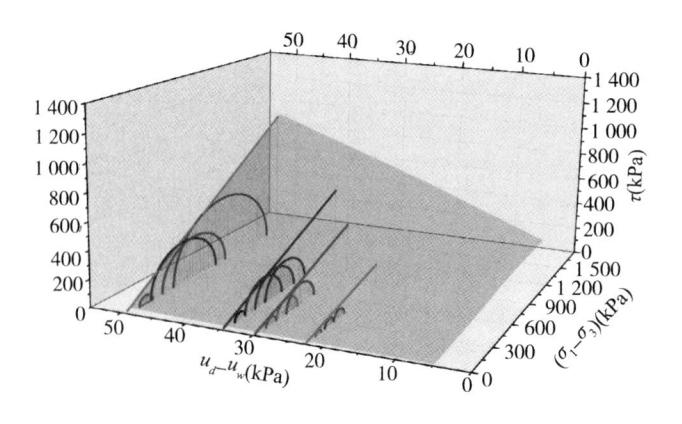

图 3-14 含石量 23% 试样强度的三维包络面

3. 高含石量试样

对于含水量为8.5%的试样,其基质吸力张量为:

$$\begin{bmatrix} u_a - u_w & 0 & 0 \\ 0 & u_a - u_w & 0 \\ 0 & 0 & u_a - u_w \end{bmatrix} = \begin{bmatrix} 49 & 0 & 0 \\ 0 & 49 & 0 \\ 0 & 0 & 49 \end{bmatrix} \quad (3-21)$$

其破坏时的主应力张量分别为:

$$\begin{bmatrix} \sigma_1 - u_a & 0 & 0 \\ 0 & \sigma_2 - u_a & 0 \\ 0 & 0 & \sigma_3 - u_a \end{bmatrix} = \left\{ \begin{bmatrix} 145.2 & 0 & 0 \\ 0 & 100 & 0 \\ 0 & 0 & 100 \end{bmatrix} \text{围压 100 kPa} \right. \quad (3-22)$$

$$\begin{bmatrix} \sigma_1 - u_a & 0 & 0 \\ 0 & \sigma_2 - u_a & 0 \\ 0 & 0 & \sigma_3 - u_a \end{bmatrix} = \left\{ \begin{array}{l} \begin{bmatrix} 808.7 & 0 & 0 \\ 0 & 200 & 0 \\ 0 & 0 & 200 \end{bmatrix} \text{围压 200 kPa} \\ \begin{bmatrix} 1\,087 & 0 & 0 \\ 0 & 300 & 0 \\ 0 & 0 & 300 \end{bmatrix} \text{围压 300 kPa} \\ \begin{bmatrix} 1\,333.4 & 0 & 0 \\ 0 & 400 & 0 \\ 0 & 0 & 400 \end{bmatrix} \text{围压 400 kPa} \end{array} \right. \quad (3-23)$$

含水量为15%的试样,其基质吸力张量为:

$$\begin{bmatrix} u_a - u_w & 0 & 0 \\ 0 & u_a - u_w & 0 \\ 0 & 0 & u_a - u_w \end{bmatrix} = \begin{bmatrix} 34.3 & 0 & 0 \\ 0 & 34.3 & 0 \\ 0 & 0 & 34.3 \end{bmatrix} \quad (3-24)$$

其破坏时的主应力张量分别为：

$$\begin{bmatrix} \sigma_1-u_a & 0 & 0 \\ 0 & \sigma_2-u_a & 0 \\ 0 & 0 & \sigma_3-u_a \end{bmatrix} = \begin{cases} \begin{bmatrix} 320 & 0 & 0 \\ 0 & 100 & 0 \\ 0 & 0 & 100 \end{bmatrix} & 围压\ 100\ \text{kPa} \\ \begin{bmatrix} 472 & 0 & 0 \\ 0 & 200 & 0 \\ 0 & 0 & 200 \end{bmatrix} & 围压\ 200\ \text{kPa} \\ \begin{bmatrix} 743 & 0 & 0 \\ 0 & 300 & 0 \\ 0 & 0 & 300 \end{bmatrix} & 围压\ 300\ \text{kPa} \end{cases}$$

(3-25)

含水量为 17.5% 的试样，其基质吸力张量为：

$$\begin{bmatrix} u_a-u_w & 0 & 0 \\ 0 & u_a-u_w & 0 \\ 0 & 0 & u_a-u_w \end{bmatrix} = \begin{bmatrix} 29.6 & 0 & 0 \\ 0 & 29.6 & 0 \\ 0 & 0 & 29.6 \end{bmatrix} \quad (3-26)$$

其破坏时的主应力张量分别为：

$$\begin{bmatrix} \sigma_1-u_a & 0 & 0 \\ 0 & \sigma_2-u_a & 0 \\ 0 & 0 & \sigma_3-u_a \end{bmatrix} = \begin{cases} \begin{bmatrix} 213.3 & 0 & 0 \\ 0 & 100 & 0 \\ 0 & 0 & 100 \end{bmatrix} & 围压\ 100\ \text{kPa} \\ \begin{bmatrix} 571.9 & 0 & 0 \\ 0 & 200 & 0 \\ 0 & 0 & 200 \end{bmatrix} & 围压\ 200\ \text{kPa} \\ \begin{bmatrix} 810 & 0 & 0 \\ 0 & 300 & 0 \\ 0 & 0 & 300 \end{bmatrix} & 围压\ 300\ \text{kPa} \\ \begin{bmatrix} 1\,058.1 & 0 & 0 \\ 0 & 400 & 0 \\ 0 & 0 & 400 \end{bmatrix} & 围压\ 400\ \text{kPa} \end{cases}$$

(3-27)

含水量为 20.5% 的试样，其基质吸力张量为：

$$\begin{bmatrix} u_a - u_w & 0 & 0 \\ 0 & u_a - u_w & 0 \\ 0 & 0 & u_a - u_w \end{bmatrix} = \begin{bmatrix} 22.4 & 0 & 0 \\ 0 & 22.4 & 0 \\ 0 & 0 & 22.4 \end{bmatrix} \quad (3-28)$$

其破坏时的主应力张量分别为：

$$\begin{bmatrix} \sigma_1 - u_a & 0 & 0 \\ 0 & \sigma_2 - u_a & 0 \\ 0 & 0 & \sigma_3 - u_a \end{bmatrix} = \begin{cases} \begin{bmatrix} 319.1 & 0 & 0 \\ 0 & 100 & 0 \\ 0 & 0 & 100 \end{bmatrix} & \text{围压 100 kPa} \\ \begin{bmatrix} 501 & 0 & 0 \\ 0 & 200 & 0 \\ 0 & 0 & 200 \end{bmatrix} & \text{围压 200 kPa} \\ \begin{bmatrix} 731 & 0 & 0 \\ 0 & 300 & 0 \\ 0 & 0 & 300 \end{bmatrix} & \text{围压 300 kPa} \end{cases}$$

(3-29)

将试样破坏时的应力状态用拓展的 Mohr-Coulomb 准则表示，在三维 Mohr-Coulomb 应力空间中绘制应力 Mohr 圆并拟合出三维包络面，如图 3-15 所示。

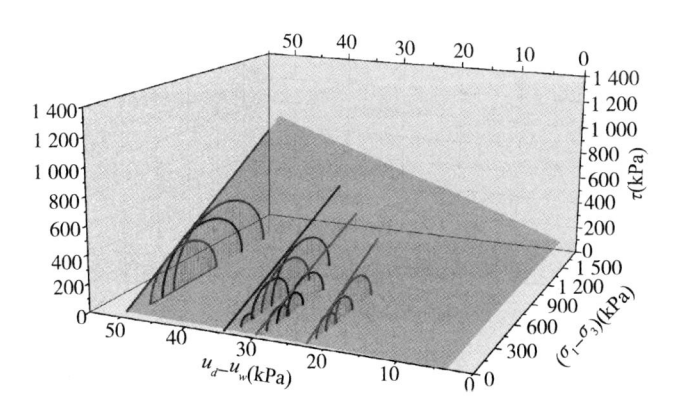

图 3-15 含石量 50% 试样强度的三维包络面

由图 3-13 至图 3-15 可以看出，对于同一种含石量的试样，其强度特征基本遵循以下规律：

(1) 在同一基质吸力作用 (u_a-u_w) 下（即土体的饱和度相同），围压 (σ_3-u_a) 越大，破坏时的净法向应力 $(\sigma_1-\sigma_3)$ 越大，对应的剪应力 τ 越大。

(2) 在同一围压 (σ_3-u_a) 作用下，随着基质吸力 (u_a-u_w) 的降低（即土体的饱和度增加），其破坏时的净法向应力 $(\sigma_1-\sigma_3)$ 越小，所对应的剪应力 τ 越小。

4. 抗剪强度参数的确定

类似于饱和土抗剪强度特征，当基质吸力为确定值，非饱和土的破坏也可基于平面空间内土样单元应力状态进行分析。如图 3-16 所示为非饱和土破坏面上的应力状态。

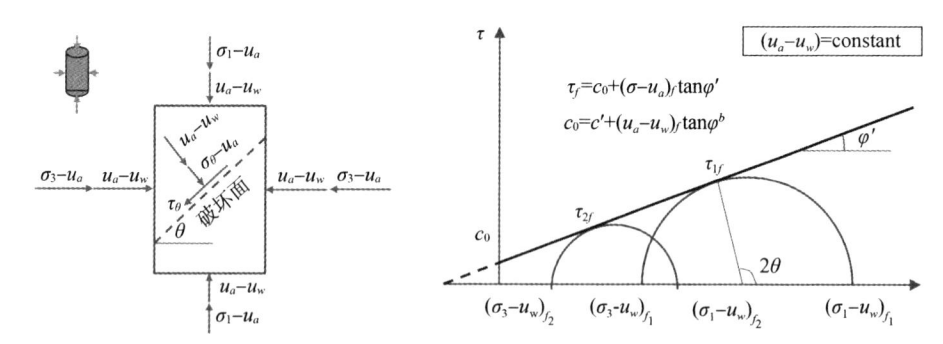

图 3-16　非饱和土破坏面上的应力状态　　图 3-17　非饱和土应力状态的 Mohr 圆

破坏面上作用的净法向应力和切应力为：

$$\sigma_\theta - u_a = \frac{1}{2}(\sigma_{1f}+\sigma_{3f}) - u_a + \frac{1}{2}(\sigma_{1f}-\sigma_{3f})\cos 2\theta \qquad (3-30)$$

$$\tau_\theta = \frac{1}{2}(\sigma_{1f}-\sigma_{3f})\sin 2\theta \qquad (3-31)$$

式中，σ_{1f} 和 σ_{3f} 分别为破坏时的主应力，其余同前。破坏面的夹角与内摩擦角之间的关系如下：

$$\theta = \frac{\pi}{4} + \frac{\varphi'}{2} \qquad (3-32)$$

式中，φ' 为有效内摩擦角。采用净法向主应力表示拓展的 Mohr-Coulomb 准则，由图 3-17 可以得到：

$$\sin\varphi' = \frac{\dfrac{(\sigma_{1f}-\sigma_{3f})}{2}}{c_0\cot\varphi' + \dfrac{(\sigma_{1f}-u_a+\sigma_{3f}-u_a)}{2}} \tag{3-33}$$

$$\Rightarrow \sigma_{1f}-u_a = \frac{1+\sin\varphi'}{1-\sin\varphi'}(\sigma_{3f}-u_a) + \frac{\cos\varphi'}{1-\sin\varphi'}2c_0 \tag{3-34}$$

$$\Rightarrow \sigma_{1f}-u_a = \tan^2\left(\frac{\pi}{4}+\frac{\varphi'}{2}\right)(\sigma_{3f}-u_a) + \tan\left(\frac{\pi}{4}+\frac{\varphi'}{2}\right)2c_0$$

$$\tag{3-35}$$

式中，σ_{1f} 和 σ_{3f}、u_a、φ'、c_0 分别为破坏时的主应力、孔隙气压力、有效内摩擦角和表观黏聚力。整个试验过程中，认为试样中的孔隙与大气连通，即孔隙气压力为 $u_a=0$。根据上述试验成果，分别可以求得各含石量及所对应的含水量下的抗剪强度参数，如表 3-4 所示。

表 3-4 滑带土抗剪强度正交试验成果

体积含水量	含石量					
	5%		23%		50%	
	c_0(kPa)	φ(°)	c_0(kPa)	φ(°)	c_0(kPa)	φ(°)
8.5%	66.62	37.41	21.2	31.37	38.87	32.41
15%	62.13	31.13	17.5	23.98	31.83	30.62
17.5%	36.95	23.22	15.6	23.78	26.9	30.72
20.5%	21.5	30.26	7.91	28.84	18.6	32.02

3.5 抗剪强度水致劣化特性分析

根据堆积体抗剪强度正交试验的成果，绘制出试验得到的表观黏聚力和内摩擦角参数与不同含水量的关系，如图 3-18 所示。

从图 3-18(a)可看出，含石量相同时，土体表观黏聚力随着含水量的增大而逐渐降低。具体表现为：含水量在初期逐步增加时，表观黏聚力降低速度较慢；随着含水量增加到某一范围(15%~18%)，表观黏聚力有显著的下降过程，表明在此含水量区间内，水分对表观黏聚力影响较为显著。同时，由土水特征曲线形态可知，在该含水量区间内，土体基质吸力有一个较为剧烈的变动，可以看出，表观黏聚力的降低与基质吸力的下降过程基本同步，说明表观黏聚力的降低主要是含水量的增大导致土体基质吸力减小的结果。当含水量进一步增大超过这一范围后，表观黏聚力变化速率又开始降低并将逐步趋于土体的饱和黏聚力。

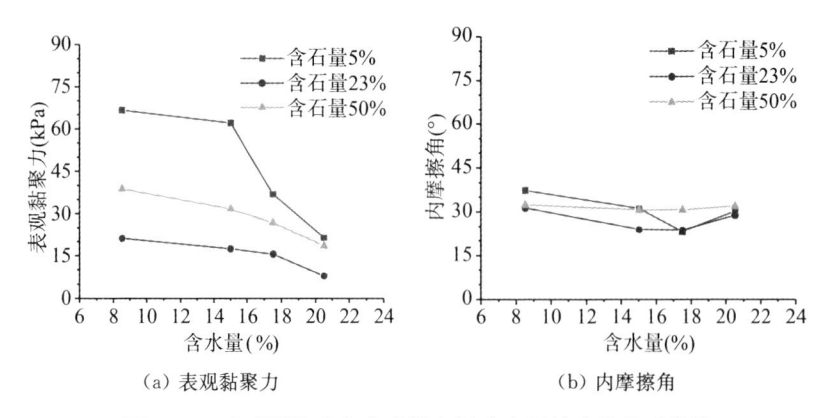

（a）表观黏聚力

（b）内摩擦角

图 3-18　表观黏聚力和内摩擦角随含水量的变化关系曲线

从图 3-18 还可以看出，在同一含水量的条件下，表观黏聚力随着含石量的变化而改变，试验结果表明，含石量 5% 时土体表观黏聚力最大，表明块石在土样抗剪强度的表现中并未占据主导作用，仅起到将土体联系起来的纽带作用，当土体含水量较低时，由于土体中存在的基质吸力较大，形成对块石的作用力，导致土体与块石之间形成较强的"胶结"作用，从而在宏观上表现为较高的黏聚力，随着含水量的增加，这种作用力逐渐减弱，表观黏聚力随之降低。当含石量进一步增加到 23% 时，表观黏聚力有显著的降低，主要因为含石量的增加导致块石间孔隙和空隙的数量与体积都有所增大，基质土并未完全填充于内，块石之间缺少必要的"黏合剂"，导致土体的表观黏聚力整体上要比 5% 含石量的指标要低。而当含石量持续增大，直至 50% 时，土体中的块石含量已增加到一定比例，此时土体中的骨架已从由基质土主导转换为块石骨架主导，在轴向力作用下，土体中主要承担作用力的为块石骨料，其抗剪强度也相对较高，但随着含水量的逐渐增大，土体基质吸力不断降低，由于块石颗粒之间的孔隙空隙较大，其内部的基质土受到块石挤压作用，容易产生滑移，从而进一步导致块石产生相对偏移或转动，使土体产生破坏。当含石量进一步增加到 50% 以上，由于基质土只能占据块石之间孔隙的一小部分，块石与块石之间缺少必要的"填充"，更易产生偏转或滑移，其所能承受的抗剪能力必将会进一步减弱，表观黏聚力也会持续降低。

图 3-18(b)揭示了不同含石量试样的内摩擦角随含水量的变化关系。从图中可以看出,在同一含水量状态下,含石量对内摩擦角的影响并不十分显著;同样地,对某一含石量的土体,含水量的变化对内摩擦角的影响也较小,表明含石量和含水量对该堆积体内摩擦角大小的影响较小。

由上述分析可知,含石量和含水量对堆积体滑坡的表观黏聚力影响较为明显,而对内摩擦角的影响并不显著,表明大华滑坡的抗剪强度随含水量和含石量的变化特征主要是通过对土体表观黏聚力的影响而展现。采用多项式对图 3-18(a)中的表观黏聚力 c_0 进行拟合,结果如图 3-19 所示,拟合公式为:

$$C_i = B_1 w^2 + B_2 w + B_3 \tag{3-36}$$

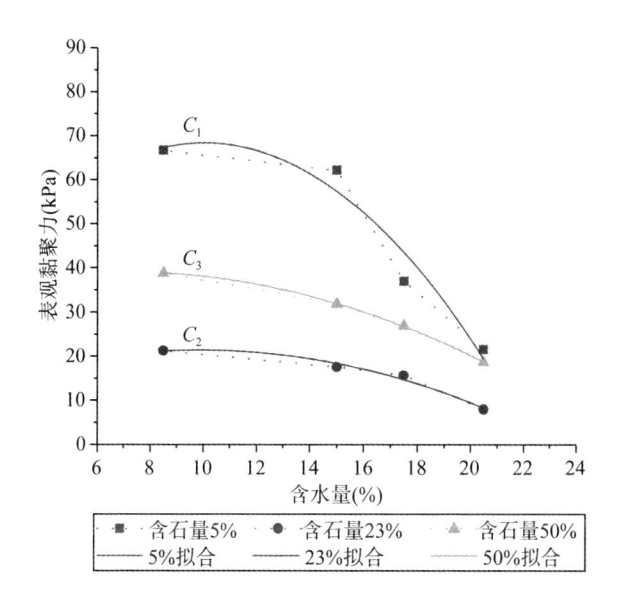

图 3-19　大华滑坡表观黏聚力的拟合

针对不同含石量的滑带土样,拟合参数如下:

$$\begin{cases} C_1 = C_{5\%} = -0.45 w^2 + 9.0w + 23.20 \\ C_2 = C_{23\%} = -0.12 w^2 + 2.3w + 10.10 \\ C_3 = C_{50\%} = -0.11 w^2 + 1.6w + 33.51 \end{cases} \tag{3-37}$$

式中,w 为堆积体滑坡的含水量。当土体接近于饱和状态时所对应的黏聚力即为饱和黏聚力。将 VG 模型中含水量 θ_w(即 w)与基质吸力的关系代入上式,即得到基质吸力和表观黏聚力之间的关系：

$$C_i = B_1\{\theta_r + (\theta_s - \theta_r)[1 + (\alpha\psi)^n]^{-m}\}^2 + B_2\{\theta_r + (\theta_s - \theta_r)[1 + (\alpha\psi)^n]^{-m}\} + B_3 \tag{3-38}$$

即可得到不同的基质吸力下，土体表观黏聚力的大小，反映了土体随着水动力条件变化的劣化情况。

3.6 堆积体试样破坏特性分析

1. 不同含水量下的破坏特性

图 3-20 为含石量 5% 的试样在围压 200 kPa 下的破坏照片。从图中可以看出，含水量对试样的破坏形态影响较为显著。当含水量较低时，试样中土体的基质吸力较大，相应的，土颗粒与块石之间的胶结强度也较大，土石之间抗剪能力的差异性相对较小，因此其破坏面呈现出较为连续的斜直剪切面；此外还可以看出，由于试样的整体抗剪强度较大，其轴向变形也相对较小。随着含水量的逐步增加，土体的基质吸力不断降低，土体的抗剪强度不断降低，同时，土石之间的胶结强度也因含水量的增加而逐渐减弱，导致土石之间的抗剪强度差异性显著增大，剪切带开始显著地沿着块石之间的弱面"穿梭"，从而形成了曲折多变的剪切面形态；类似的，由于试样的整体抗剪强度不断减弱，试样被压缩的程度不断增大，表明随着含水量的增加，试样的轴向变形不断增大。

(a) 含水量 8.5%　　(b) 含水量 15%　　(c) 含水量 17.5%　　(d) 含水量 20.5%

图 3-20　不同含水量下的堆积体滑带土试样破坏照片（围压 200 kPa，含石量 5%）

2. 不同含石量下的破坏特性

如图 3-21 为不同含石量试样在同一含水量 8.5% 和相同围压 200 kPa 下

的破坏照片。可以看出,无论对于低含石量、中含石量还是高含石量,试样剪切面的形态均呈不规则起伏状,这主要跟试样中的块石分布有密切关系。对于低含石量(5%)的情况,由于块石之间相互接触的程度较低,试样的变形和破坏更多的受到基质土的影响和制约,其破坏形态和剪胀特征更像单纯的土体。随着含石量的增大(23%),可以看出试样上的剪切面分布更加不规则;而当含石量较大(50%)时,试样内块石间的接触更加普遍和频繁,其间所填充的土体明显减少,导致试样在受到轴向力的作用时,块石与块石之间相互挤压、剪切、滑移、旋转,使得破坏面更加不规则。由此表明,块石的分布特征决定了土样破坏面的形态。

(a) 低含石量(5%)   (b) 中含石量(23%)   (c) 高含石量(50%)

图 3-21 不同含石量下的堆积体滑带土试样破坏照片(围压 200 kPa,含水量 8.5%)

3. 不同围压下的破坏特性

图 3-22 为含石量 5%、含水量 8.5% 的试样破坏照片。可以看出,无论是高围压还是低围压,试样破坏时均有一定程度的剪胀现象。主要表现为:随着围压的增大,试样的剪胀程度逐渐减弱。在 100 kPa 的低围压下,剪胀程度较为显著,这主要是因为,所加的轴向荷载传递到土样内部,块石和土颗粒之间的作用力增大,使得块石与土颗粒之间产生相对滑移、转动等,此时围压较低,受到的侧向约束较小,因此土石之间产生的相对位移较大,从而表现出程度较为明显的剪胀现象。随着围压从 100 kPa 逐渐增加到 400 kPa,剪胀程度有所减弱,这主要是因为,围压的增加使得试验中施加的轴向荷载进一步增大,由此导致块石和土颗粒之间的作用力进一步增强,且围压较大,试样受到的侧向约束也相应增大,土石之间产生相对位移的空间被进一步约束,从而表现出较小的相对位移,使得剪胀程度有所减弱;此时作用于块石和土颗粒之间的力将使

更多的土石产生侧向剪切,从而产生比低围压下更加明显的剪切面形态。图 3-23 为不同围压下试样破坏面的形态照片。从图中可以看出,当试样处于低围压下时,破坏面沿着试样内部的土石接触面之间扩展,当破坏面遇到块石时,明显"绕开"了它,表现为断口在块石附近呈现出高低不平之态,为典型的"绕石破坏";当试样处于高围压下时,破坏面将土样内部的块石击碎并穿过它,形成"击穿破坏",图 3-23(b)中线框图圈出的即为被"击穿"的块石颗粒。

(a) 低围压(100 kPa)　　(b) 中围压(200 kPa)　　(c) 高围压(400 kPa)

图 3-22　不同围压下的堆积体滑带土试样破坏照片(含石量 5%,含水量 8.5%)

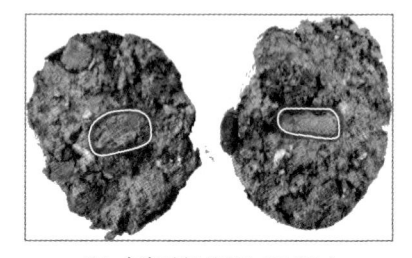

(a) 绕石破坏(围压 100 kPa)　　(b) 击穿破坏(围压 400 kPa)

图 3-23　不同围压下试样破坏面的断口形态(含石量 23%)

3.7　小结

本章开展了滑带土抗剪强度水质劣化试验研究,得到以下主要结论:

(1) 不同含水量下堆积体试样三轴剪切试验表明,低含石量下堆积体试样应力应变曲线和有效主应力比应变曲线均无明显峰值,其抗剪强度随含水量的增加呈下降趋势;中含石量下,堆积体试样应力应变关系曲线峰后软化特征显著,其内摩擦角和黏聚力均随含水量增加而快速降低;高含石量下,堆积体试样应力应变曲线和有效主应力比应变曲线峰值不明显,但随着含水量提高,峰值明显,峰后存在软化,残余应力均高于中含石量和低含石量试样。

(2) 对于同一含石量的试样,其强度特征基本遵循:①同一基质吸力下,围压越大,破坏时净法向应力与对应剪应力越大;②同一围压作用下,随着基质吸力降低,破坏时净法向应力越小,对应的剪应力越小。

(3) 从滑带土抗剪强度的劣化特征分析结果可知,含水量对土体的表观黏聚力影响较大。主要表现为表观黏聚力随着含水量的增加而不断降低,在初始含水量较低时,含水量增加的初期表观黏聚力的降低程度不显著,而随着含水量持续增加到某一范围时,表观黏聚力将会产生显著的降低;在此之后,随着含水量继续增大,表观黏聚力的降低速率将会减弱,此过程与土体的基质吸力和含水量变化关系一致。另一方面,堆积体滑带土的有效内摩擦角受含水量的变化影响较小。

(4) 通过分析明确了水在堆积体滑带土抗剪强度的劣化过程中的作用,采用拓展的 Mohr-Coulomb 准则开展强度分析,给出了土体的表观黏聚力和含水量之间的关系式,为后续分析提供基础。

(5) 含水量对试样的破坏形态影响较为显著,含水量较低时,破坏面呈现为连续斜直剪切面;随着含水量的增加,剪切带显著沿着块石之间的弱面"穿梭",形成曲折多变的剪切面形态。不同含石量下,试样剪切面形态均呈不规则起伏状。在低围压下滑带土试样破坏存在剪胀现象,破坏形式多为"绕石破坏";而在高围压下,滑带土的破坏则可能呈现"击穿破坏",即将土体内的块石"击碎"并穿过它产生破坏面。

第四章

大华滑坡安全监测与预警分析

基于安全监测资料,针对大华滑坡在降雨、库水位骤降等水动力作用下滑坡体的变形趋势,开展监测资料分析。在此基础上,构建了大华滑坡高精度位移预测模型,并开展了滑坡预警判据研究。

4.1 安全监测资料分析

大华滑坡体布置四个监测断面,共设置 18 个 GNSS 观测点、11 个垂直测斜孔、3 套阵列式位移计、1 套多维度变形、16 个测压管,如图 4-1 所示。

大华桥水电站 2018 年 2 月 2 日下闸蓄水,蓄水前上游水位 1 408 m,2018 年 6 月 19 日蓄水至正常蓄水位 1 477 m。

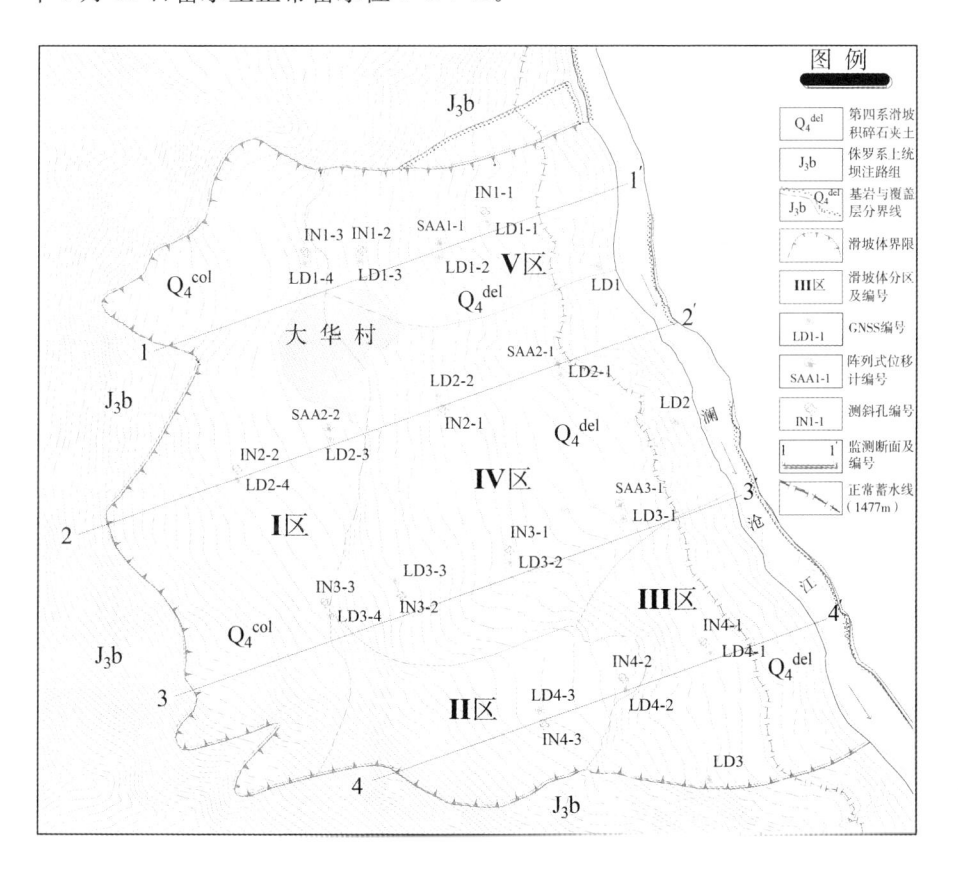

图 4-1 大华滑坡工程地质及监测布置图

4.1.1 GNSS表观位移

大华滑坡体表面位移设立18个GNSS监测点,4个纵向观测断面,断面间设立3个监测点,表面测点同时监测水平位移和垂直位移。

自2016年9月4日开始监测,观测174周的监测成果如表4-1所示。大华滑坡体的变形以横河方向(Y向)为主,变形范围在84.3~1131.8 mm之间,绝大多数测点的变形表现为指向河床方向的变形,少数测点表现为指向山体内侧的微小变形。其次为垂直方向(H向)的变形,变形范围在−518.8~−2.9 mm之间,表现为沉降。沿河流方向(X向)的变形以向上游为主,变形范围在19.5~286.4 mm之间。

表4-1 大华滑坡体表面GNSS监测点监测结果

测点编号	累计位移(mm) X向	Y向	H向	测点编号	累计位移(mm) X向	Y向	H向
LD1-1	203.3	714.8	−321.6	LD3-1	176.2	426.6	−105.6
LD1-2	209.0	756.2	−368.3	LD3-2	175.9	409.3	−155.7
LD1-3	19.5	839.2	−436.1	LD3-3	184.9	581.3	−262.3
LD1-4	19.9	225.4	−31.2	LD3-4	65.3	140.1	−58.8
LD2-1	174.9	372.2	−117.2	LD4-1	58.4	190.0	−58.2
LD2-2	185.6	444.9	−212.3	LD4-2	21.5	110.1	−10.5
LD2-3	55.7	173.4	−38.0	LD4-3	19.5	84.3	−2.9
LD1	286.4	1131.8	−518.8	LD3	42.8	166.5	−49.1
LD2	146.2	377.5	−62.2				

大华滑坡体各监测断面GNSS监测点的表面变形过程如图4-2至图4-5所示。由图可知,大华滑坡体表面位移随时间的变化具有如下规律:各监测断面各测点X向和Y向变形随着时间呈现缓慢增长的趋势,而断面3-3和断面4-4各测点的H向变形表现出一定的随机波动性。

总体来说,各监测断面各测点位移变化基本保持一致,表现为滑坡体前缘变形较大,上游测点位移大于下游部位。其中,断面1-1监测点LD1-1和LD1-2的Y向位移变化较大,且变化幅度大致相同,两测点位于大华滑坡体Ⅴ区。

在大华滑坡体4个监测断面之外还设置了3个GNSS监测点,均位于滑坡体前缘,其位移时程曲线如图4-6至图4-8所示。由图可知,上述3个监测点在7月份均出现了一次位移骤变,究其原因与库水位升降相关。相对于垂直方向（Y向）位移，横河方向（X向）位移总体变化不大，呈缓慢近线性增长。

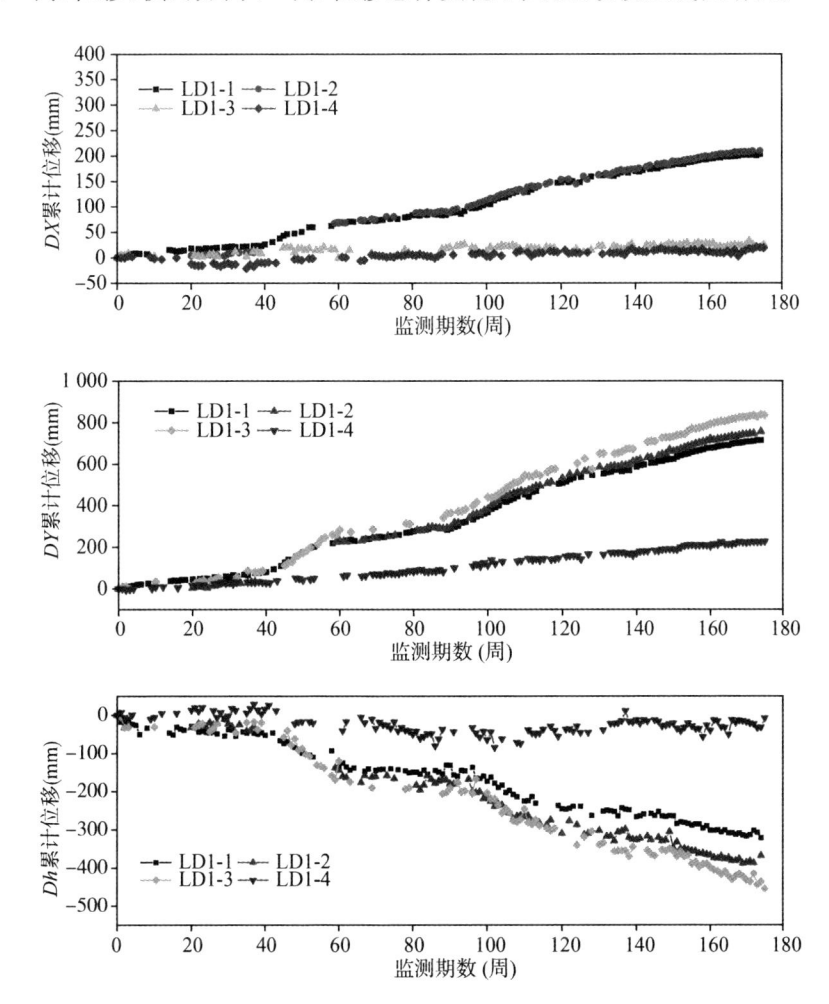

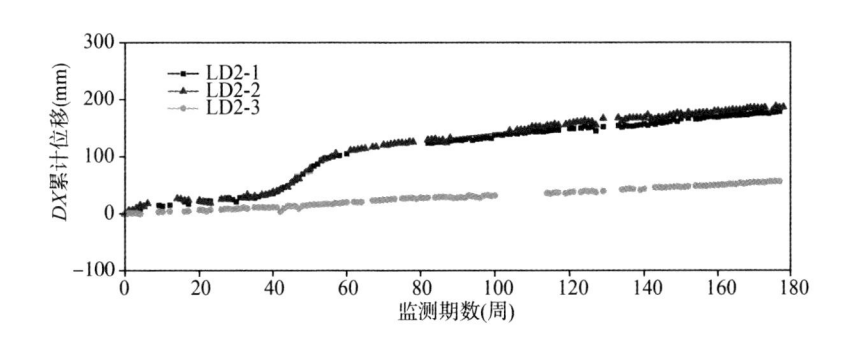

图 4-2　断面 1-1 各 GNSS 监测点累计位移时程图

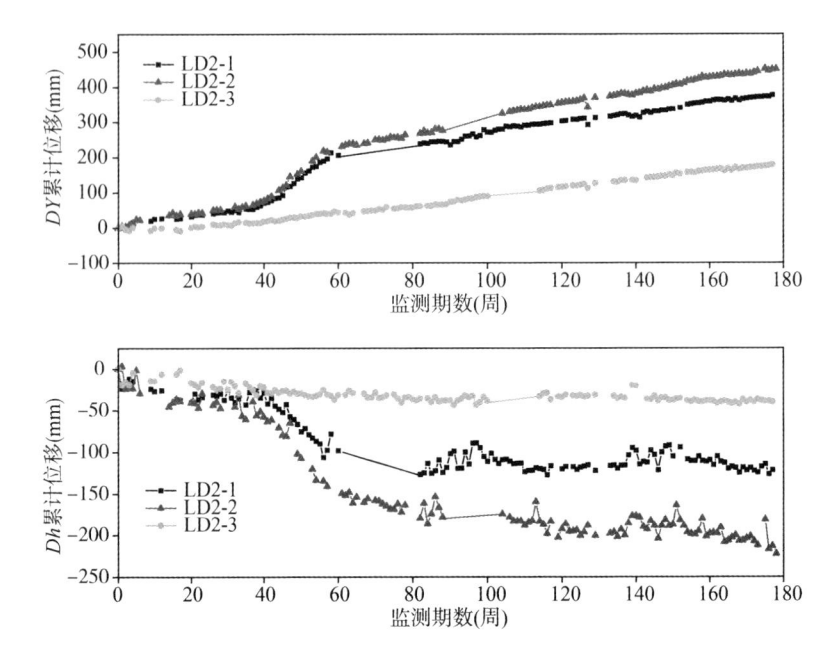

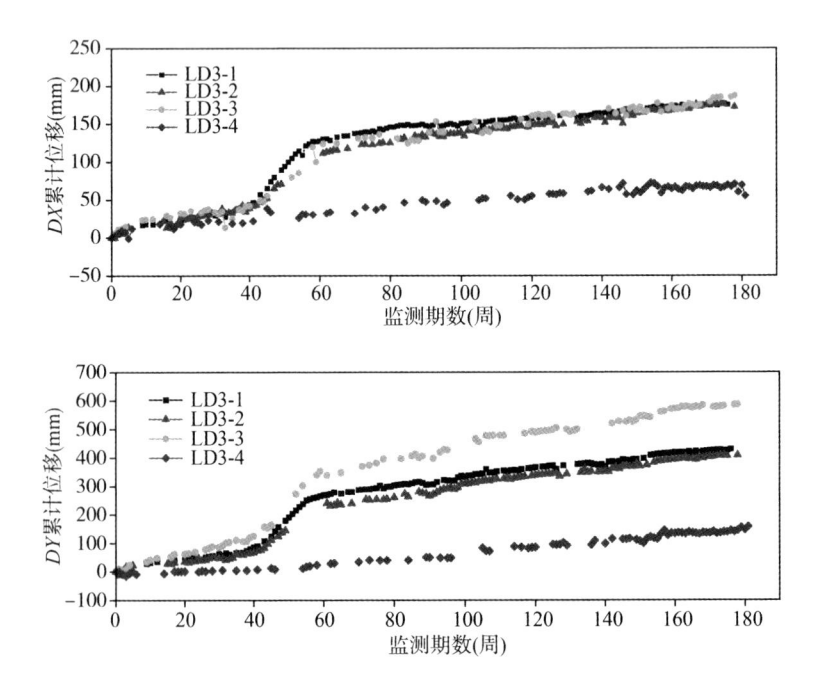

图 4-3　断面 2-2 各 GNSS 监测点累计位移时程图

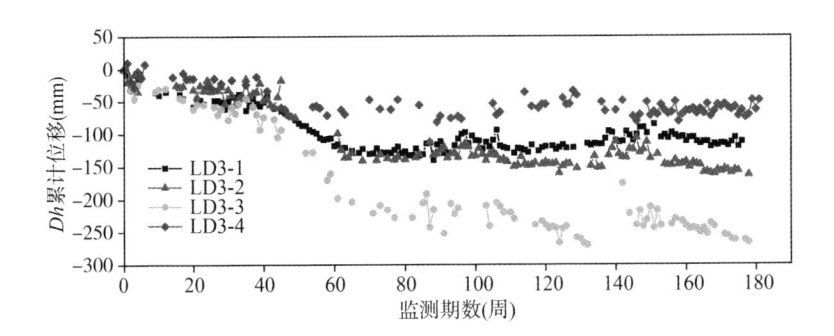

图 4-4 断面 3-3 各 GNSS 监测点累计位移时程图

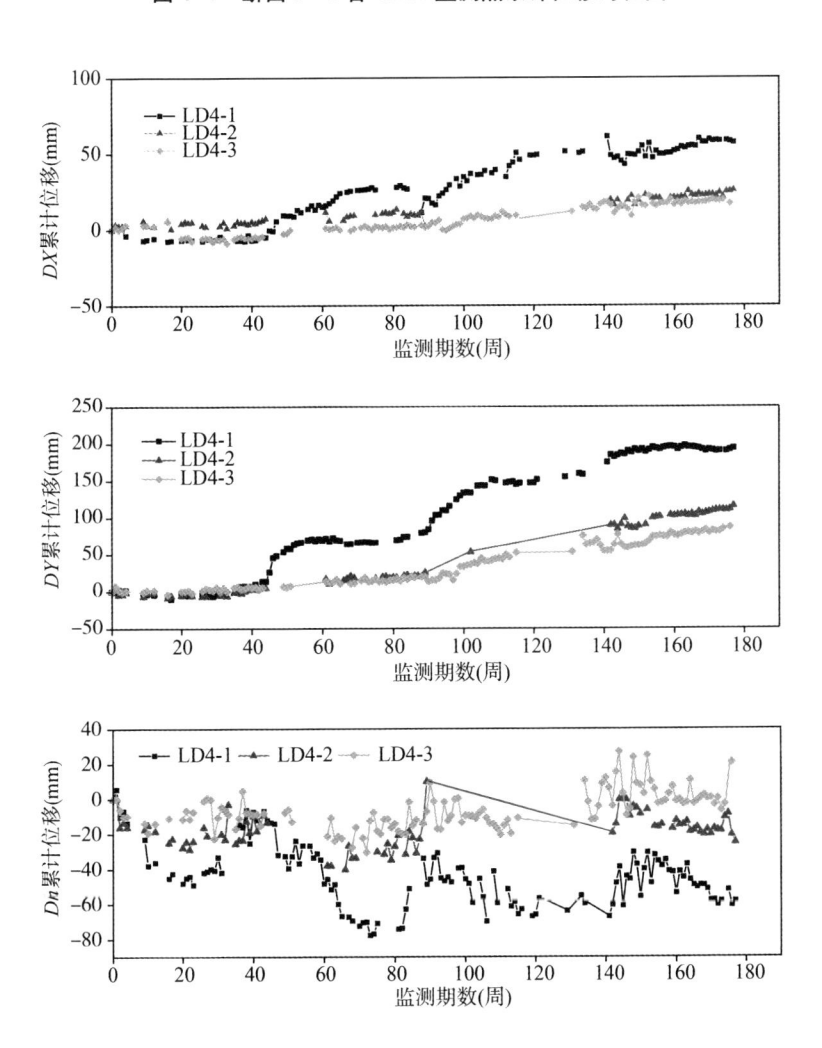

图 4-5 断面 4-4 各 GNSS 监测点累计位移时程图

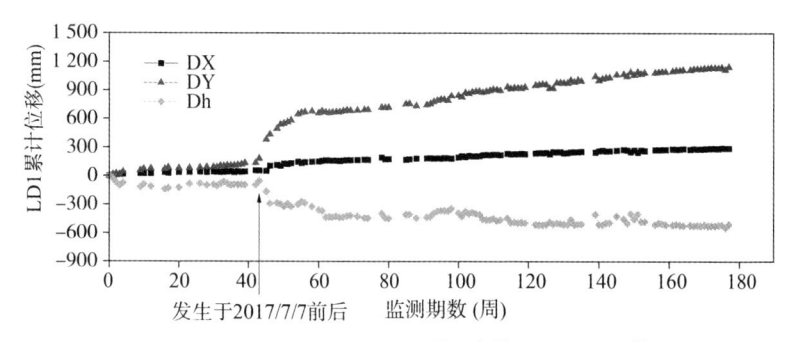

注：起始于2016/9/4，截止于2020/1/30

图 4-6　LD1 监测点累计位移时程图

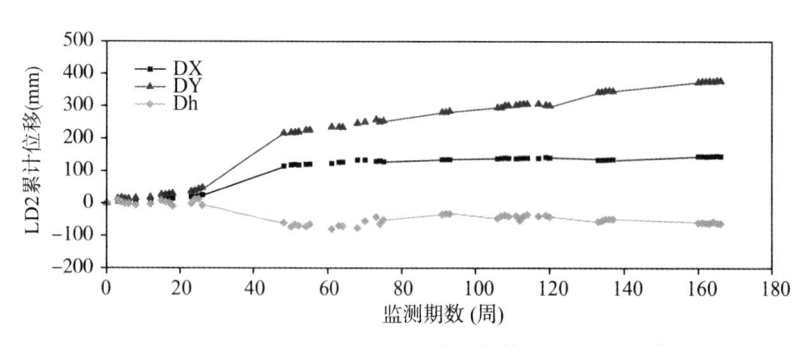

注：起始于2016/12/7，截止于2020/1/17

图 4-7　LD2 监测点累计位移时程图

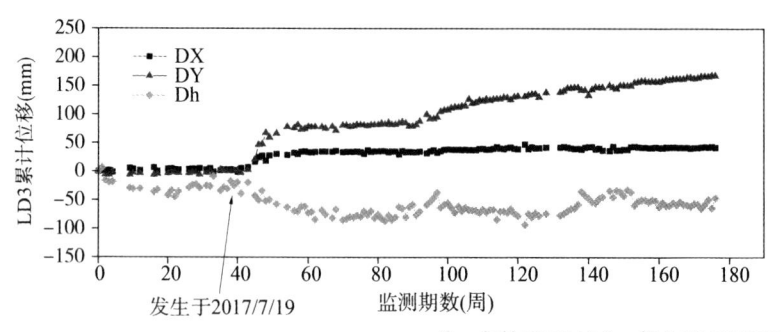

注：起始于2016/9/4，截止于2020/1/22

图 4-8　LD3 监测点累计位移时程图

综上所述,大华滑坡体自 2016 年 9 月 4 日开始进行 GNSS 监测,观测 174 周的监测成果表明,大华滑坡体变形主要分布在Ⅲ区、Ⅳ区、Ⅴ区前缘部位,分布高程为 1 400～1 700 m,总体而言,变形呈缓慢递增的变化趋势。

4.1.2 深部位移

大华滑坡体深部变形主要采用测斜孔、SAA 阵列式位移和多维度变形监测等方法进行观测。各断面分别布置测斜孔和 SAA 阵列式位移计,通过对断面上深部位移监测仪器监测成果进行分析,可以很好地对两种监测仪器进行对比。以下选取 2019 年 1 月至 2020 年 4 月监测数据进行分析。

4.1.2.1 测斜孔

IN1-1 观测孔位于大华滑坡体下部Ⅴ区,IN1-3 观测孔位于大华滑坡体上部Ⅰ区,均处于断面 1-1,其监测结果如图 4-9 所示。IN1-1 观测孔变形深度处于 16～28 m,截至 2020 年 4 月 25 日,孔深 23.5 m 处累计合位移达 219.27 mm,孔口累计合位移达 195.65 mm,变形速率约为 0.077 mm/d,位移

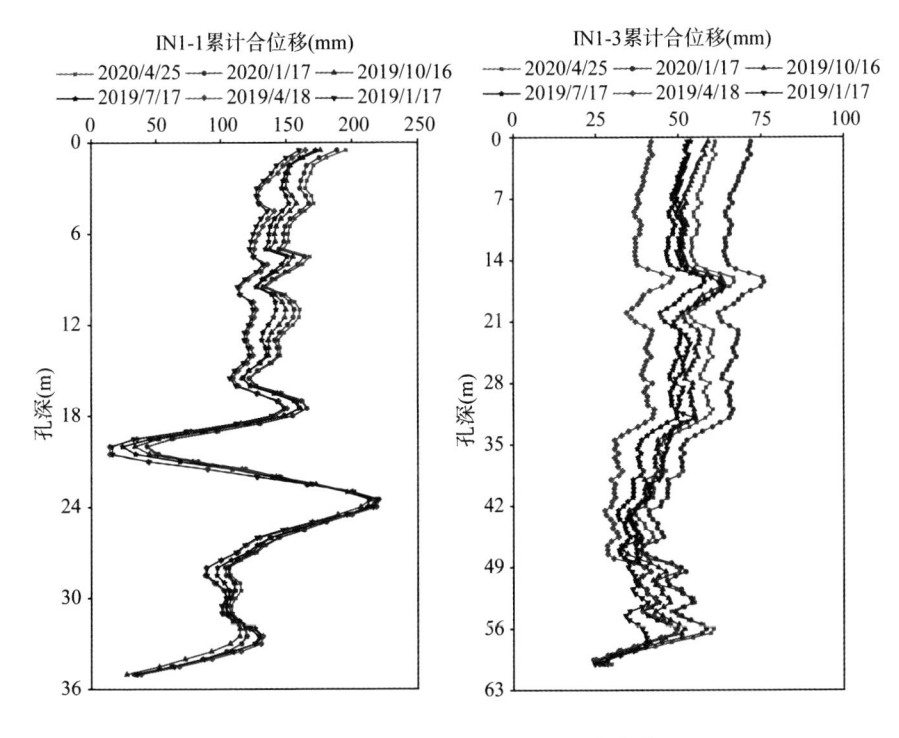

图 4-9 1-1 断面测斜孔孔深位移曲线

仍持续缓慢增长；而 IN1-3 观测孔位移变化波动较小，波动范围 25~80 mm。大华滑坡体 IN1-1 和 IN1-3 观测点没有明显的滑动面，但深层岩土体始终处于蠕动状态，随着变形不断发展扩大，可能会在相对软弱夹层中形成新的滑动面。

IN4-1 观测点处于大华滑坡体Ⅲ区，IN4-2 和 IN4-3 处于Ⅱ区，均处于 4-4 断面，如图 4-10 所示，该断面各测点累计位移整体上均大于 1-1 断面。IN4-1 观测点位于滑坡体前缘，其最大变形值为 687.96 mm，位置在地面以下约 31 m 处，此处位移出现剧增，推断孔深 31~33 m 间存在变形带，须持续关注。截至 2020 年 4 月 25 日，IN4-2 观测点孔口累计合位移为 277.06 mm，基本处于匀速变形状态，变形速率约为 0.23 mm/d。观测点 IN4-2 孔深 67 m 处位移出现突增，推测孔深 67~68 m 间存在变形带，观测点 IN4-3 沿孔深没有明显的滑动带。

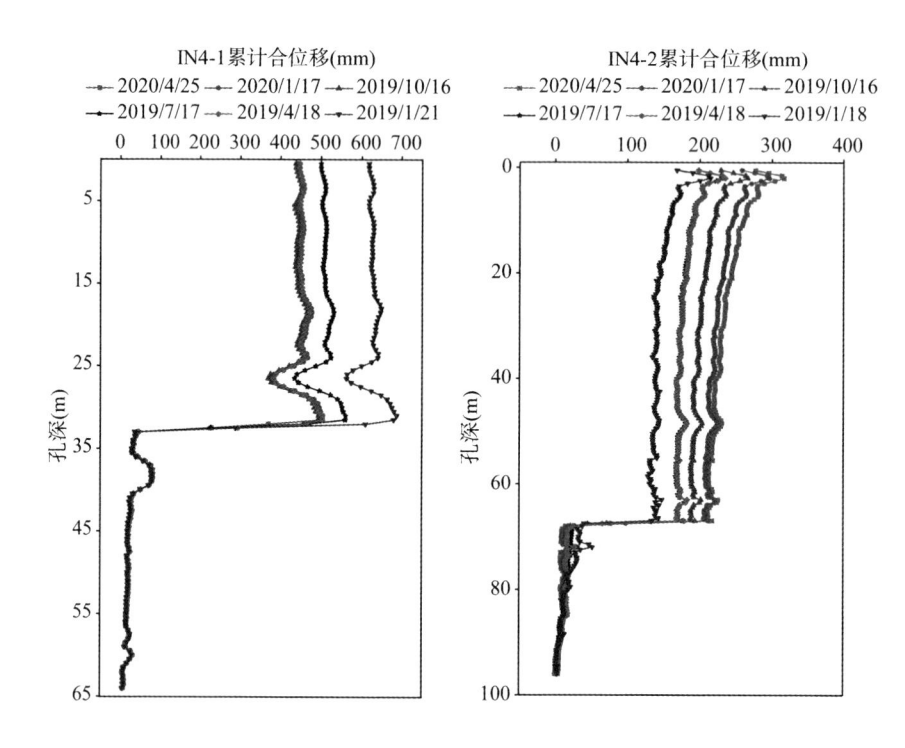

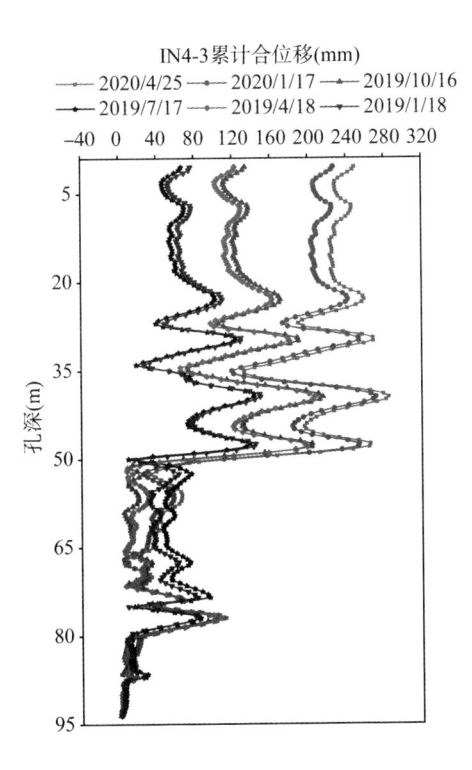

图 4-10 4-4 断面测斜孔孔深位移曲线

4.1.2.2 SAA 阵列式位移计

SAA 阵列式位移计 SAA2-1 和 SAA2-2 均布置在 2-2 断面,分别处于滑坡体Ⅳ区和Ⅰ区。从 2019 年 1 月至 2020 年 4 月的监测数据(如图 4-11 所示)看,随着时间的变化,SAA 各节段在不同埋深部分的位移变化具有趋同性。

阵列式位移计 SAA2-1 位于滑坡体前缘Ⅳ区,在孔深 82.5 m 处位移突变,增量约 80 mm,该孔在孔深 82.5～83 m 间存在变形带。截至 2020 年 4 月 23 日,该观测点孔口处累计位移达 418.29 mm,总体呈缓慢递增发展,须持续关注。而安装在同一断面的阵列式位移计 SAA2-2 没有明显的滑动面,但测点处位移仍处于发展状态;2019 年 1 月至 2019 年 10 月,位移变化较大,变化速率约为 0.87 mm/d,随后缓慢增长,截至 2020 年 4 月 23 日,孔口累计位移为 317.71 mm。

SAA3-1 阵列式位移计布置在 3-3 断面,处于滑坡体Ⅳ区。该孔在观测期间的位移主要表现为,距孔口 55 m 以上部位存在一定变形(如图 4-12 所示),截至 2020 年 4 月 23 日,孔口累计合位移达 1 382.52 mm。

4.1.2.3 多维度变形

多维度变形监测 SAA1-1 位于 1-1 断面,孔口高程 1 556.8 m。该测点孔深 37 m 处出现位移突变(如图 4-13 所示),推测 37～37.5 m 位置处为大华滑坡体Ⅴ区的滑动面。截至 2020 年 1 月 18 日,孔口累计位移为 589.36 mm。

综上所述,自 2019 年 1 月至 2020 年 4 月的监测成果表明,大华滑坡体存在一定的深部变形,在多个区域内存在滑动面。Ⅴ区多维度变形 SAA1-1 累计位移表明,在孔深 37～37.5 m 位置处存在明显的滑动面;Ⅳ区的 SAA2-1 阵列式位移计孔深 82.5～83 m 间存在滑动面,变形呈缓慢递增趋势,SAA3-1 阵列式位移计处未出现滑动面,但距孔口 55 m 以上部位存在一定变形,变形仍处于发展状态;Ⅲ区测斜孔 IN4-1 和Ⅱ区测斜孔 IN4-2 分别在孔深 31～33 m 和 67～68 m 间存在滑动面,Ⅱ区测斜孔 IN4-3 沿孔深没有明显的滑动带;Ⅰ区 SAA2-2 阵列式位移计处为蠕变变形,尚未发现明显的滑动面。

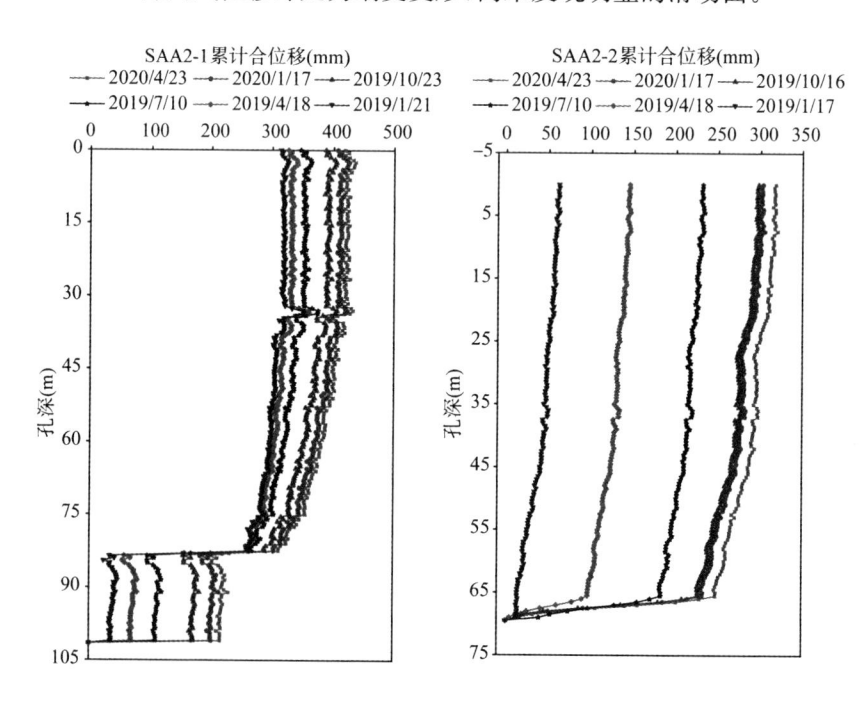

图 4-11 2-2 断面 SAA 阵列式位移计孔深位移曲线

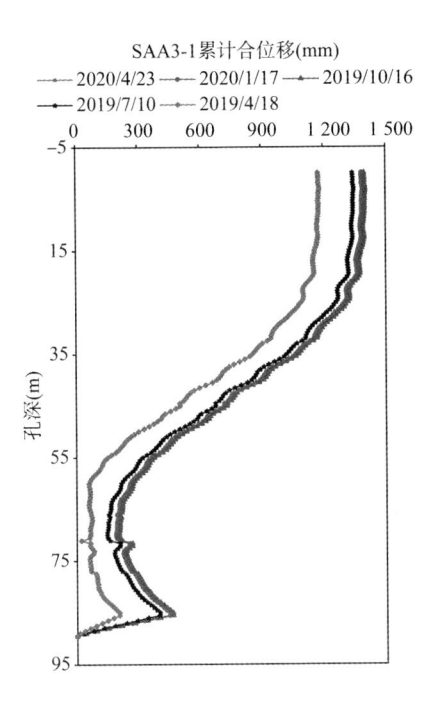

图 4-12　SAA3-1 阵列式位移计孔深位移曲线

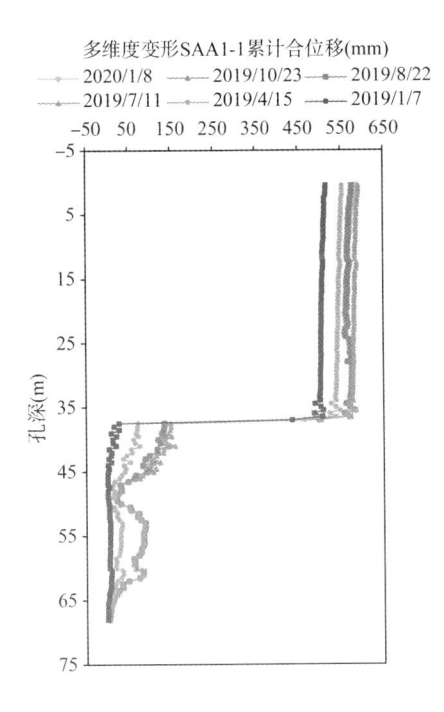

图 4-13　1-1 断面多维度变形监测孔深位移曲线

4.1.3 测压管监测

大华滑坡体在 4 个监测断面上共布置 16 个测压管进行监测,测压管水位基本上受测压管所在位置高程的制约,测压管所在高程越高,测压管水位越高,反之则低。选取水位高程变化较为明显的监测点 UP2-1 和 UP4-1 进行分析,监测结果如图 4-14 和图 4-15 所示。

大华桥水电站 2018 年 2 月开始蓄水,至 2018 年 6 月 19 日蓄水完成,库水位达到 1 477 m。2018 年 4 月至 7 月,两个测压管的水位高程变幅较大,测压管 UP2-1 变幅 4 m,每天水位高程变化在 −0.004~0.034 m 之间,测压管 UP4-1 变幅 40 m,每天水位高程变化为 −0.322~7.365 m。随着水库蓄水阶段完成,测压管内水位变化相对平稳。监测结果表明,测压管水位变化较大时段为水库蓄水期,大华滑坡地下水位主要受库区水位影响。

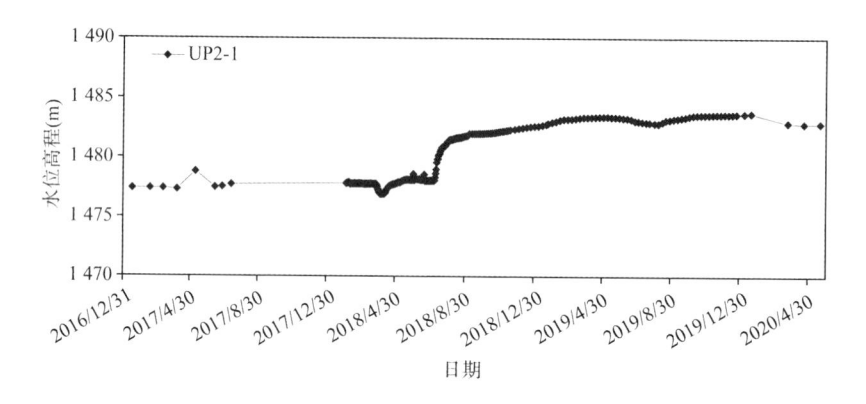

图 4-14 测压管 UP2-1 水位高程时程曲线图

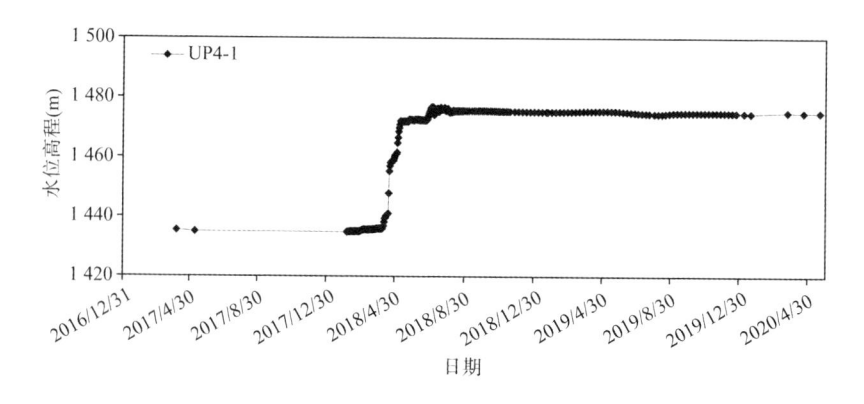

图 4-15 测压管 UP4-1 水位高程时程曲线图

4.1.4 变形与库水位变化

4.1.4.1 GNSS 位移与库水位变化

由图 4-16 至图 4-18 分析可知，GNSS 观测的 DX、DY、Dh 位移变化在断面 1-1 和 1-2 上整体变化趋势相近；两剖面观测的 DX 总体在 $-1.8\sim210.2$ mm 间波动，DY 在 $0\sim826.4$ mm 间波动，Dh 在 $-416\sim0$ mm 间波动；库水位自 2018 年 2 月蓄水，蓄水前上游水位为 1 408.30 m，2018 年 6 月蓄水至 1 476.59 m，后在该水位上下波动；同时，库水位在 2017 年 6 月发生一次剧增，至 2017 年 7 月中旬最大，上升至 1 454.77 m。

分析库水位与位移变化关系发现，两次库水位剧增（2017 年 6 月、2018 年 2 月）均使得 DX、DY、Dh 位移变化曲线斜率绝对值增加，位移曲线上扬更明显；2018 年 6 月蓄水结束后，水库进入运行期，DX、DY、Dh 位移变化近似呈线性增加。

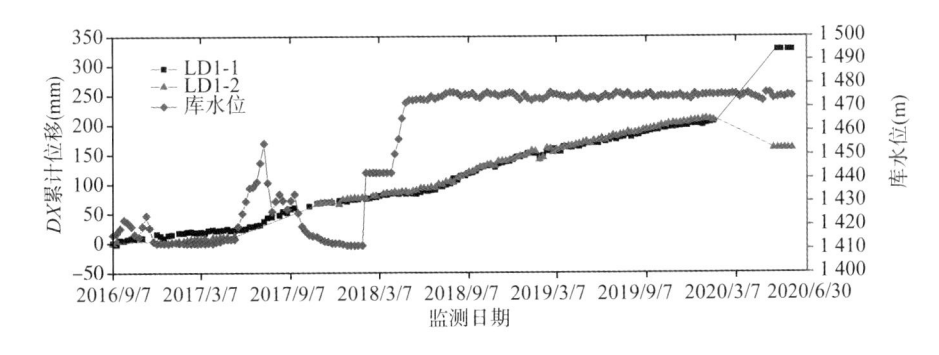

图 4-16　LD1-1 和 LD1-2 的 DX 位移与库水位变化关系曲线

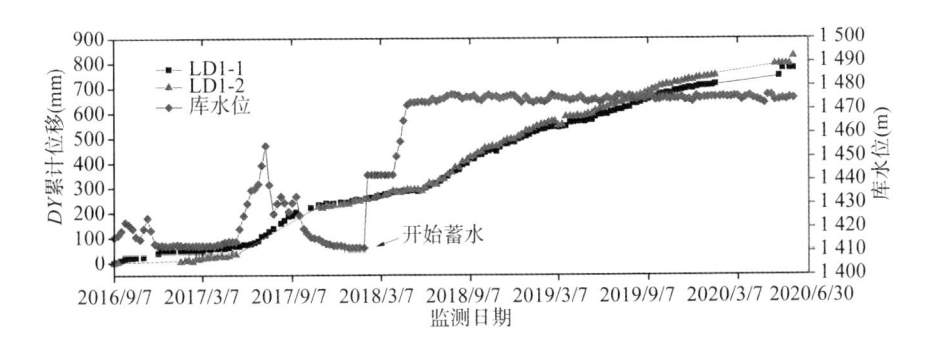

图 4-17　LD1-1 和 LD1-2 的 DY 位移与库水位变化关系曲线

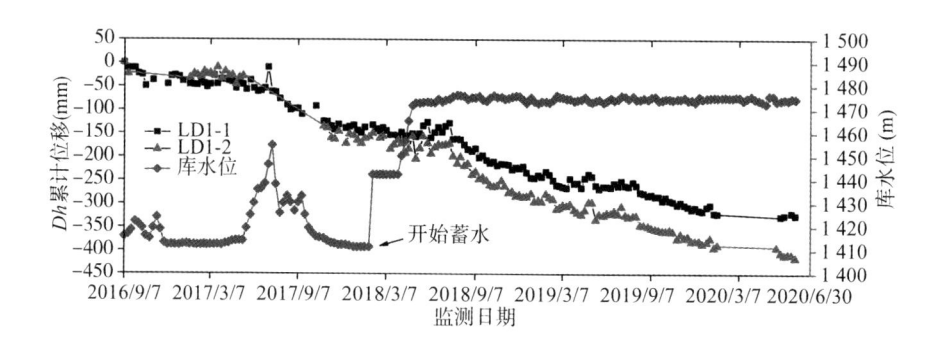

图 4-18　LD1-1 和 LD1-2 的 Dh 位移与库水位变化关系曲线

由图 4-19 至图 4-21 分析可知，GNSS 观测的 DX、DY、Dh 位移变化在断面 3-1 和 3-2 上整体变化趋势相近；两剖面观测的 DX 在 0～246.3 mm 间波动，DY 在 −10.5～457.8 mm 间波动，Dh 在 −164.1～0 mm 间波动。

分析库水位与位移变化关系发现，2017 年 6 月库水位骤增与骤降对位移影响较大，DX、DY、Dh 位移曲线变化斜率绝对值均显著增大；而自 2018 年 2 月蓄水使库水位上升，并未导致位移产生突变，位移一直呈近似线性增长。

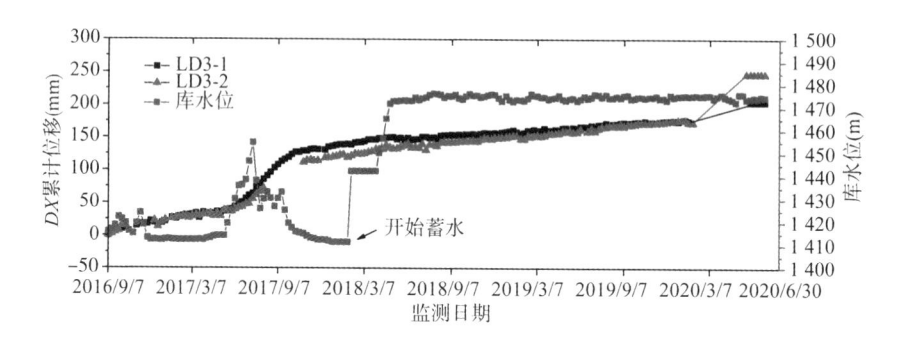

图 4-19　LD3-1 和 LD3-2 的 DX 位移与库水位变化关系曲线

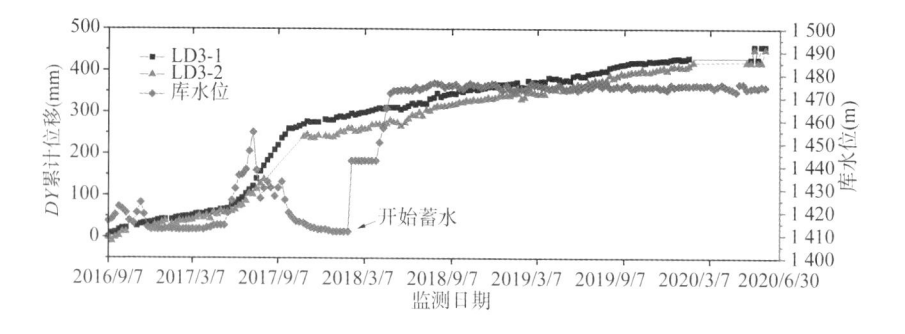

图 4-20　LD3-1 和 LD3-2 的 DY 位移与库水位变化关系曲线

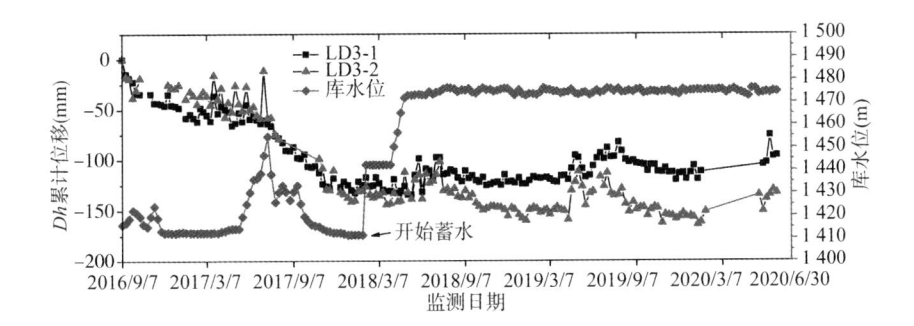

图 4-21　LD3-1 和 LD3-2 的 Dh 位移与库水位变化关系曲线

4.1.4.2　测斜孔位移与库水位变化

由于大华滑坡体测斜孔 IN1-1 与 IN1-2 分别于 2016 年 6 月和 8 月失效,故取 IN1-3 分析变形与库水位关系。IN1-3 位移与库水位变化关系曲线如图 4-22 所示。

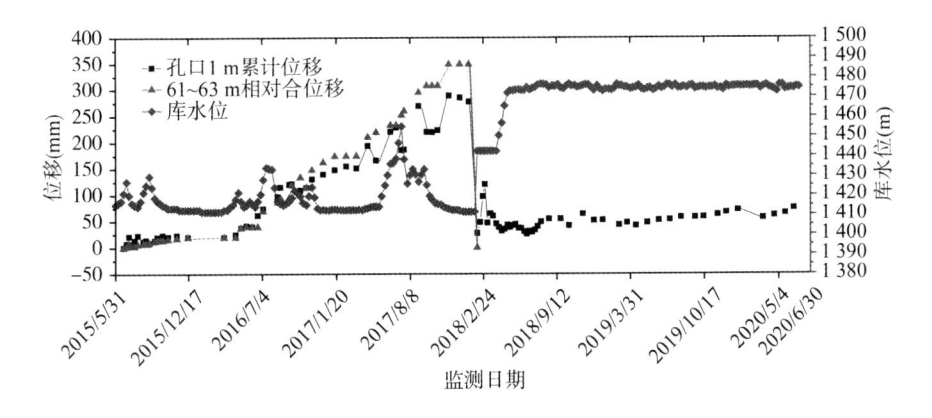

图 4-22　IN1-3 位移与库水位变化关系曲线

库水位于 2016 年 7 月和 2017 年 6 月发生两次骤增与骤降,均导致孔口及深部位移曲线斜率发生突增;2018 年 2 月水库开始蓄水,孔口位移由 277.52 mm 骤降至 27.37 mm,深部位移由 349.16 mm 骤降至 0 mm;在后期水库运行期,库水位涨幅不大,孔口位移保持在 40~70 mm 间波动。

IN4-1、IN4-2 位移与库水位变化关系曲线如图 4-23 和图 4-24 所示。库水位于 2016 年 7 月和 2017 年 6 月发生的两次骤增与骤降,导致 IN4-1 与 IN4-2 孔口及深部位移曲线斜率均发生突增,IN4-1 于 2017 年 6 月位移变化尤为明显;2018 年 2 月水库蓄水导致 IN4-1 与 IN4-2 孔口及深部位移发生突增;IN4-2在蓄水结束后位移逐渐趋于稳定上升;IN4-1深部位移在2018年12月发生骤增,至2019年2月失效,孔口位移于2019年2月骤降后趋于稳定,分析其原因与库水位变化无关。

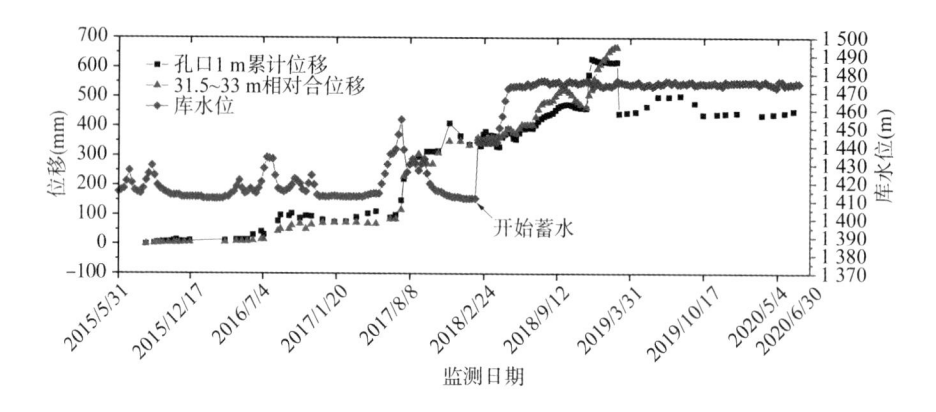

图4-23 IN4-1位移与库水位变化关系曲线

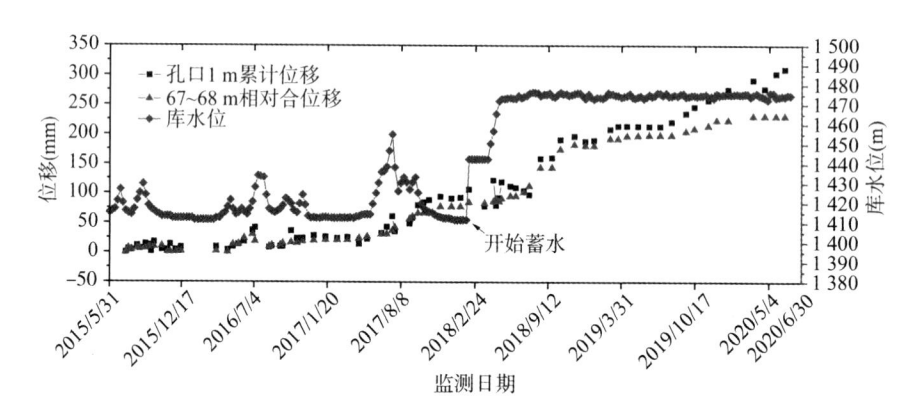

图4-24 IN4-2位移与库水位变化关系曲线

4.1.4.3 SAA阵列式位移与库水位变化

SAA2-1、SAA2-2、SAA3-1位移与库水位变化关系曲线如图4-25至图4-27所示。SAA2-1阵列式位移计测得的孔口及深部位移在水库蓄水前,与库水位升降关系不大,呈缓慢递增规律;蓄水后深部位移趋于稳定,孔口位移于2018年9月发生一次骤增后,位移曲线呈上凹形式增长。SAA2-2阵列式位移计测得的孔口位移于2017年6月发生骤降,究其原因应与2017年6月库水位骤升和骤降有关;2018年2月蓄水并未导致SAA2-2测得的孔口位移发生突变;在2019年3月孔口位移发生剧增,其原因与库水位无关。SAA3-1阵列式位移计测得的深部位移与库水位升降关系不大;孔口位移发生两次骤增,第一次出现在2017年6月库水位骤升与骤降处,第二次发生在2019年3月蓄水结束库水位趋于稳定后,与SAA2-2发生骤增时间一致,究其原因应与库水位无关。

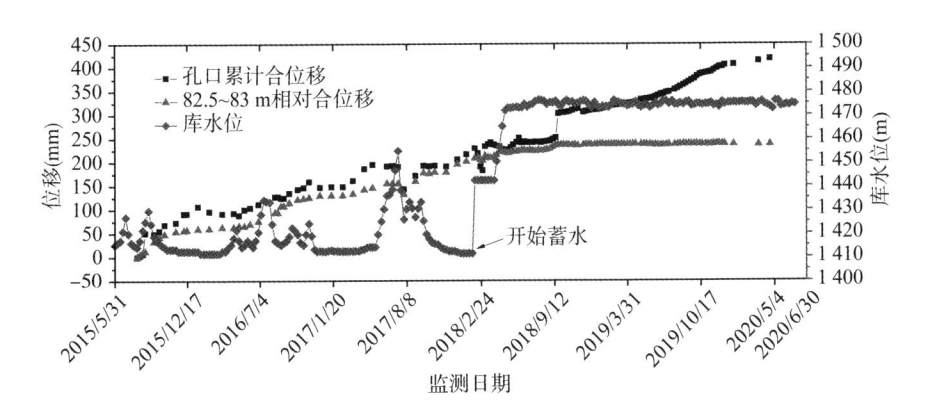

图4-25 SAA2-1位移与库水位变化关系曲线

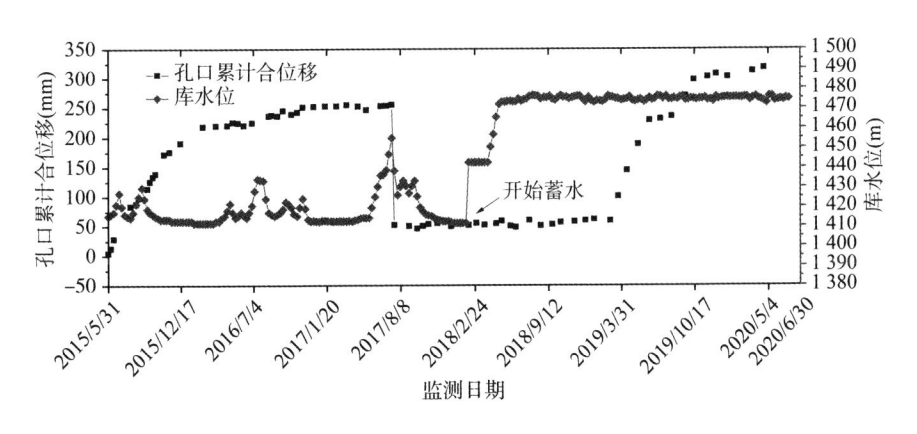

图4-26 SAA2-2位移与库水位变化关系曲线

4.1.4.4 多维度变形位移与库水位变化

1-1多维度变形与库水位变化关系曲线如图4-28所示。1-1断面多维度变形监测得到的孔口、24 m、37 m处位移随时间变化曲线发展规律趋于一致;2018年2月水库蓄水导致位移曲线增长斜率大幅增加,蓄水结束后位移变化趋于稳定,呈缓慢递增规律。

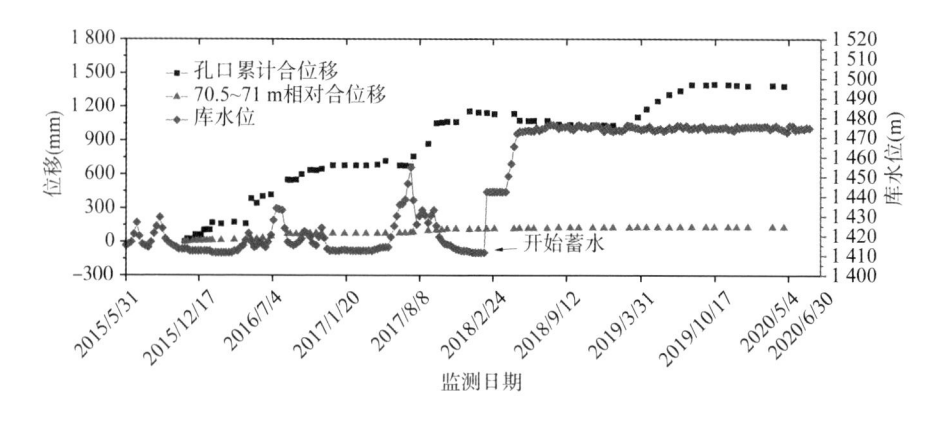

图 4-27　SAA3-1 位移与库水位变化关系曲线

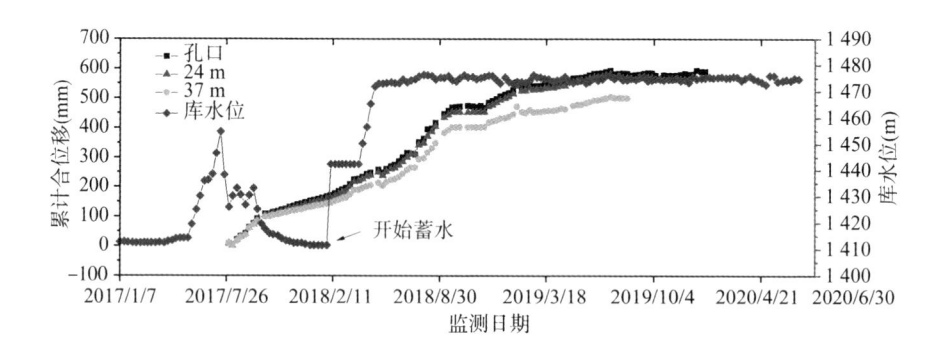

图 4-28　1-1 多维度变形与库水位变化关系曲线

4.2　基于变分模态分解与优化的滑坡位移机器学习预测

基于滑坡安全监测资料,构建高精度位移预测模型一直是滑坡安全预警系统构建的重要前提,也是当前滑坡预测预报研究的重点内容。现有滑坡预测模型主要可分为:物理力学模型和数据驱动型模型。随着人工智能技术的快速发展,基于安全监测数据建立的机器学习模型逐步成为滑坡位移预测研究领域的热点之一。现阶段的主流机器学习算法主要包括人工神经网络(ANN)、极限学习机(ELM)和最小二乘支持向量机(LSSVM)等,其中 LSSVM 因其具有所需学习样本少、非线性预测能力和泛化性强等优点而被广泛应用。然而,单一的预测模型存在过拟合和模型参数难以确定等问题,采用组合模型是现阶段提高单一机器学习模型的有效手段。

单一预测模型耦合信号分解技术,以此挖掘滑坡位移序列的信号特征能够有效提高滑坡位移预测精度。常用的信号分解算法有离散小波分解(DWT)、经验模态分解(EMD)、集成经验模态分解(EEMD)和变分模态分解(VMD)等。其中,变分模态分解(VMD)是一种自适应分解算法,其核心是在变分框架下分解转换原始序列,它能够有效抑制 EMD 分解中的"模态混叠"现象,且对噪声信号具有更好的鲁棒性。基于 VMD 信号分解技术与机器学习算法相耦合的分解-集成预测模型目前已成功应用于特征提取和短期风速序列预测等问题中[18][19]。同时,利用智能算法优化预测模型参数已被证明是一种提升单一机器学习预测模型稳定性的有效手段。灰狼优化算法(Gray Wolf Optimizer,GWO)是 Mirjalili 等[20]受自然界中灰狼群体中的社会等级关系和捕猎策略的启发而提出的新型群体智能优化算法。GWO 作为一种元启发式技术,具有收敛性能强、待调整参数少和易实现等优点。自算法提出以来,GWO 已经在故障检测、图像分割、语音识别和方程求解等众多工程问题中得到了广泛应用[21]。但标准 GWO 仍然存在易陷入局部最优和初始种群多样性欠缺等问题。

为了实现短期滑坡位移预测,将"分解-集成"预测思想应用于多因素时间序列分析中,利用变分模态分解和样本熵值将累计位移、降雨和库水位变化序列分解为包含不同时间尺度的局部信息的子序列,通过最大信息数(Maximal Information Coefficient,MIC)评估位移子序列与因素子序列间的非线性相关性,作为位移预测模型输入因子的筛选依据。此外,在 GWO 算法的基础上引入量子理论和相关改进策略,提出改进量子灰狼优化算法(Modified Quantum Grey Wolf Optimization,MQGWO),并用于机器学习预测模型的参数自适应全局寻优,以进一步提高机器学习模型的预测性能。以大华滑坡的监测数据为例,采用已有研究中的预测模型作为对比模型,验证所提的智能预测模型的有效性和预测性能。

4.2.1 基于信号分解技术的滑坡位移序列和特征分量提取

4.2.1.1 变分模态分解

变分模态分解是由 Dragomiretskiy 和 Zosso[22]提出的一种新型的自适应、非递归信号分解算法,能够根据信号自身的频域特征来划分频带,并根据建立的变分约束模型不断进行迭代求解,将原始非平稳信号分解为多项带宽有限的本征模态分量(Intrinsic Mode Function,IMF)。VMD 预先估计每个子序列的中心频率,确保在求解过程中各个模态的独立性,且变分求解过程具有严格的数学理论基础。VMD 的本征模态函数 $u_k(t)$ 表示为:

$$u_k(t) = A_k(t)\cos[\varphi_k(t)] \tag{4-1}$$

式中:$A_k(t)$ 为瞬时幅值;$\varphi_k(t)$ 表示瞬时相位。通过对 $\varphi_k(t)$ 微分得到 $u_k(t)$ 的瞬时频率 $\omega(t)$,如下式:

$$\omega(t) = \frac{\mathrm{d}\varphi_k(t)}{\mathrm{d}t}, \omega(t) \geqslant 0 \tag{4-2}$$

式中:$u_k(t)$ 可以被看作是一个幅值为 $A_k(t)$、频率为 $\omega(t)$ 的谐波信号。VMD 分解过程主要包括构建变分问题与求解两部分。

1. 构建目标函数

假设原始信号 $x(t)$ 由具有不同中心频率和有限带宽的 K 项本征模态分量 $u_k(t)$ 组成,采用 Hilbert 变换计算每个 $u_k(t)$ 对应的解析信号,由混合预估中心频率 $\mathrm{e}^{-j\omega_k t}$ 将各频谱转换至对应基频带上,得到单边频谱,表示为:

$$\left[\left(\delta(t) + \frac{j}{\pi t}\right)u_k(t)\right]\mathrm{e}^{-j\omega_k t} \tag{4-3}$$

式中:$\delta(t)$ 为狄拉克分布;$\mathrm{e}^{-j\omega_k t}$ 为中心频率在复平面上的描述。求解约束模型使得各 $u_k(t)$ 的估计带宽之和最小,构建起始变分约束的目标函数为:

$$\begin{cases} \min\limits_{\{u_k\},\{\omega_k\}} \left\{ \sum\limits_{k=1}^{K} \left\| \partial t\left[\left(\delta(t) + \frac{j}{\pi t}\right)u_k(t)\right]\mathrm{e}^{-j\omega_k t} \right\|_2^2 \right\} \\ s.t. \sum\limits_{k=1}^{K} u_k = x(t) \end{cases} \tag{4-4}$$

式中:$\{u_1(t), u_2(t), \cdots, u_K(t)\}$ 和 $\{\omega_1, \omega_2, \cdots, \omega_K\}$ 分别为分解模态子信号和其对应的中心频率集合,K 为子模态项数,∂t 为泛函数对时间的偏导。

2. 求解变分问题

引入二次惩罚项 α 和拉格朗日乘子 $\lambda(t)$,将式(4-4)的约束性变分问题转化为非约束变分求解式,α 用于保证信号的重构精度,扩展的拉格朗日表达式为:

$$L(\{u_k\},\{\omega_k\},\lambda) = \alpha \sum_{k=1}^{K} \| \partial t \left[\left(\delta(t) + \frac{j}{\pi t} \right) u_k(t) \right] e^{-j\omega_k t} \|_2^2 + \| x(t) - \sum_{k=1}^{K} u_k(t) \|$$
$$+ \langle \lambda(t), x(t) - \sum_{k=1}^{K} u_k(t) \rangle \tag{4-5}$$

采用乘子交替方向方法求解上式,通过对 u_k^{n+1} 和 ω_k^{n+1} 进行同步迭代更新求解扩展拉格朗日式的"鞍点",迭代过程表示为:

$$\hat{u}_k^{n+1}(w) = \frac{\hat{x}(w) - \sum_{i \neq k} \hat{u}_i^n(w) + (\hat{\lambda}^n(w)/2)}{1 + 2\alpha(w - w_k^n)^2}$$
$$w_k^{n+1} = \frac{\int_0^\infty w \mid \hat{u}_k^n(w) \mid^2 \mathrm{d}w}{\int_0^\infty \mid \hat{u}_k^n(w) \mid^2 \mathrm{d}w} \tag{4-6}$$

式中: n 为求解迭代次数; $\hat{u}_k^{n+1}(w)$、$\hat{x}(w)$、$\hat{u}_i^n(w)$ 和 $\hat{\lambda}^n(w)$ 分别表示变量 $u_k^{n+1}(t)$、$x(t)$、$u_i^n(t)$ 和 $\lambda^n(t)$ 的傅里叶变换, w_k^{n+1} 为更新后的中心频率。

VMD 分解算法的过程描述为:

步骤1:初始化 $\hat{u}_k^1$、w_k^1 和 $\{\hat{\lambda}^1\}$ 值,设置 $n=0$;

步骤2:按式(4-6)更新参数 u_k 和 ω_k;

步骤3:更新参数 $\lambda(t)$:

$$\hat{\lambda}^{n+1}(\omega) \leftarrow \hat{\lambda}^n(\omega) + \tau(\hat{x}(w) - \sum_k \hat{u}_k^{n+1}(\omega)) \tag{4-7}$$

步骤4:对于设定的判别精度 $e>0$,当满足收敛精度条件时,迭代停止并返回步骤2,可表示为:

$$\sum_k \| \hat{u}_k^{n+1} - \hat{u}_k^n \|_2^2 / \| \hat{u}_k^n \|_2^2 < e \tag{4-8}$$

式中, u_k 为分解模态子信号, ω_k 为分解信号的中心频率, λ 为拉格朗日乘子, n 为迭代数。

4.2.1.2 样本熵

样本熵(Sample Entropy, SampEn)是 Richman[23]提出的一种度量时间序列复杂度的重要指标。SampEn 通过计算时间序列中新模式的概率大小及其复杂度,能够有效解决因自身模板匹配而引起的偏差,具有不依赖序列长度和一致性高等特点。对给定长度为 N 的时间序列 $\{x(t)\}, t=1,2,\cdots,N$,序列

样本熵值计算步骤如下:

步骤1:在时刻 t 构建 m 维矢量 $\{x^m(t)\}$,$t=1,2,\cdots,N-m+1$,m 为嵌入维度。定义时间序列 x_i^m 和 x_j^m 之间的距离为两个序列各对应元素最大差值的绝对值,记为 d_{ij}^m:

$$d_{ij}^m = d[x_i^m, x_j^m] = \max_{k=0,1,\cdots,m-1} |x(i+k)-x(j+k)|,(i,j=1,2,\cdots,N-m+1,\text{且 } i \neq j) \tag{4-9}$$

步骤2:设定相似容限 $r(r>0)$,计算 x_i^m 与 x_j^m 之间距离小于 r 的数目比例,记为 $B_i^m(r)$:

$$B_i^m(r) = \frac{\text{num}\{d_{ij}^m < r\}}{N-m+1} \tag{4-10}$$

式中:num$\{\cdot\}$ 为计数函数。通过计算 x_i^m 与 x_j^m 之间距离小于 r 的矢量数目,平均模板匹配概率 $B^m(r)$ 表示为:

$$B^m(r) = \frac{1}{N-m} \sum_{i=1}^{N-m} B_i^m(r) \tag{4-11}$$

步骤3:构造的 $m+1$ 维度序列,重复式(4-10)至式(4-11)计算得 x_i^{m+1} 与 x_j^{m+1} 之间距离小于 r 的平均模板匹配概率 $B^{m+1}(r)$。其中,$B^m(r)$ 和 $B^{m+1}(r)$ 分别是在相似容限 r 条件下的统计 m 和 $m+1$ 个点的概率,定义 $\{x(i)\}$ 的样本熵为:

$$SampEn(m,r) = \lim_{N \to \infty} \left\{ -\ln \left[\frac{B^{m+1}(r)}{B^m(r)} \right] \right\} \tag{4-12}$$

对于实际有限长度 N 的序列,样本熵的估计值表示为:

$$SampEn(m,r,N) = -\ln \left[\frac{B^{m+1}(r)}{B^m(r)} \right] = \ln[B^m(r)] - \ln[B^{m+1}(r)] \tag{4-13}$$

嵌入维数 m 和相似容限 r 取值对序列样本熵的计算值影响很大,实际计算 m 值一般为1或2,r 的取值为 $r=0.1 \sim 0.25\sigma_x$,其中 σ_x 为 $\{x(i)\}$ 的标准差。由样本熵的定义可知,序列的自相似性越高,产生新模式的概率越低(序列越稳定),则对应的 $SampEn$ 值越小。

4.2.1.3 最大互信息数

互信息[24](Mutual Information,MI)是通过引用两个随机变量间的统计相关性,并基于Shannon熵理论发展而来的一种关联性分析方法,可用于识别变量间的线性和非线性函数关系,具有对称性和较好的鲁棒性等诸多优良特性。但是互信息数值不是归一化参量,无法用于量化评估相关性的强弱。在此,引入最大信息系数(MIC)以更好地衡量两个变量之间的相关程度。MIC 是 Reshef 等[25]基于 MI 提出的一种评估变量之间相互依赖程度的指标,较好地满足了数据挖掘所需的普适性、等价性和对称性特征,并能够广泛地用于量化变量之间的线性、非线性和非函数依赖关系。

如果两个变量 X 和 Y 间存在一种关系,则可以通过网格 G 分割散点图 (X,Y) 构成的有限集合 D,逐步增大网格的分辨率,根据点在网格中的分布得到对应分辨率下的概率分布。计算每种分辨率下的最大互信息值,并标准化处理以保证各分辨率下网格间对比的公平性,即为 MIC 值。具体定义如下:对于给定的两个随机变量 X、Y 和一个有限的有序数据集 $D:(X,Y)$,将 D 中 X 和 Y 区域分别划分为 x 和 y 个小网格(分割模式为 $x \times y$)使得数据集中所有的点均落入网格 G 中,且允许其中某些单元格是空集。令数据集 D 落在网格 G 上的概率分布为 $D|_G$,并计算对应的互信息值 $I(D|_G)$。固定划分网格数,改变网格分割位置后计算不同划分规则下的互信息值,最后求得所有可能的划分 G 下的最大互信息值为:

$$I^*(D,x,y) = \max I(D|_G) \tag{4-14}$$

通过归一化处理 $I^*(D,x,y)$,得到双变量数据集的特征矩阵的元素 $M(D)_{x,y}$ 为:

$$M(D)_{x,y} = \frac{I^*(D,x,y)}{\min\{\log\{x,y\}\}} \tag{4-15}$$

该矩阵中的元素为 $x \times y$ 分割位置下得到的最好的 MI 值,因此该数据集的最大信息数定义为:

$$MIC(D) = \max_{xy<B(n)} M(D)_{x,y} \tag{4-16}$$

式中:$B(n)$ 为网格划分规模的上限;n 为样本容量,通常设置为 $B = n^{0.6}$。

$MIC(D)$ 即变量 Y 中能被变量 X 解释的信息量所占百分比,两变量间的相关性越强,其 MIC 值越大。对两个相互独立的变量,其 MIC 值趋近于 0;具有无噪函数关系的两个变量的 MIC 值趋近于 1。

4.2.2 机器学习模型及智能优化算法原理

4.2.2.1 最小二乘支持向量机

支持向量机(Support Vector Machine，SVM)是 Cortes 和 Vapnik[26] 于 1995 年提出的一种基于统计学习理论和结构风险最小化准则的机器学习算法。SVM 的核心思想是通过核函数将非线性输入数据映射至高维特征空间中，寻找最优超平面以构建最优决策函数来实现最小化损失(所有数据到该超平面的距离最小)。SVM 具有需要学习样本少、非线性预测能力和泛化性强的优点，已被广泛应用于滑坡位移预测等相关领域。

Suykens[27]等基于 SVM 算法，利用等式约束替换 SVM 中的不等式约束而提出了最小二乘支持向量机(LSSVM)，LSSVM 中的等式约束条件使 SVM 中的二次规划问题转换为线性方程组求解，有效地简化了模型的计算复杂度，并提高了算法收敛速度。

对给定 N 组训练集 $\{x_i, y_i\}_{i=1}^{N}$，其中，$x_i \in \mathbf{R}^d$ 表示 d 维输入向量，$y_i \in \mathbf{R}$ 为待预测数据实测值。利用核函数将输入样本映射到高维特征空间，LSSVM 的线性回归超平面如图 4-29 所示，表示为：

$$f(x) = \mathbf{w}^{\mathrm{T}} \cdot \varphi(x_i) + b + \zeta_i \tag{4-17}$$

式中：x_i 为训练样本输入量；w 为回归权重向量；$\varphi(x_i)$ 为非线性映射函数；b 为偏置量；ζ_i 为松弛变量。

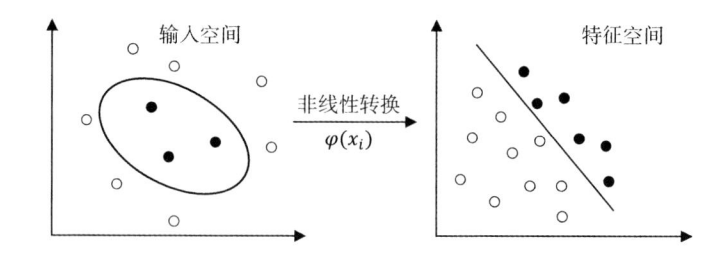

图 4-29　SVM 模型核函数非线性映射原理

通过引入最小二乘函数和等式约束，根据结构化风险最小原则，LSSVM 的优化问题表示为[28]：

$$\begin{cases} \min\limits_{w,b,e} J(w,e) = \dfrac{1}{2} \| w \|^2 + C\sum_{i=1}^{N} \zeta_i^2 \\ s.t.\ y_i = \boldsymbol{w}^{\mathrm{T}} \cdot \varphi(x_i) + b + \zeta_i, C > 0, i = 1,2,\cdots,N \end{cases} \quad (4\text{-}18)$$

式中：C 为惩罚因子，其取值决定着模型的泛化性；ζ_i 为估计误差项；y_i 为训练样本输出。

引入拉格朗日乘子和对偶变量，式(4-18)转化为无约束问题：

$$L(w,b,e,\alpha) = \frac{1}{2} \| w \|^2 + C\sum_{i=1}^{N}\zeta_i^2 - \sum_{i=1}^{N}\alpha_i[w \cdot \varphi(x_i) + b + \zeta_i - y_i]$$

$$(4\text{-}19)$$

根据 Karush-Kuhn-Tucker 条件求解式(4-19)，消除 w 和 ζ_i 项后，得到非线性映射的解为：

$$y_i = f(x) = \sum_{i=1}^{N}\alpha_i\varphi(x_i)\varphi(x) + b = \sum_{i=1}^{N}\alpha_i K(x,x_i) + b \quad (4\text{-}20)$$

式中：α_i 为拉格朗日系数，b 为偏置项；$K(x,x_i)$ 为满足 Mercer 定理的对称核函数。由式(4-19)和式(4-20)可知，通过对输入数据的非线性转换，在高维空间中构建最优决策函数问题转换为了求解核函数 $K(x,x_i)$，避免了直接显式定义特征映射。LSSVM 模型中常用的核函数包括：多项式核函数、Sigmoid 核函数和高斯径向基核函数，其具体表达式如下：

（1）多项式核函数(Polynomial Function)。

$$K(x,x_i) = [(x \times x_i) + 1]^d \quad (4\text{-}21)$$

（2）Sigmoid 核函数(Sigmoid Function)。

$$K(x,x_i) = \tanh[(x,x_i) + \theta] \quad (4\text{-}22)$$

（3）高斯径向基核函数(Radial Basis Function，RBF)。

$$K(x,x_i) = \exp\left(\frac{-\| x - x_i \|^2}{2\sigma^2}\right) \quad (4\text{-}23)$$

式中：d 为核函数阶数；θ 为位移参量；Sigmoid 核函数仅对某些特定值满足 Mercer 条件；σ 为 RBF 的宽度系数。其中，RBF 核函数具有参数少、计算速度快、对样本中噪声的干扰具有较强的鲁棒性等优点。

选取 RBF 为 LSSVM 的核函数，其中，$\gamma = 1/2\sigma^2$ 为核参数，惩罚因子 C 和 γ

是决定 LSSVM 预测性能的关键参数。惩罚因子 C 用于平衡模型的复杂度和训练误差，较大的 C 使得模型复杂度增加，模型在训练数据集上的预测能力增强而泛化能力减弱；反之，当 C 较小时，模型复杂度降低而泛化性能增强。核参数 γ 值过大时导致模型对训练样本欠学习，较小的 γ 值会使得算法对训练数据过学习。

4.2.2.2 灰狼优化算法及其改进算法研究

1. 灰狼优化算法

灰狼群体内遵循着严格的社会等级关系，可采用金字塔示意图表示狼群的等级制（如图 4-30 所示）。金字塔顶部的 α 狼为狼群领导者，其距离最优解最近、适应度最高，可以支配下等级的所有灰狼个体；第二层等级的 β 狼服从 α 狼的决策，具有除 α 狼以外的其他灰狼的支配权。当狼群中 α 狼空缺时，β 狼替补 α 狼；第三层等级的 δ 狼服从 α 狼和 β 狼的支配，能够支配下一等级的 ω 狼；金字塔底部的 ω 狼主要负责平衡狼群内部关系和辅助搜索猎物。

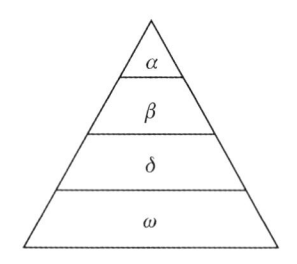

图 4-30　灰狼等级金字塔示意图

对应于 GWO 优化过程的数学语言描述，以灰狼个体的位置代表优化问题的解，根据适应度函数求得灰狼个体适应度，将最优解、次优解和第三最优解分别标记为 α、β 和 δ，其他候选解记为 ω。GWO 优化过程分为三个步骤：包围猎物、狩猎和攻击猎物。

步骤 1：包围猎物。确定猎物位置后，狼群开始包围猎物，对应的数学表达：

$$\begin{cases} D = |\boldsymbol{C} \cdot \boldsymbol{X}_p(t) - \boldsymbol{X}(t)| \\ \boldsymbol{X}(t+1) = \boldsymbol{X}_p(t) - \boldsymbol{A} \cdot D \end{cases} \quad (4\text{-}24)$$

式中：t 为迭代次数；D 为灰狼个体与猎物之间的距离；$\boldsymbol{A}$ 和 $\boldsymbol{C}$ 为系数向量；$\boldsymbol{X}_p(t)$ 和 $\boldsymbol{X}(t)$ 分别表示猎物和灰狼个体的位置向量。参数 $\boldsymbol{A}$、$\boldsymbol{C}$ 和 $a(t)$ 的计算公式为：

$$\begin{cases} \boldsymbol{A} = 2a(t) \cdot r_1 - a(t) \\ \boldsymbol{C} = 2 \cdot r_2 \\ a(t) = 2 - 2 \cdot t/MaxIter \end{cases} \quad (4-25)$$

式中：$a(t)$ 为收敛因子，迭代中 $a(t)$ 从 2 线性减小至 0；参数 r_1 和 r_2 为 $[0,1]$ 内的随机数。

步骤2：狩猎过程。为得到优化问题的最优位置，以 α、β 和 δ 代表目前搜索得到的三个最优解，其他灰狼根据 α、β 和 δ 狼的位置更新自身位置，对应数学表达为：

$$D_\alpha = |\boldsymbol{C}_1 \cdot X_\alpha(t) - \boldsymbol{X}(t)|, \quad \boldsymbol{X}_1(t+1) = X_\alpha - \boldsymbol{A}_1 \cdot D_\alpha$$
$$D_\beta = |\boldsymbol{C}_2 \cdot X_\beta(t) - \boldsymbol{X}(t)|, \quad \boldsymbol{X}_2(t+1) = X_\beta - \boldsymbol{A}_2 \cdot D_\beta$$
$$D_\delta = |\boldsymbol{C}_3 \cdot X_\delta(t) - \boldsymbol{X}(t)|, \quad \boldsymbol{X}_3(t+1) = X_\delta - \boldsymbol{A}_3 \cdot D_\delta \quad (4-26)$$

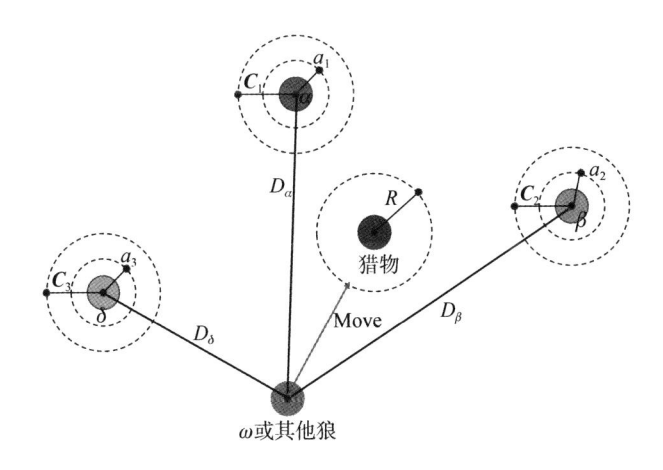

$$\boldsymbol{X}(t+1) = \frac{\boldsymbol{X}_1(t+1) + \boldsymbol{X}_2(t+1) + \boldsymbol{X}_3(t+1)}{3} \quad (4-27)$$

式中：D_α、D_β 和 D_δ 分别为其他灰狼与 α、β 和 δ 狼之间的距离，$X_\alpha(t)$、$X_\beta(t)$ 和 $X_\delta(t)$ 分别为 α、β 和 δ 狼的当前位置，$\boldsymbol{X}(t)$ 和 $\boldsymbol{X}(t+1)$ 分别为灰狼当前位置和更新后的位置向量，$\boldsymbol{C}_1$、$\boldsymbol{C}_2$ 和 $\boldsymbol{C}_3$ 为在 $[0,2]$ 内的随机数。图 4-31 为二维搜索空间内灰狼的位置更新示意图，表明由 α、β 和 δ 狼估计猎物的潜在范围，并指导其他灰狼向最优解方向移动。

图 4-31　GWO 中灰狼位置更新

步骤3：攻击猎物。狼群在搜寻阶段初期较为分散，当包围圈缩小至一定范围后猎物停止移动，灰狼开始聚集和攻击猎物，即获得全局最优解。对应式(4-25)中，系数$A\in[-a,a]$在迭代中分为大于1和小于1两种情况。当$|A|>1$时，灰狼远离当前最优解的方向，允许个体跳出局部最优解去搜寻全局最优解（搜寻猎物）。反之，当$|A|<1$时，灰狼继续沿当前的搜索方向移动，继续进行局部寻优（攻击猎物）。

按照上述步骤，GWO算法在搜索空间内随机生成初始灰狼位置（候选解），然后根据适应度评价函数计算各灰狼的适应度值。在迭代求解中，确定三个最佳适应度值的灰狼（α、β和δ），其他灰狼根据式(4-24)至式(4-27)调整个体位置，直至获得全局最优解。GWO算法的伪代码见表4-2。

表4-2 GWO算法伪代码

输入：最大迭代次数$MaxIter$和初始狼群数N
随机初始化灰狼种群的位置，初始化参数a、A和C
计算每个灰狼搜索位置的适应度值，令X_α、X_β和X_δ对应三个具有最高适应度值
设置当前迭代次数$Iter=1$
For $Iter=1:MaxIter$
每个灰狼个体按照式(4-26)和式(4-27)更新位置
将$Iter$值带入式(4-25)中更新参数a、A和C
重新计算所有灰狼的适应度
更新X_α、X_β和X_δ，更新对应灰狼的位置
End
输出：最优适应度值及对应X_α灰狼的位置参数

2. 改进量子灰狼优化算法（MQGWO）

GWO算法已在优化问题中有较好的应用，然而，大量研究和论证揭示GWO算法主要存在以下两点缺陷：①GWO种群初始化过程通过随机赋值实现，无法较好体现原始种群的多样性与丰富度，且算法的搜寻结果对初始种群有较强的依赖性；②寻优过程主要由α、β和δ狼的位置引导完成，通过调整参数A和C使其他灰狼向α、β和δ的位置聚集。但线性变化的收敛因子无法随种群的进化而调整，减弱了算法的全局和局部搜索能力在不同迭代阶段的表现。因此，GWO算法在迭代过程中易导致种群多样性的快速降低，算法迭代后期易过早陷入局部最优，存在早熟收敛的不足。

为了进一步提升GWO算法的全局优化能力和收敛速率,分别引入灰狼种群量子编码与位置更新、自适应余弦函数收敛因子$a(t)$和位置更新动态权重改进策略。其中,基于量子理论对灰狼初始种群编码和位置更新能够增加初始狼群的多样性,并有效拓展可行的搜索空间;引入随迭代次数更新的自适应余弦函数收敛因子,能够平衡算法迭代过程的局部与全局寻优能力,避免收缩过程过早地陷入局部最优;基于个体适应度的位置更新动态权重能够有效提升算法的搜索速度和局部寻优精度。

(1)灰狼种群量子编码与位置更新。

在量子理论中,量子比特是量子计算领域的最小信息单元,特定时间下的量子比特状态由基态$|0\rangle$和$|1\rangle$的线性叠加表示为:

$$|\varphi\rangle = \alpha|0\rangle + \beta|1\rangle \tag{4-28}$$

式中:α和β分别为对应$|0\rangle$和$|1\rangle$状态的概率峰值,且满足$|\alpha|^2+|\beta|^2=1$。因此,一个m位量子比特最多可以表征2^m种独立状态。假设个体有m个量子位,其概率$\boldsymbol{P}_i$表示为:

$$\boldsymbol{P}_i = \begin{bmatrix} \alpha_1 & \alpha_2 & \cdots & \alpha_i & \cdots & \alpha_m \\ \beta_1 & \beta_2 & \cdots & \beta_i & \cdots & \beta_m \end{bmatrix} \tag{4-29}$$

引入概率幅$\alpha=\cos(\theta)$和$\beta=\sin(\theta)$到式(4-29)中,其中θ为$|\varphi\rangle$的相位,对应m位量子比特状态的概率幅为:

$$\boldsymbol{P}_i = [\cos(\theta_{ij}),\sin(\theta_{ij})]^{\mathrm{T}} = \begin{bmatrix} \cos(\theta_{i1}) & \cos(\theta_{i2}) & \cdots\cos(\theta_{ij}) & \cdots & \cos(\theta_{im}) \\ \sin(\theta_{i1}) & \sin(\theta_{i2}) & \cdots\sin(\theta_{ij}) & \cdots & \sin(\theta_{im}) \end{bmatrix} \tag{4-30}$$

在D维搜索空间中,对于规模数为N的狼群,利用量子比特概率幅对灰狼的位置进行编码并将其映射至解空间中,灰狼在第i个位置的第j维量子编码形式表达为:

$$\boldsymbol{P}_i = \begin{bmatrix} P_{ic} \\ P_{is} \end{bmatrix} = \begin{bmatrix} \cos[\theta_{ij}(t)] \\ \sin[\theta_{ij}(t)] \end{bmatrix} = \begin{bmatrix} \dfrac{1}{2}\{b_{j\min}[1+\cos(\theta_{ij})]+a_{j\max}[1-\cos(\theta_{ij})]\} \\ \dfrac{1}{2}\{b_{j\min}[1+\sin(\theta_{ij})]+a_{j\max}[1-\sin(\theta_{ij})]\} \end{bmatrix} \tag{4-31}$$

式中：P_i 为解空间中对应第 i 只灰狼的位置；P_{ic} 和 P_{is} 分别是对应正弦位置的解和余弦位置的解；θ_{ij} 为 P_i 的第 j 维量子位的相位角；$\theta_{ij} = 2\pi \times \text{rand}()$，$i = 1, 2, \cdots, N$，$j = 1, 2, \cdots, D$，$\text{rand}()$ 为 $[0, 1]$ 内的随机数；$a_{j\max}$ 和 $b_{j\min}$ 分别为第 j 维变量的最大值和最小值。

通过量子旋转门实现量子比特状态的调整，单量子比特旋转门为一个二阶矩阵 U，且满足 $U^T U = I$，其中 I 为单位矩阵。通过量子比特旋转门对灰狼位置的量子编码进行更新，对应的更新过程表达为：

$$P'_i = H(\Delta\theta) \begin{bmatrix} \cos[\theta_{ij}(t)] \\ \sin[\theta_{ij}(t)] \end{bmatrix} = \begin{bmatrix} \cos[\Delta\theta_{ij}(t+1)] & -\sin[\Delta\theta_{ij}(t+1)] \\ \sin[\Delta\theta_{ij}(t+1)] & \cos[\Delta\theta_{ij}(t+1)] \end{bmatrix} \tag{4-32}$$

式中：$H(\Delta\theta)$ 为量子旋转门；$\Delta\theta \in (0.001\pi, 0.05\pi)$ 为旋转相位。更新后的灰狼位置为：

$$\begin{aligned} P'_{ic} &= [\cos[\theta_{i1}(t)] + \Delta\theta_{i1}(t+1), \cdots, \cos[\theta_{iD}(t)] + \Delta\theta_{iD}(t+1)] \\ P'_{is} &= [\sin[\theta_{i1}(t)] + \Delta\theta_{i1}(t+1), \cdots, \sin[\theta_{iD}(t)] + \Delta\theta_{iD}(t+1)] \end{aligned} \tag{4-33}$$

(2) 自适应余弦函数收敛因子 $a(t)$。

如式(4-25)所示，收敛因子 $a(t)$ 决定参数 A 的变化，能够协调算法的全局探索和局部寻优能力。$a(t)$ 越大，算法的全局探索能力越强；反之，$a(t)$ 越小，算法的局部寻优能力越强。GWO 中的收敛因子 $a(t)$ 是由 2 线性衰减至 0，尚未考虑算法迭代中的全局与局部搜索的转换特点，因此限制了收敛速率和寻优能力。学者们针对这一不足提出了多种非线性衰减收敛因子改进方法，如随机分布调整策略、余弦规律控制和指数规律控制的收敛因子等。将前半段寻优过程中 $a(t)$ 维持较大值以侧重于全局搜索，后半段寻优过程中 $a(t)$ 维持较小值以强化局部搜索过程。引入余弦函数对 $a(t)$ 进行改进，其计算公式为：

$$a(t) = \frac{(a_{\max} + a_{\min})}{2} \times \left[\cos\left(\frac{\pi t}{MaxIter}\right) + \frac{a_{\max}}{2}\right] \tag{4-34}$$

式中：$a_{\min}$ 和 $a_{\max}$ 分别取 0 和 2；t 为迭代次数；$MaxIter$ 为总迭代数。结合式(4-24)，修正后的收敛因子 $a(t)$ 随迭代次数的非线性衰减趋势如图 4-32

所示。

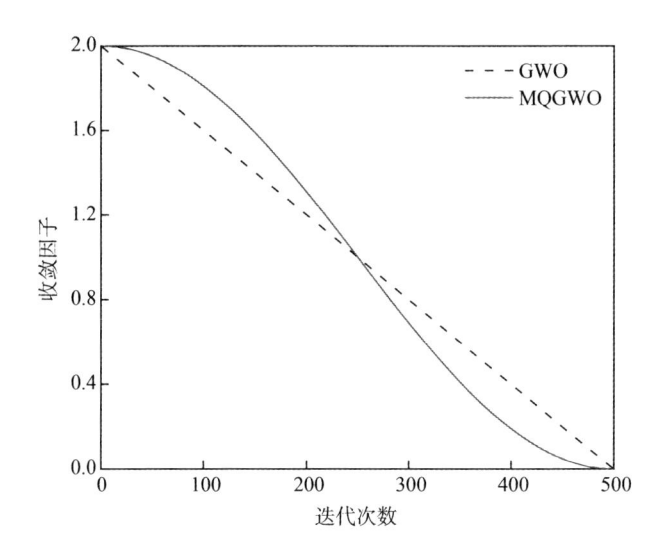

图 4-32 $a(t)$ 收敛曲线图（总迭代数 $MaxIter=500$）

3. 灰狼个体位置更新动态权重

灰狼位置在每次迭代更新中对应 α、β 和 δ 狼的分配权重相等，尚未反映狼群内部的社会层次关系以及灰狼与领导狼的相对位置。因此，结合 α、β 和 δ 狼的适应度值引入动态权重系数，使具有最优适应度值的 α 狼在狩猎过程中占有更高的权重，增加个体的竞争性并进一步加快调整灰狼位置，从而提升算法的寻优收敛速率和适应能力。对于最小值寻优问题，基于适应度值的动态权重表示为：

$$\omega_\alpha = 1 - \frac{F_\alpha}{F_\alpha + F_\beta + F_\delta}, \omega_\beta = 1 - \frac{F_\beta}{F_\alpha + F_\beta + F_\delta}, \omega_\delta = 1 - \frac{F_\delta}{F_\alpha + F_\beta + F_\delta} \tag{4-35}$$

$$X(t+1) = \frac{\omega_\alpha X_1(t+1) + \omega_\beta X_2(t+1) + \omega_\delta X_3(t+1)}{\omega_\alpha + \omega_\beta + \omega_\delta} \tag{4-36}$$

式中：ω_α、ω_β 和 ω_δ 分别为 α、β 和 δ 狼的动态权重系数；F_α、F_β 和 F_δ 分别为 α、β 和 δ 狼的适应度值。

在 GWO 算法的基础上，引入上述量子编码与量子旋转、余弦收敛因子和位置更新动态权重改进策略，改进量子灰狼优化（MQGWO）算法的具体步骤描述如下：

步骤1：初始化算法参数，确定种群规模 N，最大迭代次数 $MaxIter$；随机生成参数 $\boldsymbol{A}$ 和 $\boldsymbol{C}$；初始化量子旋转角 $\theta_{ij}=2\pi \times rand()$、$a_{j\max}$ 和 $b_{j\min}$ 参数；设定种群初始化迭代次数阈值 M；

步骤2：生成初始狼群位置，进行量子比特编码和解空间转换，如式(4-31)所示，产生新的灰狼个体位置，使初始种群均匀分布于解空间中；

步骤3：按式(4-32)和式(4-33)更新灰狼位置向量，根据适应度函数计算每个位置的适应度值，并对其进行排序，将对应最优适应度值的三个灰狼标记为 α、β 和 δ；

步骤4：按式(4-25)和式(4-34)更新系数 $\boldsymbol{A}$、$\boldsymbol{C}$ 和 $a(t)$，由式(4-35)计算动态权重系数 ω_α、ω_β 和 ω_δ，并按式(4-36)更新狼群中各灰狼的位置。重复步骤3，以适应度值更新 α、β 和 δ 狼；

步骤5：判断当前位置对应适应度值不变的迭代次数是否大于 M，若"是"，则按式(4-31)对种群进行初始化，并返回步骤3；若"否"，则进入下一步；

步骤6：迭代次数 $t=t+1$，继续执行步骤3，直至 t 达到最大迭代次数 $MaxIter$ 时算法结束，将 α 狼的位置及适应度值作为最优解和最优适应度输出。

4.2.2.3　MQGWO算法性能测试

为了测试MQGWO的优化性能，分别选用表4-3中所示的单峰值基准测试函数和多峰值基准测试函数开展数值试验。其中 F_1 至 F_3 为只有一个局部最小值的单峰值函数，用于测试算法的收敛速度和局部搜索能力，分别为 Sphere、Quartic 和 Rosenbrock 函数。F_4 至 F_6 为具有一个全局最小值和多个局部最小值的多峰值函数，用于测试算法跳出局部最优进入全局搜索的能力，分别为 Rastrigin、Griewank 和 Ackley 函数。分别采用鲸鱼优化算法[29]（WOA）、粒子群优化算法[30]（PSO）、人工蜂群算法[31]（ABC）、GWO 与 MQGWO算法进行优化维数 Dim 为 5 和 20 的仿真测试。对于每个测试函数，各算法分别进行20次独立测试后计算其平均值作对比，算法均设置为 $MaxIter=300$ 和 $N=100$。

表 4-3 单峰值和多峰值基准测试函数

函数类型	函数名	函数表达式	维数 Dim	搜索范围	最小值
单峰函数	Sphere	$F_1(x) = \sum_{i=1}^{n} x_i^2$	5, 20	$[-100,100]^n$	0
单峰函数	Quartic	$F_2(x) = \sum_{i=1}^{n} i x_i^4 + random(0,1)$	5, 20	$[-1.28,1.28]^n$	0
单峰函数	Rosenbrock	$F_3(x) = \sum_{i=1}^{n-1}[100(x_{i+1}-x_i^2)^2 + (x_i-1)^2]$	5, 20	$[-30,30]^n$	0
多峰函数	Rastrigin	$F_4(x) = \sum_{i=1}^{n}[x_i^2 - 10\cos(2\pi x_i) + 10]$	5, 20	$[-5.12,5.12]^n$	0
多峰函数	Griewank	$F_5(x) = \frac{1}{4000}\sum_{i=1}^{n} x_i^2 - \prod_{i=1}^{n}\cos\left(\frac{x_i}{\sqrt{i}}\right) + 1$	5, 20	$[-600,600]^n$	0
多峰函数	Ackley	$F_6(x) = -20\exp\left(-0.2\sqrt{\frac{1}{n}\sum_{i=1}^{n} x_i^2}\right) - \exp\left(\frac{1}{n}\sum_{i=1}^{n}\cos(2\pi x_i)\right) + 20 + e$	5, 20	$[-32,32]^n$	0

分析表 4-4 可知,当优化维数 Dim 为 5 时,MQGWO 在单峰值函数 F_1 至 F_3 优化求解中的适应度平均值分别为 1.9E−27、9.06E−05 和 6.09E−01,标准差分别为 1.21E−26、7.11E−05 和 2.12E−01。MQGWO 在 20 维单峰值函数求解中的适应度平均值分别为 1.52E−08、4.64E−04 和 1.58E+01,标准差为 3.64E−08、3.26E−04 和 4.08E−01。试验结果表明,相比于 WOA、PSO、ABC 和 GWO 算法,MQGWO 在单峰值函数优化时的收敛精度提高幅度明显,且求解鲁棒性强,能够提供有竞争力的优化结果。

表 4-4 WOA, PSO, ABC, GWO 和 MQGWO 算法优化单峰值函数 F_1 至 F_3 对比结果

优化算法	维数 Dim	计算指标	F_1	F_2	F_3
WOA	5	Mean	2.3E−17	6.04E−04	2.06E+00
WOA	5	Std	8.3E−17	1.06E−03	5.97E+00
WOA	20	Mean	2.32E−05	6.64E−04	1.63E+01
WOA	20	Std	8.11E−05	1.05E−03	2.09E−01

续表

优化算法	维数 Dim	计算指标	F_1	F_2	F_3
PSO	5	Mean	3.58E−12	5.75E−04	2.29E+00
		Std	6.04E−12	4.03E−04	5.02E+00
	20	Mean	1.13E−01	9.72E−03	8.20E+01
		Std	9.24E−02	6.52E−03	1.06E+02
ABC	5	Mean	2.27E−09	4.60E−04	1.94E−01
		Std	3.21E−09	2.60E−04	2.04E−01
	20	Mean	2.87E−05	2.26E−02	2.25E+02
		Std	9.0E−06	8.16E−03	1.32E+02
GWO	5	Mean	5.4E−16	2.57E−01	1.13E+00
		Std	2.4E−16	1.39E−01	5.09E−01
	20	Mean	7.2E−08	2.27E−01	1.61E+01
		Std	1.58E−07	1.28E−01	5.56E−01
MQGWO	5	Mean	1.9E−27	9.06E−05	6.09E−01
		Std	1.21E−26	7.11E−05	2.12E−01
	20	Mean	1.52E−08	4.64E−04	1.58E+01
		Std	3.64E−08	3.26E−04	4.08E−01

对应优化维数 $Dim=5$ 和 $Dim=20$ 时，五种算法优化不同单峰值函数（Sphere、Quartic 和 Rosenbrock）的收敛迭代曲线如图 4-33 所示，可以看出 MQGWO 算法在优化初期的收敛速度较其他对比算法更快，且对于高维度优化求解问题仍然具有较高的收敛速率。分析表 4-4 和图 4-33，表明 MQGWO 在优化单峰值函数时的优化结果精度高，收敛性能和稳定性明显优于对比优化算法，验证了在 GWO 框架下引入改进策略的合理性和有效性。

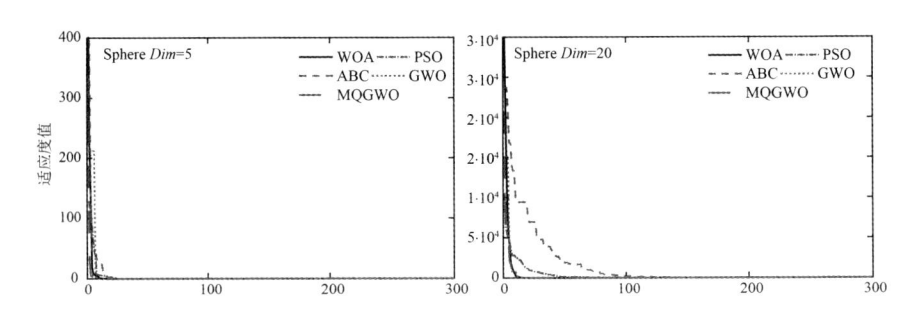

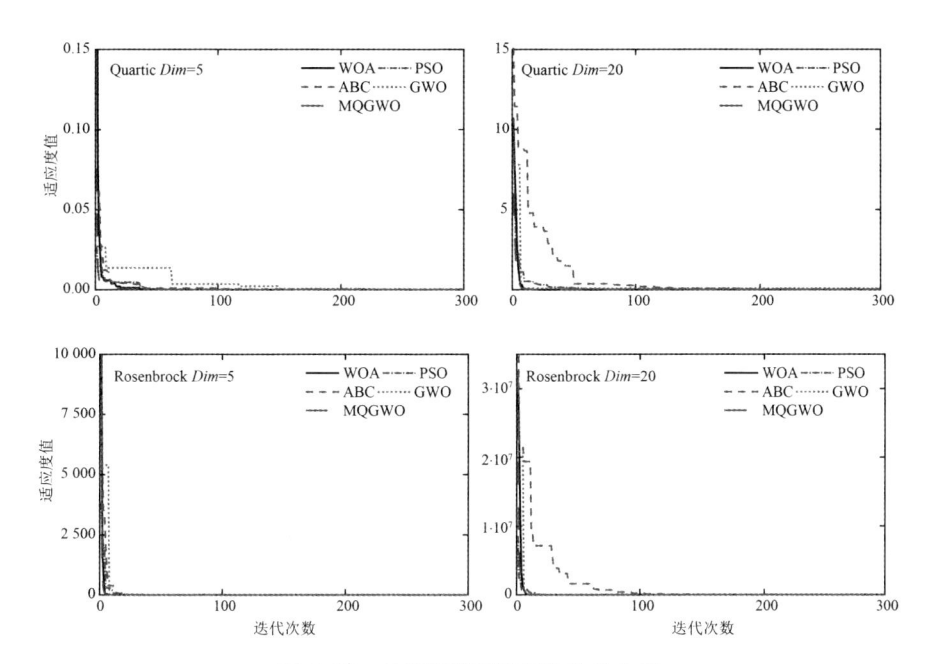

图 4-33　单峰基准测试函数收敛曲线

对于多峰值函数 F_4 至 F_6，表 4-5 给出了 MQGWO 和四种对比算法优化基准函数的数值结果。可知，当维数 Dim 为 5 时，MQGWO 在多峰值函数优化求解的收敛精度仍高于四个对比优化算法，其适应度平均值分别为：0.00、1.61E−02 和 3.73E−15，对应标准差为：0.00、2.06E−02 和 1.46E−15。MQGWO 在 20 维多峰值函数求解的平均适应度值分别为：0.00、1.82E−03 和 8.35E−15，对应标准差为：0.00、4.45E−03 和 2.28E−15。试验结果表明，MQGWO 与 WOA、PSO、ABC 和 GWO 算法相比，其在多峰值函数优化的全局搜索收敛精度仍有提高，且收敛稳定性较好。

表 4-5　WOA、PSO、ABC、GWO 和 MQGWO 算法优化多峰函数 F_4 至 F_6 结果

优化算法	维数 Dim	指标	F_4	F_5	F_6
WOA	5	平均值	0.00	1.35E−02	3.38E−15
		标准差	0.00	4.19E−02	1.67E−15
	20	平均值	2.79E−01	0.00	4.44E−15
		标准差	1.25E+00	0.00	2.31E−15

续表

优化算法	维数 Dim	指标	F_4	F_5	F_6
PSO	5	平均值	8.50E−01	9.54E−02	1.38E−05
		标准差	9.88E−01	6.30E−02	4.23E−05
	20	平均值	3.21E+01	2.04E−01	2.58E+00
		标准差	1.20E+01	1.07E−01	9.47E−01
ABC	5	平均值	2.62E−05	5.38E−02	8.88E−16
		标准差	1.17E−04	1.86E−02	0.00
	20	平均值	1.01E+02	1.01E−01	3.13E−03
		标准差	9.47E+00	8.16E−02	8.90E−04
GWO	5	平均值	0.00	7.10E−02	4.44E−15
		标准差	0.00	1.73E−01	1.15E−15
	20	平均值	3.82E−01	3.50E−03	1.26E−14
		标准差	1.19E+00	6.50E−03	4.01E−15
MQGWO	5	平均值	0.00	1.61E−02	3.73E−15
		标准差	0.00	2.06E−02	1.46E−15
	20	平均值	0.00	1.82E−03	8.35E−15
		标准差	0.00	4.45E−03	2.28E−15

对应维数 $Dim=5$ 和 $Dim=20$ 时的五种算法优化求解多峰值函数(Rastrigin、Griewank 和 Ackley)的收敛迭代曲线如图 4-34 所示。分析表明 MQGWO 在保证收敛精度的同时,其算法稳定性和全局寻优能力较好,进一步验证了 MQGWO 算法的稳定性。

上述数值试验表明,对单峰值基准函数的优化试验中 MQGWO 算法的收敛精度和稳定性优于四种对比算法;对于多峰值基准函数,MQGWO 算法在保证稳定性和收敛速度的同时,其收敛精度相比于四种对比优化算法仍有显著提高,表明提出的 MQGWO 算法具有良好的收敛性能和全局优化能力。

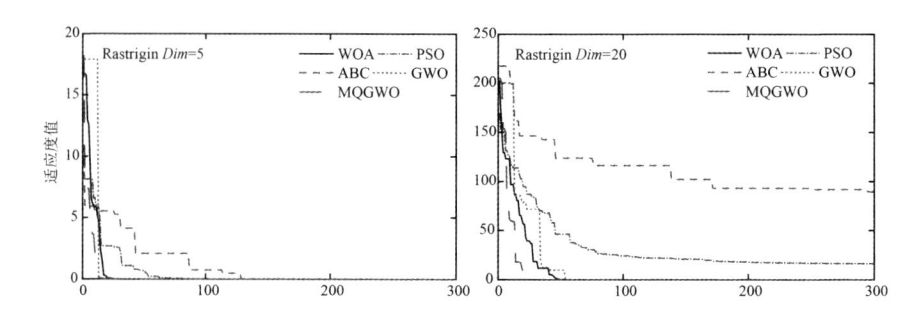

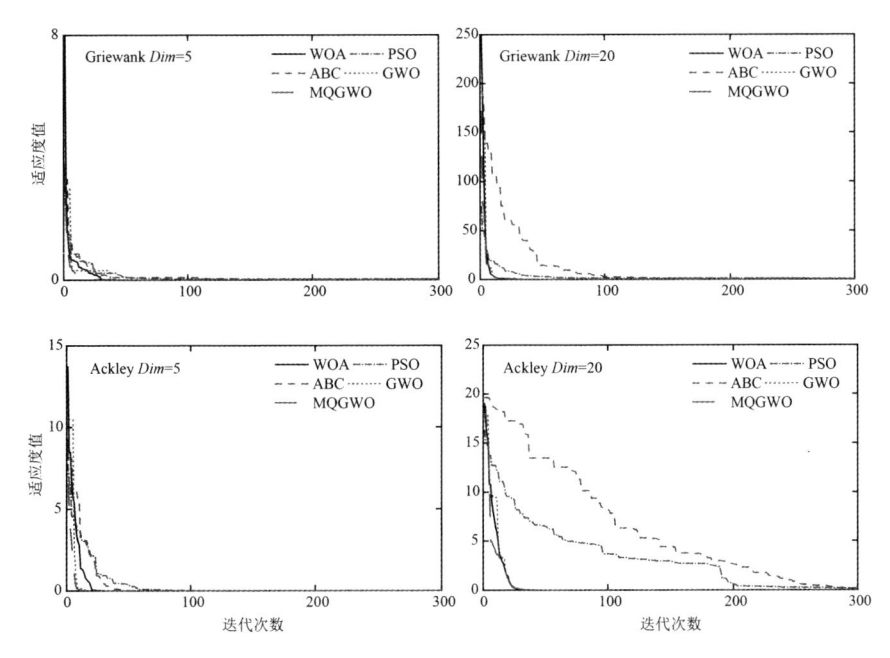

图 4-34　多峰基准测试函数收敛曲线

4.2.3　基于 VMD-SampEn 与 MQGWO-LSSVM 的滑坡位移预测模型

4.2.3.1　MQGWO 优化 LSSVM 预测模型构建

利用所提的 MQGWO 对 LSSVM 模型的惩罚因子 C 和 RBF 的核参数 γ 进行寻优,即在一个二维搜索空间中搜索具有最优适应度的灰狼个体,对应每个灰狼个体的位置代表一组参数 (C,γ)。以 LSSVM 在验证数据集上的预测误差(MSE)为适应度函数,MSE 值越小即模型的预测精度越高。MQGWO-LSSVM 模型是利用 MQGWO 的全局和局部搜索能力,对 LSSVM 模型参数进行优化,以得到对应模型的最小预测误差的参数组合 (C,γ)。然后将此参数用于训练 LSSVM 模型,并对模型验证数据集进行预测。MQGWO-LSSVM 模型的整体参数优化的流程如图 4-35 所示。

基于 MQGWO 优化 LSSVM 预测模型,MQGWO-LSSVM 的建模步骤描述如下:

步骤1:将原始位移时间序列按比例划分为模型训练期、验证期和预测期,分别建立模型训练数据集、验证数据集和预测数据集,并将所有数据集归一化

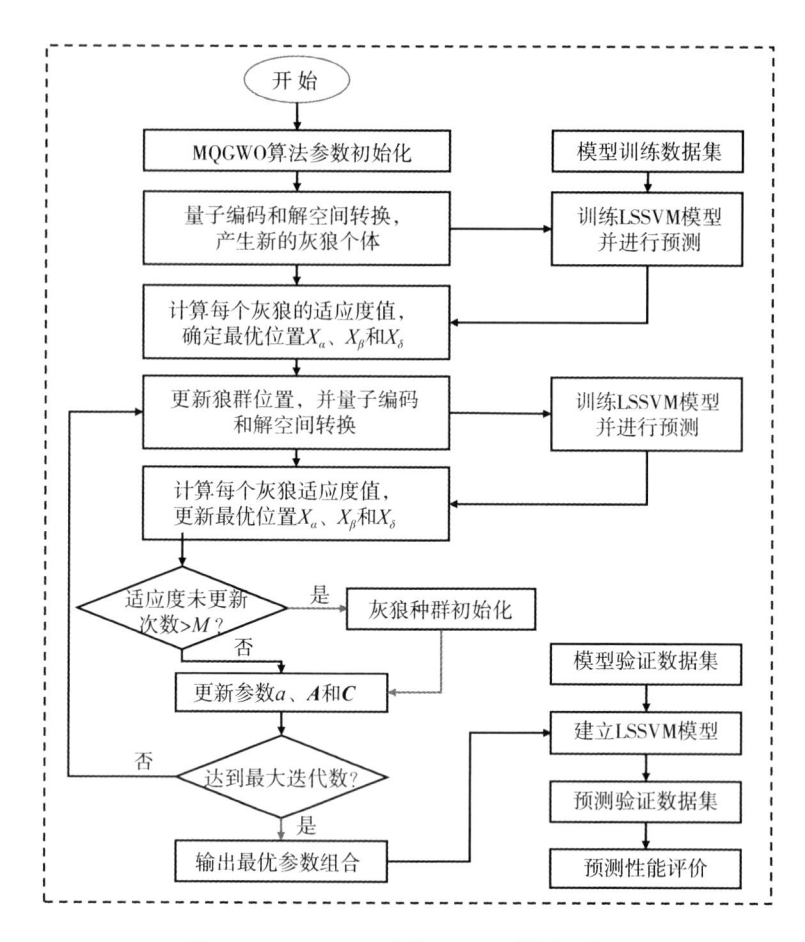

图 4-35　MQGWO 优化 LSSVM 模型流程图

至[0,1]区间；

步骤 2：对 MQGWO 算法进行参数初始化，包括：种群规模 N、最大迭代次数 $MaxIter$、种群初始化迭代次数阈值 M、量子旋转角 $\theta_{ij}=2\pi\times\mathrm{rand}()$、$a_{j\max}$ 和 $b_{j\min}$ 等。以径向基函数 RBF 为 LSSVM 模型的核函数，参数搜索空间维度 Dim 设置为 2；

步骤 3：设定 LSSVM 模型参数 C 和 γ 的搜索空间，在取值范围内随机初始化灰狼位置，并通过量子编码和解空间转换产生新的灰狼个体，每个灰狼个体的位置为一组 (C,γ)；

步骤 4：通过各初始位置 (C,γ) 分别训练 LSSVM 模型，结合适应度函数计算每个灰狼的适应度值，进而以适应度值大小划分狼群等级，确定当前最优

位置的 α、β 和 δ 狼，更新其他灰狼的位置。其中，适应度函数为均方根误差（MSE）：

$$fitness = \frac{1}{N}\sum_{i=1}^{N}(y_i - \hat{y}_i)^2 \tag{4-37}$$

式中：N 为序列样本数，y_i 和 $\hat{y}_i$ 分别为样本 i 的实际值和预测值；

步骤5：重复步骤4对灰狼位置进行迭代寻优，直至达到预设适应度阈值 M 或迭代次数满足 $MaxIter$，将具有全局最优适应度值的个体 α 狼的位置作为最优参数组 (C,γ) 输出；

步骤6：利用最优参数 (C,γ) 训练 LSSVM 模型，并在验证数据集上得到相应的预测值。

4.2.3.2　基于 VMD-SampEn 分解与 MQGWO-LSSVM 的滑坡位移预测模型

构建多因素位移预测模型时，由于各因素指标的性质不同，通常具有不同量纲和数量级。若直接采用水平相差较大的原始指标进行数值分析，会凸显具有较高数值指标的影响而相对削弱数值水平较低指标的作用。因此，基于机器学习算法构建位移预测模型前需要对原始样本数据进行标准化处理，以解决不同因素序列之间度量不统一的问题，进一步加快模型训练收敛速度和提高预测性能。常用的如 log 函数转换、min-max 标准化和 z-score 标准化等，即将原始数据处理按比例缩放至较小的特定区间。

鉴于滑坡位移序列的非线性和非稳定特征，基于时间序列理论，融合 VMD 算法、样本熵 $SampEn$ 和 MQGWO-LSSVM 模型建立了滑坡位移智能预测模型。基于原始位移时间序列 $S(t),t=1,2,\cdots,N$ 和外界影响因素序列 $r(t)$，滑坡位移预测模型的主要步骤如下：

步骤1：利用 VMD 将原始滑坡位移时间序列 $S(t)$ 分解为一定数量的不同时间尺度上的平稳性子序列 $u_k(t)$，$k=1,\cdots,K$；计算各子序列的样本熵值 $SampEn$ 以量化评估其复杂度，根据其样本熵值将各分解子序列重构为趋势项位移序列 $T(t)$、波动项位移序列 $P(t)$ 和随机项位移序列 $R(t)$；

步骤2：通过 VMD 将各影响因素序列 $r(t)$ 分解为两项子序列 $u_k^r(t)$，$k=1,2$，以分别表示影响因素序列的高频和低频部分。计算各因素的分解序列 $u_k^r(t)$ 与各项位移序列 $[T(t),P(t)$ 和 $R(t)]$ 的最大互信息系数（MIC），以 MIC 值高的影响因素子序列作为模型的输入变量；

步骤3：基于确定的各位移项的影响因素输入序列，分别对趋势项位移序

列 $T(t)$ 构建单因素 MQGWO-LSSVM 模型,对波动项位移序列 $P(t)$ 和随机项位移序列 $R(t)$ 建立多因素 MQGWO-LSSVM 模型,利用训练数据集训练模型并对验证数据集进行预测;

步骤 4:最终的累计滑坡位移预测结果为趋势项位移、波动项位移和随机项位移预测值加和量,对比累计滑坡位移监测序列验证并评价模型的预测性能。VMD-SampEn 与 MQGWO-LSSVM 混合滑坡位移预测模型的结构见图 4-36。

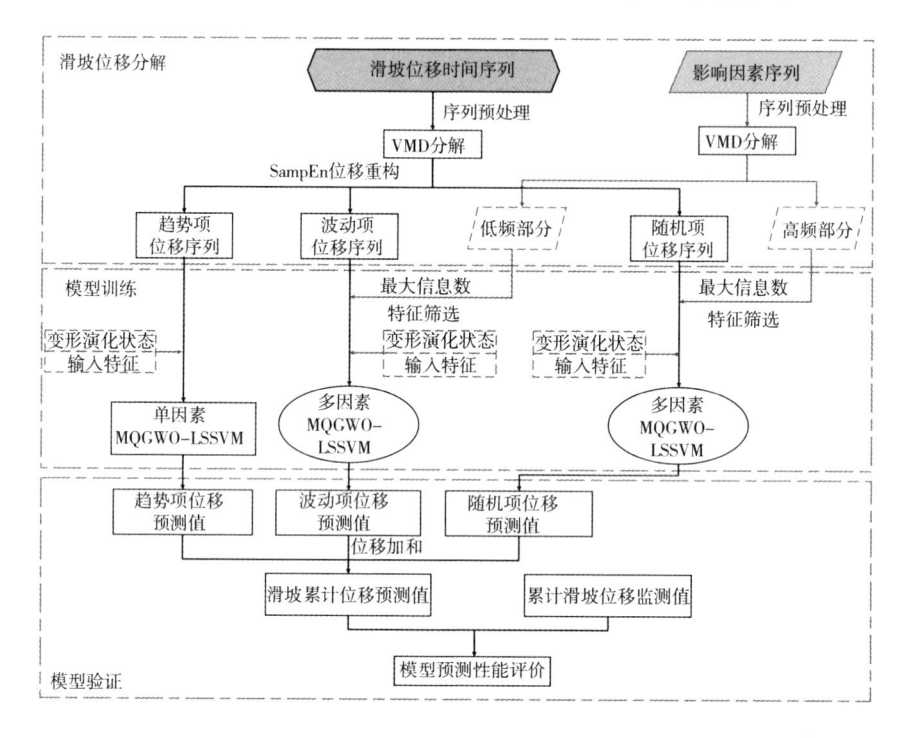

图 4-36 VMD-SampEn 与 MQGWO-LSSVM 混合滑坡位移预测模型结构图

4.2.3.3 模型预测性能评价指标

为量化评价滑坡位移预测模型的准确性和稳定性,选取均方根误差(Root Mean Square Error,RMSE)、平均绝对百分误差(Mean Absolute Percentage Error,MAPE)和拟合相关系数(Coefficient of Relationship,R)评价模型的预测性能,各指标的表达式为:

$$RMSE = \sqrt{\frac{\sum_{i=1}^{N}(x_i - \hat{x}_i)^2}{N}} \tag{4-38}$$

$$MAPE = \frac{1}{N}\sum_{i=1}^{N}\left|\frac{\hat{x}_i - x_i}{x_i}\right| \tag{4-39}$$

$$R = \frac{\sum_{i=1}^{N}(x_i - \overline{x})(\hat{x}_i - \overline{\hat{x}})}{\sqrt{\sum_{i=1}^{N}(x_i - \overline{x})^2 \sum_{i=1}^{N}(\hat{x}_i - \overline{\hat{x}})^2}} \tag{4-40}$$

式中：N 为序列样本数；x_i 和 $\hat{x}_i$ 分别为第 i 项测量位移值和预测位移值；$\overline{x}$ 和 $\overline{\hat{x}}$ 分别为实际位移均值和预测位移均值。其中，预测模型的 $RMSE$ 和 $MAPE$ 值越小，R 值越大，表明模型的预测精度越高。

4.2.4 模型验证

以布设于大华滑坡Ⅴ区内 1-1′ 监测断面上 DHLD1-1 的监测位移序列为例，大华桥水电站库区从 2018 年 2 月开始实施水位调度，选取 2018 年 1 月 1 日至 2020 年 1 月 24 日的监测位移序列为样本数据建立多因素预测模型，验证提出的结合 VMD 分解-样本熵与 MQGWO-LSSVM 的滑坡位移混合预测模型的正确性和有效性。

4.2.4.1 滑坡位移时间序列分解

滑坡位移序列具有高度非线性特征，利用 VMD 将原始滑坡位移序列分解为有限项稳定的子序列，计算样本熵值并定量评估各子序列的复杂度，结合时间序列原理将分解低频部分重构为位移趋势项、中频部分重构为位移波动项，高频部分重构为位移随机项。将 DHLD1-1 测点的位移序列分解为 5 项子序列，样本熵计算值分别为：$SampEn(U_1) = 0.014$、$SampEn(U_2) = 0.017$、$SampEn(U_3) = 0.324$、$SampEn(U_4) = 1.079$ 和 $SampEn(U_5) = 1.233$。对各子序列重构后的趋势项、波动项和随机项位移序列如图 4-37 所示。

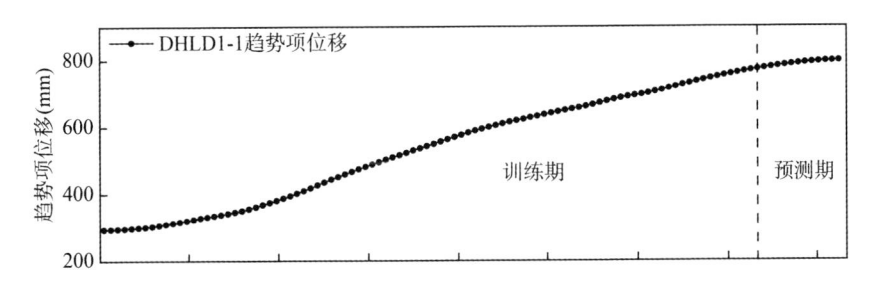

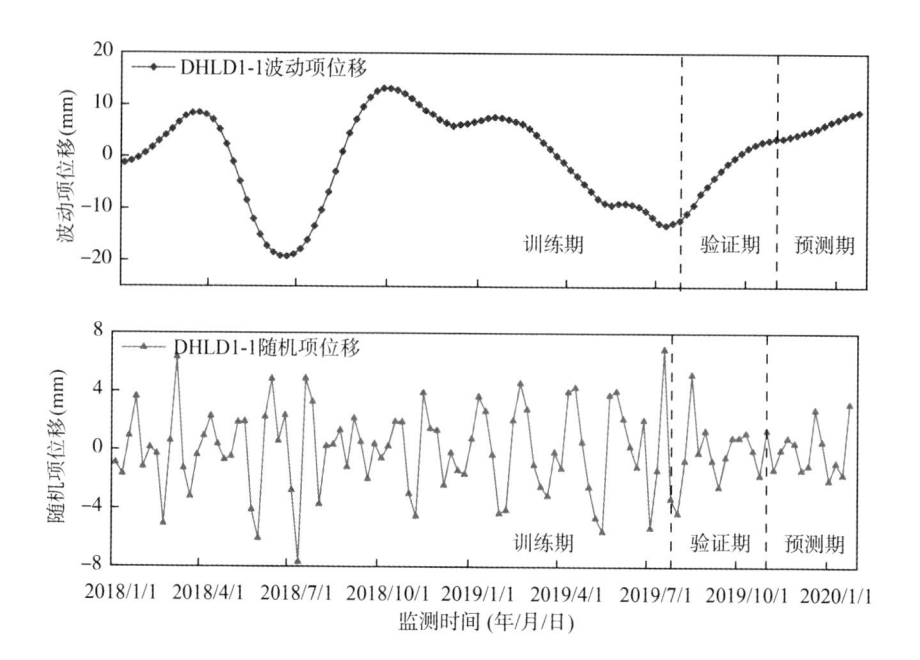

图 4-37 大华滑坡监测点 DHLD1-1 位移序列分解结果

4.2.4.2 趋势项位移预测

如图 4-37 所示，趋势项位移序列曲线整体上光滑且单调递增，已有的研究成果中通常采用多项式函数进行趋势项位移序列拟合。然而不同阶段的变形特征可能存在差异，使用单一函数无法较好地拟合整条曲线，因此需要预先进行分段后拟合。鉴于人为主观分段会造成拟合误差累积，建立单因素 MQGWO-LSSVM 模型进行趋势项位移预测，分别选取前 7 d、前 14 d 和前 21 d 的位移值为模型输入项，以当前趋势项位移值为模型输出项来构建 LSSVM 模型，利用 MQGWO 算法全局优化 LSSVM 的最优参数组合 (C,γ)。按监测时序将样本数据划分为训练数据集、验证数据集和测试数据集后进行标准化映射至 $[0,1]$ 区间内。其中，2018 年 1 月 5 日至 2019 年 7 月 26 日的样本数据为模型训练数据，2019 年 8 月 2 日至 2019 年 10 月 25 的样本数据为验证数据，2019 年 11 月 1 日至 2020 年 1 月 24 日的样本数据为模型预测数据。

对于 DHLD1-1 的趋势项位移建模，LSSVM 模型的优化参数为：惩罚系数 $C=647.43$、核参数 $\gamma=7.87$。在模型预测期内，MQGWO-LSSVM 的趋势项位移预测结果如图 4-38 所示，预测结果的 $RMSE$、$MAPE$ 和 R 分别为 0.33 mm、0.03% 和 1.00。

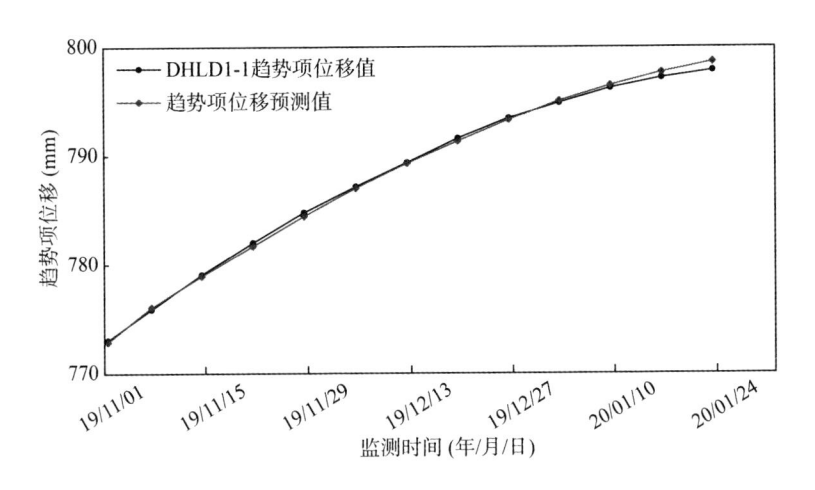

图 4-38　大华滑坡 DHLD1-1 趋势项位移预测结果

4.2.4.3　波动项和随机项位移预测

滑坡位移演化与外部诱发因素的作用具有较强的相关性,结合前期滑坡监测位移数据相关性分析结果,可知降雨、库水位变动和地下水位变化是影响大华滑坡位移演化的主要水动力因素。此外,滑坡当前所处的变形演化状态不同,对外界影响因素的响应也存在差异,表明滑坡的变形响应不仅受诱发因素作用强度的影响,还与滑坡当前的演化状态有关。周倩瑶[32]利用灰色关联分析法分析了大华滑坡位移演化与影响因素间的相关程度,表明前期降雨量、库水位调度和地下水位波动是影响滑坡位移的主要因素。在此分析结果基础上,分别选取前一周累积降雨量(P_1)、前两周累积降雨量(P_2)和前一周内最大降雨量(P_3)表征降雨影响因素;选取库水位高程(R_1)、前一周库水位高程变化幅度(R_2)和前两周库水位变化幅度(R_3)表征库水位影响因素;选取地下水位高程(G_1)、前一周地下水位高程变化幅度(G_2)表征地下水位影响因素;选取前一周位移量(S_1)和前两周位移量(S_2)表征滑坡位移演化状态。

通过 VMD 算法将影响因素序列分解为高频和低频序列,采用 MIC 衡量影响因子的分解序列与波动项位移和随机项位移序列间的相关性。波动项位移和随机项位移与影响因素序列间的相关系数如表 4-6 所示。为了确定模型的最优输入因素,选取位移序列和影响因素序列 MIC 值大于 0.25 的因素序列为模型输入项。

表 4-6　波动项、随机项位移与影响因素分解序列间的相关系数

影响因素	波动项位移		随机项位移	
	输入因素	MIC 值	输入因素	MIC 值
降雨	P_1^l：前一周累计降雨量低频	0.39	P_1^h：前一周累计降雨量高频	0.22
	P_2^l：前两周累计降雨量低频	0.38	P_2^h：前两周累计降雨量高频	0.27
	P_3^l：前一周最大降雨量低频	0.33	P_3^h：前一周最大降雨量高频	0.23
库水位	R_1^l：库水位低频	0.25	R_1^h：库水位高频	0.28
	R_2^l：前一周库水位变化幅度低频	0.36	R_2^h：前一周库水位变化幅度高频	0.26
	R_3^l：前两周库水位变化幅度低频	0.27	R_3^h：前两周库水位变化幅度高频	0.25
地下水位	G_1^l：地下水位低频	0.53	G_1^h：地下水位高频	0.26
	G_2^l：前一周地下水位变化幅度低频	0.57	G_2^h：前一周地下水位变化幅度高频	0.30
位移演化状态	S_1：前一周波动项位移值	0.87	S_1：前一周随机项位移值	0.35
	S_2：前两周波动项位移值	0.74	S_2：前两周随机项位移值	0.37

波动项位移和随机项位移预测模型构建中，选取 2018 年 1 月 5 日至 2019 年 7 月 26 日的样本数据为模型训练数据，2019 年 8 月 2 日至 2019 年 10 月 25 的样本数据为模型验证数据，2019 年 11 月 1 日至 2020 年 1 月 24 日的样本数据为模型预测数据。以选取的影响因子序列为模型输入项，当前波动项位移值和随机项位移值为模型输出项，训练多因素 MQGWO-LSSVM 位移预测模型。

对于 MQGWO 算法的参数设置，搜索种群规模为 100、最大迭代次数 $MaxIter$ 为 300、种群初始化迭代次数阈值 M 为 15；LSSVM 的惩罚参数的搜索范围 $C \in [0.1, 1000]$，核参数宽度因子 $\gamma \in [0.01, 100]$。基于 Matlab R2018b 平台和 LS_SVMlab 工具箱编程实现 MQGWO-LSSVM 模型，计算得到波动项位移预测模型的优化参数为：$C = 459.15$ 和 $\gamma = 12.75$；随机项位移预测模型的优化参数为：$C = 1.59$ 和 $\gamma = 99.46$。波动项和随机项位移的预测结果如图 4-39 所示。在模型预测期内，MQGWO-LSSVM 的波动项位移预测值的 $RMSE$、$MAPE$ 和 R 分别为：0.49 mm、7.65% 和 0.99；MQGWO-LSSVM 的随机项位移预测值的 $RMSE$、$MAPE$ 和 R 分别为：1.53 mm、200.18% 和 0.31。

4.2.4.4　累计滑坡位移预测

根据时间序列理论，叠加趋势项位移、波动项位移和随机项位移预测值即为滑坡累计位移预测值。累计位移预测结果如图 4-40 所示，在模型训练期和预测期内的精度指标如表 4-7 所示。结果表明 DHLD1-1 监测点的滑坡累计

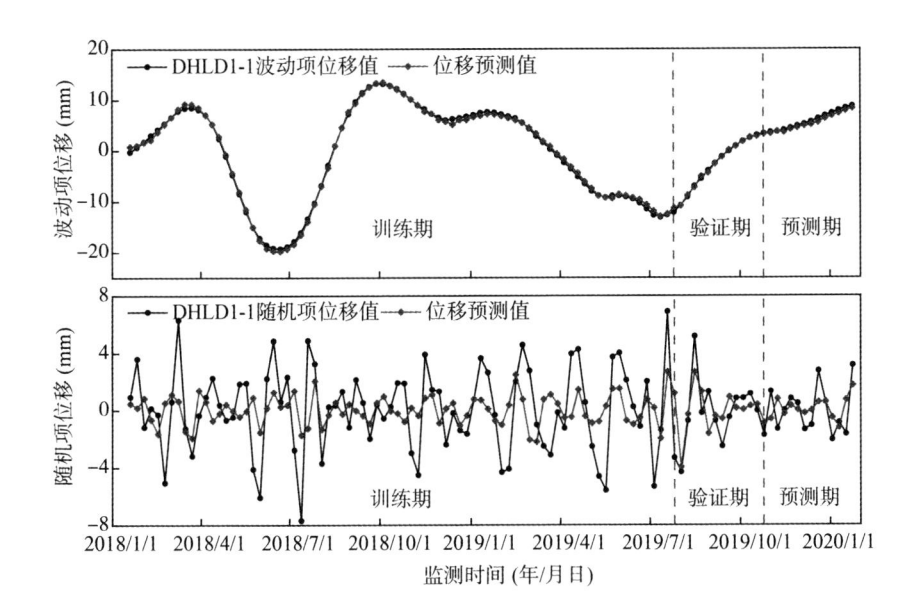

图 4-39　大华滑坡 DHLD1-1 波动项和随机项位移预测结果

位移预测值与实际值基本一致，整体预测精度较高，且能够很好地体现出位移与外部影响因素间的非线性映射关系。

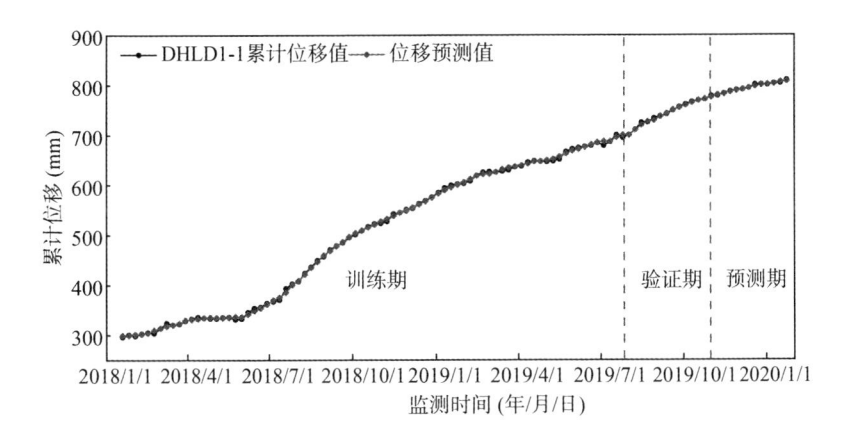

图 4-40　大华滑坡 DHLD1-1 累计位移预测结果

为了对比 MQGWO-LSSVM 滑坡预测模型的预测性能，基于相同的训练数据集分别构建了 GWO-LSSVM、MQGWO-ELM、LSSVM 和 ELM 对比模型，得到各对比模型的累计位移预测精度指标如表 4-7 所示。MQGWO-LSS-

VM 的预测误差指标 RMSE 和 MAPE 分别为 1.71 mm 和 0.19%，相比四种对比模型均达到了最小值；对于反映整体预测值与实测值的线性相关度指标 R，MQGWO-LSSVM 预测值的 R 为 0.99，均大于其他对比模型的 R 值。因此，进一步验证了所提出的 MQGWO-LSSVM 预测模型在滑坡位移预测方面应用的合理性和良好的预测性能。

表 4-7 基于 MQGWO-LSSVM 及对比模型的预测精度

预测模型	模型训练段			模型预测段		
	RMSE (mm)	MAPE (%)	R	RMSE (mm)	MAPE (%)	R
MQGWO-LSSVM	2.82	0.45	1.00	1.71	0.19	0.99
GWO-LSSVM	3.11	0.51	1.00	1.95	0.20	0.98
MQGWO-ELM	3.06	0.51	1.00	1.83	0.19	0.98
LSSVM	4.23	0.74	1.00	3.44	0.34	0.96
ELM	3.19	0.52	1.00	2.11	0.22	0.98

4.3 基于安全监测的滑坡预警判据研究

本节基于滑坡安全监测资料，描述了滑坡预警要素，对滑坡预警标准原则和预警级别划分进行归纳总结；探讨了滑坡变形时效特征，从位移总量、位移切线角、位移速率、位移加速度等方面收集整理国内外典型滑坡的预警阈值；基于相关规范要求、典型工程案例确定了锚索（杆）应力预警判据；提出了库水位变化速率的预警判据建议值；建立了滑坡预警降雨强度、降雨历时判据准则；并给出基于滑坡宏观地质表现、变形破坏特征综合信息判据的滑坡综合预警体系。

4.3.1 滑坡预警原理概述

预警是指人们根据事件发展规律的认识进行合理评价，分析其引发的危机及影响，做出相应的预警预报以控制事件发生。滑坡安全监测预警是以滑坡失稳为预警目标，以滑坡稳定性控制为目的，在滑坡变形规律研究及监测信息准确分析的基础上，从自然、经济和社会等方面，选取影响滑坡安全状态的因素作为预警指标，对可能发生的灾害事件作出预警，以便做好临灾预警和控灾减灾工作，保护人类生产活动及生命财产安全。

滑坡变形破坏是一个从渐变到突变的发展过程，存在一定的破坏前兆。通过监测仪器对滑坡进行周密监测，将主动监测和被动监测相结合，以获取准确监测信息，适时掌握坡体状态，是目前滑坡安全性研究的重要手段。基于监测数据的多源信息，对滑坡状态进行分析，作出滑坡的发展趋势预判和预警判据。因此，加强滑坡监测，以监测位移、应力等多元信息为基础，结合地质条件、工程类比法等分析成果进行预报，判断滑坡所处安全状态，建立滑坡安全预警判据，这一项工作无疑具有十分重要的科学价值和工程实际意义。

4.3.1.1 预警要素

滑坡安全的预警预报研究，以明确滑坡警义为起点，通过寻找滑坡警源，分析滑坡警兆，最后预报滑坡警度。滑坡失稳的监测预警体系是多层次的复杂概念体系，为了便于研究，有必要深入理解滑坡监测预警体系涉及的相关概念和定义，如预警的原理、预警的意义及流程等，最终形成较完善的滑坡工程监测预警框架。图4-41为预警原理过程图。

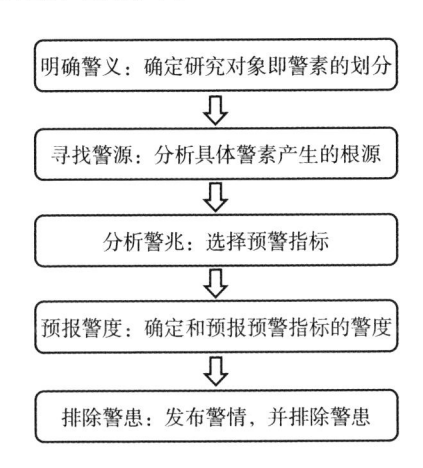

```
明确警义：确定研究对象即警素的划分
        ↓
寻找警源：分析具体警素产生的根源
        ↓
分析警兆：选择预警指标
        ↓
预报警度：确定和预报预警指标的警度
        ↓
排除警患：发布警情，并排除警患
```

图4-41 预警原理过程图

警义是滑坡在破坏过程中可能出现的警情和危险程度，主要包括警素和警度。警素是滑坡破坏过程中出现怎样的警情。滑坡预警系统中警素一般可分为工程地质条件警素、工程环境警素和人工措施警素三大类。警度是警情的严重程度，是滑坡破坏过程的衡量标准，滑坡预警研究的主要目的是预报警度。

警源是导致滑坡破坏过程中已经存在或潜伏着的"危险",即警情产生的根源。从警源可控程度上可分为:①可控警源指标,如工程滑坡的设计坡高及坡脚;②不可控指标,如地质地貌条件、降雨以及地震等。从警源产生原因和机制上可分为:①滑坡内生警源,如滑坡的地形地貌、岩体物理力学性质、滑坡的坡高及坡度等;②滑坡外在警源,如气象、大气环境、地震等自然灾害;③人为警源,如滑坡周边建筑物荷载等。

警兆是警情爆发前的预兆。任何系统当量变达到一定程度会发生质变,在量变过程中总会捕获到先兆。滑坡在发生险情前存在一定的先兆表现,即警兆。一般用警兆指标来描述和刻画警兆变化情况。滑坡系统变量是多属性的,且量变是一个动态过程,因此预警警素不同,表现出的警兆也不同,相同警素在不同时空条件下也会表现出不同的警兆。在滑坡安全预警系统中,警兆可选择滑坡变形量、变形速率、切线角、裂缝及降雨等物理量作为动态特征。

警情是系统从量变到质变过程中,警素表现出异常。在滑坡安全预警系统中,警情是在施工运行期因各影响因素变化导致滑坡已存在或可能出现的危险情况。根据滑坡变形演化过程的形式看,滑坡破坏主要警情可分为倾倒破坏、局部滑移、小型坍塌以及支护结构失效等。

4.3.1.2 预警标准及等级划分

滑坡预警研究首先要进行滑坡破坏模式挖掘,找出滑坡可能的失稳模式,拟定滑坡影响因素指标。滑坡安全预警指标的选择和确定是滑坡预警研究的核心问题之一。滑坡变形过程中的复杂性不是单项指标能准确反映的,在以往的滑坡安全预警实例中,人们大多采用多项指标进行综合考虑,建立滑坡综合预警判据。如何科学合理地确定指标预警标准是决定预警的准确性的关键。《水电工程边坡设计规范》(NB/T 10512—2021)涉及的边坡监测预警条款中规定了制定预警标准的原则[33]:

(1) 变形有严格限制的边坡,可按允许最大变形量制定变形预警标准。

(2) 滑动或倾倒破坏边坡,可按地面代表性监测点的位移速率或累计位移量制定预警标准。

(3) 崩塌破坏、塑性流动破坏、冲刷破坏和产生泥石流的边坡,可根据发生破坏时的时段降雨强度或累计降雨量制定预警标准。

(4) 受地下水作用影响较大的边坡,可按失稳状态的临界地下水位或渗透压力制定预警标准；水库或河岸边坡可按库水位或河水位变化速率提出预警标准。

（5）采用加固结构进行加固的边坡，可辅以加固结构的应力应变量值或变化速率提出预警标准。

据2007年公布的《中华人民共和国突发事件应对法》第四十二条突发事件预警制度相关条例，自然灾害、事故灾难和公共卫生事件的预警级别，按照突发事件发生的紧急程度、发展势态和可能造成的危害程度分为一级、二级、三级和四级，分别用红色、橙色、黄色和蓝色标示，一级为最高级别。按此规定地质灾害可实行四级预警机制。《水电工程边坡设计规范》(NB/T 10512—2021)涉及的边坡监测预警，滑坡破坏的安全警戒等级一般按失稳发展程度和应采取的相应对策划分为三级。综合参考规范，把岩质滑坡工程预警级别划分为安全级、注意级、警示级、警戒级和预报级5个等级；用绿灯、蓝灯、黄灯、橙灯、红灯等信号表示不同的警度。

表4-8 滑坡安全预警等级

评价标准	非常安全	安全	基本安全	危险	非常危险
警度	无警	微警	轻警	中警	重警
预警信号	绿灯	蓝灯	黄灯	橙灯	红灯
预警级别	安全级	注意级	警示级	警戒级	预报级

参考设计规范，确定某一库岸滑坡在蓄水期及运行期的设计安全系数和极限平衡状态下的安全系数标准，并划分不同的安全监测预警等级，同时可以结合有关滑坡防治分级要求和工程实际情况，依据不同安全系数范围来确定预警判据。

4.3.1.3 基本预警判据

目前针对滑坡预警判据已提出了数十种判断方法，如安全系数、位移速率、位移加速度、应力、声发射、位移切线角、降雨强度和综合信息等。各预警判据指标整理归纳如表4-9所示，可为滑坡综合预警预报提供参考。

表4-9 滑坡预警判据统计表

预警判据指标	阈值	适用条件	备注
安全系数F_s	$F_s \leqslant 1.00$	长期预报	
可靠概率P_s	$P_s \leqslant 95\%$	长期预报	

续表

预警判据指标	阈值	适用条件	备注
声发射参数	$K=A_0/A\leqslant 1$	长期预报	A_0为破坏时声发射计数最大值；A为观测值
锚索应力计 T_f	$T_f\geqslant 1.6T$	临滑预报	T为锚索的设计吨位
变形速率 V_f	$V_f\rightarrow V_{cr}$	中长期预报	不同类型滑坡的临界变形速率 V_{cr} 差别较大
位移加速度 a	$a\geqslant 0$	临滑预报	应取一段时间内的连续速率
位移曲线切线角 α	$\alpha\geqslant 70°$	临滑预报	黄土滑坡在 89.0°～89.5°之间为滑坡失稳判据
分维值 D	1	中长期预报	D 趋近于 1 意味滑坡发生
分叉集方程判据 D	0	临滑预报	D 趋近于 0 意味滑坡发生
降雨强度	区域性差别较大	降雨诱发型滑坡	土质和岩质滑坡差异较大
人工巡视	工程师经验判断	有警兆的滑坡	定性预判

滑坡预警判据类型很多，不同滑坡类型须选择适合的预警判据。库岸滑坡工程地质复杂，采用单一的预警标准不能准确地评定某种滑坡的安全状态，也不能采用统一的判据应用于不同的滑坡。在具体工程应用时，应根据具体滑坡的工程地质特征、监测信息及分析方法等多方面内容，运用多种分析方法，确定特定滑坡的综合预警系统。

4.3.2 位移预警分析

根据滑坡监测数据的变形时效特征曲线，从位移总量、位移切线角、位移速率及位移加速度三个方面研究滑坡的位移判据。大量滑坡案例及科学研究结果表明，根据位移变化时序曲线可将崩塌滑坡分为突变型、渐变型和稳定型。渐变型符合日本学者斋藤迪孝提出的初始变形阶段、等速变形阶段和加速变形阶段的三阶段变形规律。在重力等恒定荷载作用下，滑坡变形随着时间增加，变形时效曲线呈现三阶段演化特征，一般将突变型转化为渐变型进行分析[34]。滑坡进入第Ⅲ阶段——加速变形阶段，是滑坡预警的重要依据，也是滑坡灾害发生的前兆。依据加速变形阶段曲线特点，又可将其细分为三个阶段：初加速阶段、中加速阶段以及临滑阶段，如图 4-42 所示。

当滑坡变形演变进入等速变形阶段，坡体已有变形迹象，有裂缝产生，相当一段时间内发生整体失稳破坏的可能性较小；当滑坡进入初加速阶段，表现出明显变形特征，坡体原有裂缝不断加宽并出现新裂缝，在短时间内存在大规模失稳的风险；当滑坡进入中加速阶段，坡体后缘发育了明显的张拉裂缝，在数周或数天内可能会发生较大规模的失稳破坏；当滑坡进入临滑阶段，存在坡体大

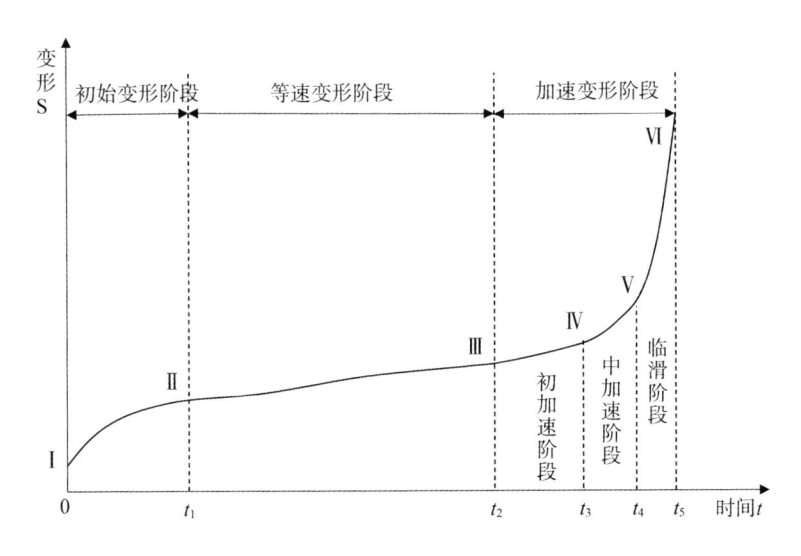

图 4-42 滑坡变形过程示意图

变形、前缘轻微崩塌、后缘应力裂缝明显增多等多种临滑特征,在数天或数小时内可能会发生大规模失稳和崩塌。

4.3.2.1 位移总量

在滑坡安全监测中,位移监测是滑坡安全状态最直观的表现,它反映了滑坡各影响因素共同作用的综合表现。实际工程中,通常用现场监测及数值计算等方法获取滑坡位移量和位移方向等变形特征。表 4-10 为典型滑坡各阶段监测位移量,不同滑坡的位移量有所差异,若通过经验工程类比确定某一特定滑坡各变形阶段的位移量,须选取类似工程地质条件的滑坡进行类比。此外,可应用现场监测的变形时序曲线进行滑坡参数反演,并通过正演获取滑坡最大位移量或各变形阶段的位移量。

表 4-10 典型滑坡各变形阶段位移总量预警值(mm)

滑坡名称	初始变形阶段	等速变形阶段	加速变形阶段		
			初加速阶段	中加速阶段	临滑阶段
	安全级	注意级	警示级	警戒级	预报级
锦屏左岸边坡[35]	<60	60~120	120~160	160~200	>200
鸡鸣寺滑坡[36]	<50	50~75	75~175	>175	
大冶铁矿东采场滑坡[36]	<220	220~450	450~1 300	>1 300	
智利某露采边坡[36]	—	<600	600~5 200	>5 200	

续表

滑坡名称	初始变形阶段	等速变形阶段	加速变形阶段		
			初加速阶段	中加速阶段	临滑阶段
	安全级	注意级	警示级	警戒级	预报级
贵州兴义滑坡[37]	—	—	<450	450～550	>550
三家村滑坡[38]	—	300～400	400～450	450～500	>500

4.3.2.2 位移切线角

在库岸滑坡变形破坏过程中,随着时间增加,累计监测位移的位移切线角和位移变化速率在不同变形阶段有所不同。因纵横坐标量纲不同,切线角随纵横坐标量值变化而变化,为了消除量纲影响,许强教授改进了由 $S\text{-}t$ 曲线定义的切线角。通过将累计位移 S 除以速度 v,将纵横坐标转换为同一量纲——时间量纲[39][40][41],再计算改进切线角:

$$T_i = \frac{\Delta S_i}{v} \tag{4-41}$$

$$\alpha_i = \arctan \frac{T_i - T_{i-1}}{t_i - t_{i-1}} = \arctan \frac{S_i - S_{i-1}}{v(t_i - t_{i-1})} \tag{4-42}$$

式中: T_i 为与横坐标相同时间量纲的纵坐标值; ΔS_i 为 i 时间段内坡体的累计位移; v 为等速变形阶段速度; α_i 为改进切线角; S_i 为某一监测时刻 t_i 的累计位移。

$T\text{-}t$ 曲线切线角的确定取决于滑坡等速变形阶段速度,结合监测变形时效特征曲线和宏观观测现象,判定区分滑坡的等速变形阶段,并将等速变形阶段的各监测时刻(通常为一个监测周期)的速度平均值作为该阶段的速度 v:

$$v = \frac{1}{n} \sum_{i=1}^{n} v_i \tag{4-43}$$

式中: v_i 为等速变形阶段各监测时刻的变形速度; n 为等速变形阶段内监测次数。

通过对 $S\text{-}t$ 累计曲线的坐标系进行处理,使纵横坐标转换成相同量纲,即得 $T\text{-}t$ 曲线,将曲线划分为初始变形、等速变形、加速变形中的初加速、中加速以及临滑阶段五个阶段。表 4-11 为不同滑坡变形过程的切线角,对比分析发现,切线角 $\alpha > 45°$ 时滑坡进入加速变形阶段,切线角 $\alpha > 85°$ 时滑坡进入临滑阶段,一些滑坡下滑时切线角靠近 $90°$。分析表明,滑坡切线角阈值的临灾预警方法存在一定普适性。

表 4-11　典型滑坡各变形阶段改进切线角预警判据

滑坡名称	初始变形阶段	等速变形阶段	加速变形阶段		
			初加速阶段	中加速阶段	临滑阶段
	安全级	注意级	警示级	警戒级	预报级
树坪滑坡[42]	$α<45°$	$α≈45°$	$45°<α<76°$	$76°≤α<83°$	$α≥83°$
四川白什乡滑坡[41]	$α<45°$	$α≈45°$	$45°<α<80°$	$80°<α<85°$	$α≥85°$
三峡库区白龙村滑坡[43]	$α<45°$	$α≈45°$	$45°<α<75°$	$α>75°$	$α≈90°$
都江堰塔子坪滑坡[44]	—	$α≤45°$	$45°<α<80°$	$80°<α<85°$	$α≥85°$
鸡鸣寺滑坡[45]	—	$40°<α≤44°$	$45°<α<79°$	$80°<α<85°$	$α≥85°$
河南某高填方黄土边坡[45]	$α<45°$	$45°≤α<60°$	$60°<α<65°$	$65°<α<75°$	$α>75°$
四川西山村滑坡[46]	$α<45°$	$α≈45°$	$45°<α<80°$	$80°<α<85°$	$α≥85°$

根据表 4-11 所述滑坡预警等级定量分级标准,当切线角大于45°时,滑坡已进入初加速变形阶段;当切线角大于86°时,大多滑坡已进入临滑阶段,处于预报级,须发布红色预警。

4.3.2.3　位移速率

根据学者总结多个滑坡失稳的工程实例发现,无论是土质滑坡、岩质滑坡、还是堆积体滑坡,滑坡进入初加速阶段的位移速率均不大,初始位移速率一般不超过 4 mm/d;滑坡进入临滑阶段的速率一般不超过 50 mm/d。表 4-12 为典型滑坡各变形阶段的位移速率预警判据。

表 4-12　典型滑坡各变形阶段位移速率预警判据　　单位:mm/d

滑坡名称	初始变形阶段	等速变形阶段	加速变形阶段		
			初加速阶段	中加速阶段	临滑阶段
	安全级	注意级	警示级	警戒级	预报级
鸡鸣寺滑坡[36]	<0.3	0.3~1.0	1.0~3.5	≥3.5	
黑方台某黄土滑坡[47]	<3.0	3.0~10.0	10.0~20.0	≥20.0	>10.0
三家村滑坡[38]	<0.5	0.5~1.0	1.0~3.0	3.0~10.0	>10.0
新滩滑坡[48]	<3.0	0.3~3.0	3.0~15.0	≥15.0	
黄茨滑坡[48]	<1.0	1.0~3.5	3.5~6.0	≥6.0	
金川露天矿滑坡[48]	<1.3	1.3~5.0	5.0~44.0	≥44.0	
大冶铁矿狮子山[48]	<0.2	0.2~0.69	0.69~4.00	>4.00	
锦屏左岸边坡[49]	<0.3	0.3~0.5	0.5~0.8	0.8~2.0	>2.0

由表 4-12 可知,不同坡体的位移速率相差较大,尤其当滑坡进入加速变形

阶段时位移速率不同表现更为突出。应综合坡体所处工程地质条件和影响因素等各方面信息来确定位移速率预警判据。基于滑坡安全监测资料，可根据改进切线角公式进行反算[49]。取滑坡监测单位时间段 $\Delta t = 1 \text{ d}$，由式(4-41)和式(4-42)反推等速变形阶段（即改进切线角 $\alpha = 45°$）的速率 v'：

$$v' = \frac{S_i - S_{i-1}}{\tan\alpha_i} = \frac{\Delta S_i}{\tan\alpha_i} = \frac{v_i}{\tan\alpha_i} = v_i \quad (4-44)$$

由式(4-44)又可得滑坡某一时刻的位移速率 v_i：

$$v_i = v' \times \tan\alpha_i \quad (4-45)$$

将滑坡等速变形阶段的位移速率和切线角阈值代入式(4-45)，计算所得的位移速率即可作为某滑坡位移速率阈值。

4.3.2.4 位移加速度

不同滑坡的变形曲线不同，位移速率变化相差较大，难以用单一的位移速率预警判据准确判断各种滑坡变形情况。而滑坡变形的位移加速度恰好反映了变形速率的发展趋势。从滑坡变形阶段可知，初始变形阶段的变形曲线由陡变缓，位移速率减小，坡体位移加速度 $a<0$，单位时间内位移速率增量为负值；等速变形阶段的变形曲线大致上为一条直线，变形速度基本保持恒定，加速度 $a\approx 0$；加速变形阶段的变形曲线斜率随着坡体变形的增大不断增大，加速度 $a>0$，a 越大，单位时间内位移速率增加量越大，滑坡易向失稳状态发展。参考前人研究[45][50]，典型滑坡各变形阶段位移加速度的预警判据如表4-13所示。在确定加速度的具体值时，不需要特定的精确值，只需能识别加速度出现异常突跳现象即可，当位移加速度出现突变点时，说明位移速率也发生了较大的变动。

表4-13 典型滑坡各变形阶段位移加速度预警判据　　　单位：mm/d²

变形阶段	初始变形阶段	等速变形阶段	加速变形阶段		
			初加速阶段	中加速阶段	临滑阶段
	安全级	注意级	警示级	警戒级	预报级
智利某露采边坡[36]	—	$a\approx 0$	$0<a<4.45$	$a>4.45$	
大冶铁矿东采场滑坡[36]	—	$a\approx 0$	$0<a<0.20$	$a>0.20$	
鸡鸣寺滑坡[36]	a 增大到0后降为0或负值	$a\approx 0$	$0<a<0.45$	$a>0.45$	
白什乡滑坡[36]	—	$a\approx 0$	$0<a<200$	$a>200$	
锦屏左岸边坡[49]	<0.05	$0.05\sim 0.10$	$0.10\sim 0.15$	$0.15\sim 0.30$	>0.30

滑坡加速度临滑预警指标并不统一，须根据分析加速度曲线特征来确定。在确定滑坡位移加速度的临滑预警时，应该注意关注宏观信息判断滑坡的变形演化阶段，只有当滑坡进入中加速变形阶段，其位移加速度又大于设定的阈值时，才能作为红色预警信号的预报级。

在进行滑坡位移预警研究时，还须结合位移切线角、位移速率和位移加速度变化趋势综合判断滑坡变形阶段。不同滑坡变形曲线各不相同，单一的位移预警判据很难有效对其进行判断。因此在进行位移预警判据研究时，要从滑坡变形曲线出发，综合考虑位移切线角、位移速率及位移加速度的阈值，建立符合某滑坡变形特征的位移判据方法。

4.3.3 应力预警分析

滑坡可依据锚索（杆）等外部荷载提供支护力以维持整体稳定性，这些加固措施测得的应力状态为分析加固效果及加固处位移发展状况提供信息。当锚索荷载达到或超过某一极限荷载，当坡体下滑力大于抗滑力时，坡体发生变形，锚索荷载增大，当荷载超过某一临界值后锚索失效，当失效锚索较多，支护力明显减小后，坡体进入加速变形阶段。锚索失效主要分为三类：①当锚索所受张力大于其钢绞线的极限抗拉强度，导致钢绞线拉断；②当锚索荷载超过锚索与灌浆体的握固力或灌浆体与孔壁的凝聚力时，内锚段产生滑动面失效；③当荷载较大，外锚段的基础发生破坏，导致锚索失效。

通过锚索测力计或锚杆应力计中的锚固力来判断锚索或锚杆周围岩体内的应力变化，依据锚固措施的承载能力和完好情况作为滑坡破坏的预警判据。《水工预应力锚固技术规范》(SL/T 212—2020)中"安全监测与锚固试验"部分规定，锚索监测设计无特殊要求时，可按预应力损失超过设计锚固力的10%或预应力增幅超过设计锚固力的20%设置预警值。《地质灾害治理锚固观测施工技术规程（试行）》(T/CAGHP 049—2018)中地质灾害锚固工程安全状态的预警值规定如表4-14。

表4-14 工程安全控制预警值

项目	预警值
锚索（杆）初始预应力（锁定荷载）变化幅度	≤±10%锚索（杆）拉力设计值
锚头及锚固地层或结构物的变形量与变形速率	根据地层性状、工程条件及当地经验确定

续表

项目	预警值
持有的锚索(杆)极限抗拔力与设计要求的极限抗拔力之比	≤0.9
锚索(杆)腐蚀引起的锚索(杆)筋体截面减小率	≤10%

预应力锚索监测仪器信号超过预警值或监测数据出现异常时，应及时查找原因并进行相应处理。根据以上规范要求及滑坡应力监测数据，确定以锚索(杆)锁定荷载变化幅度为锚索(杆)设计荷载的10%~20%作为滑坡应力预警判据。

4.3.4 库水位预警分析

水电站库区大量滑坡由库水位升降引起，库水位变化会诱发滑坡变形失稳，确定库水位预警判据至关重要。

首先根据监测资料、工程地质资料及数值模拟计算分析，以库水位升降速率预警判据为目的，建立库水位预警模型。计算库水位升降对滑坡稳定性的影响，通过滑坡二维渗流及稳定性分析，最终建立滑坡的库水位变化速率预警判据。

根据《滑坡防治工程勘查规范》(GB/T 32864—2016)[51]，滑坡安全系数可根据滑坡稳定状态划分四级，如表4-15所示。

表4-15 滑坡安全系数划分

滑坡稳定状态	稳定	基本稳定	欠稳定	不稳定
安全系数	$F_s \geq 1.15$	$1.05 \leq F_s < 1.15$	$1.00 \leq F_s < 1.05$	$F_s < 1.00$

根据《水电工程边坡设计规范》(NB/T 10512—2021)规定要求，应按滑坡所属枢纽工程等级、建筑物级别、边坡所处位置、边坡重要性、失稳危害程度划分滑坡类别和级别。库岸滑坡稳定性分析时分为持久状况、短暂状况及偶然状况，不同工况下滑坡设计安全系数不同。

将滑坡预警等级分为五类：安全级、注意级、警示级、警戒级以及警报级，根据确定的滑坡类型、滑坡等级以及工况类别确定设计安全系数，再参考表4-15，确定符合特定滑坡的安全系数判据。

利用数值计算分析方法，计算不同库水位变化速率下对应的滑坡安全性最小值，并获得各库水位变化速率与其对应的滑坡稳定性最小值的函数关系。利用滑坡安全性最小值与库水位变化速率的函数，计算滑坡安全性阈值对应的库水位变化速率，作为滑坡库水位变化速率判据。

4.3.5 降雨预警分析

库区滑坡变形的另一诱发因素为降雨。大华桥水电站库区降雨频繁,呈季节性特征,且汛期降雨期较连续、集中,降雨量较大,对库区滑坡变形影响较大,因此需要对降雨建立预警判据。

首先,设置不同的降雨工况、边界条件以及渗流参数,分析不同降雨强度、降雨历时等对滑坡安全性的影响作用。我国气象部门规定的24 h内降雨量等级划分标准如表4-16所示,结合滑坡降雨监测资料,确定滑坡降雨量等级。参考该标准并结合当地降雨情况,确定滑坡地区的降雨强度。

表4-16 降雨量等级划分表

降雨等级	小雨	中雨	大雨	暴雨	大暴雨	特大暴雨
24 h降雨量(mm)	<10.0	10.1~24.9	25.0~49.9	50.0~99.9	100.0~249.9	>250.0

将滑坡预警等级分为五类:安全级、注意级、警示级、警戒级以及警报级。计算不同降雨强度下,滑坡最小安全系数随时间的变化关系,结合滑坡安全系数等级标准划分,确定滑坡安全性阈值对应的降雨强度及降雨历时,作为该滑坡的降雨阈值。

4.3.6 综合预警体系

滑坡变形演化过程遵循一定规律,同时又有较强的个性特征,是共性和个性相结合的整体。因此,要对滑坡变形演化过程作出准确的判断,确定滑坡所处的预警等级,必须在遵循滑坡预警原则的基础上,开展综合预警工作。对变形有限制的Ⅰ级滑坡应选取代表性的表面监测点的临界位移速率制定变形预警标准;库岸滑坡还应根据稳定性分析和监测数据规律分析对库水位骤降速率提出预警标准,对发生破坏时的时段降雨强度或时段累计降雨量制定预警标准。由于滑坡变形是复杂的动态演化过程,也是滑坡破坏最直观的表现。在滑坡预警研究中,应随时关注滑坡动态变化特征。当滑坡进入加速变形阶段,尤其是临滑阶段时,应加密观测,实时掌握滑坡变形动态,并根据最新监测结果和宏观变形破坏迹象,作出综合预警。

滑坡定量预警判据可根据变形时效特征曲线确定位移切线角判据、位移速率判据及位移加速度等。通过分析可知,当位移切线角大于45°时,滑坡基本进入加速变形阶段,当位移切线角大于 86°时,滑坡进入临滑阶段,当位移切线角在 89°～89.5°时滑坡即将处于滑动状态。滑坡位移切线角反推位移速率时,需要确定等速变形阶段的速率。如前期等速变形阶段速度很小或等速变形阶段不易划分,无法准确判断等速变形阶段位移速率时,可以用全过程平均速率代替匀速变形阶段位移速率。在确定滑坡位移加速度预警判据时,须结合滑坡监测位移速率共同确定。滑坡位移加速度 $a<0$,单位时间内位移速率增量为负值,可能处于初始变形阶段;位移加速度 $a≈0$,变形速度保持基本不变,可能处于等速变形阶段;位移加速度 $a>0$,a 越大,单位时间内位移速率增加量越大,滑坡处于加速变形阶段且易向失稳状态发展。因此,须结合工程类比的位移切线角和滑坡实际监测数据变化状态共同确定滑坡位移速率判据和位移加速度。

锚索(杆)等外部荷载可为滑坡提供支护力以维持整体稳定性,这些加固措施测得的应力状态为分析加固效果及加固处位移发展状况提供信息,可依据锚索(杆)的承载能力和完好情况作为滑坡破坏的预警标准。

参考相关规范的滑坡类型、安全级别及不同工况的设计安全标准,结合坝址区工程地质和水文地质条件、滑坡库水位变化工况、库区不同降雨工况的数值计算结果及滑坡稳定性分析,拟确定库水位下降速率预警阈值,降雨强度、降雨历时预警准则。库岸滑坡地质灾害的发生往往伴随着滑坡的渗漏,设置渗压计监测水压值,可作为渗流预警的渗压阈值。通过水压力随时间变化过程线评价地下水变化情况,进而分析对滑坡岩体稳定性的影响。

除了定量指标预警判据,还可结合滑坡巡视检查,根据滑坡变形演化过程中出现的异常现象做出宏观判断,结合定量判据和定性宏观信息形成综合预警方法。以下为定性宏观信息预警判据:

①裂缝分布发育情况。裂缝成组发育,错台强烈,原有裂缝延长加宽并产生新的裂缝,裂缝贯通性好、连续性强。②局部塌滑现象。前缘附近产生局部塌滑,小型崩滑突然急剧增多;滑坡上部发生深陷,四周岩土体出现松弛坍滑;平硐局部坍塌地面塌陷,陷落带平面形态呈新月状等现象。③后缘开裂。滑坡后缘裂缝连续分布并有明显位移,形成弧形张开裂缝或水平扭动裂缝闭圈,出现裂缝闭合现象。④前缘鼓胀。滑坡向前挤压致使前缘坡脚岩土体鼓胀凸起。⑤地下水异常。泉水井水流量忽大忽小或断流干涸,水质浑浊水温升高等异常现象,坡内地下水位突变。⑥支护失效。较多锚索被拉断锚索失效,滑坡内应力变化剧烈,地面上框架发生断裂、坡上建筑物相继出现裂缝倾斜现象。⑦其他现象。

滑坡发展过程中造成地下岩层剪断,石块发生相互摩擦推挤,产生隆隆的响声,裂缝冒热气或冷气,坡体内出现地音及地热等现象;动物惊恐,老鼠乱窜,狗和蛇等出现异常行为。宏观信息预警只能大致判断滑坡危险状况,精确度不够高。

综上所述,将定量判据和定性宏观信息相结合,以宏观变形、位移切线角、位移速率、位移加速度和位移总量作为主要判据,锚索荷载损失量、渗压变化量、库水位变化速率、降雨强度及降雨历时作为次要判据,构建水动力型滑坡综合预警体系(如图 4-43 所示),判定滑坡发生可能性还须注意多种现象的相互印证,尽量排除其他因素的干扰,做出准确判断,以提升库岸滑坡监测预警的准确性。

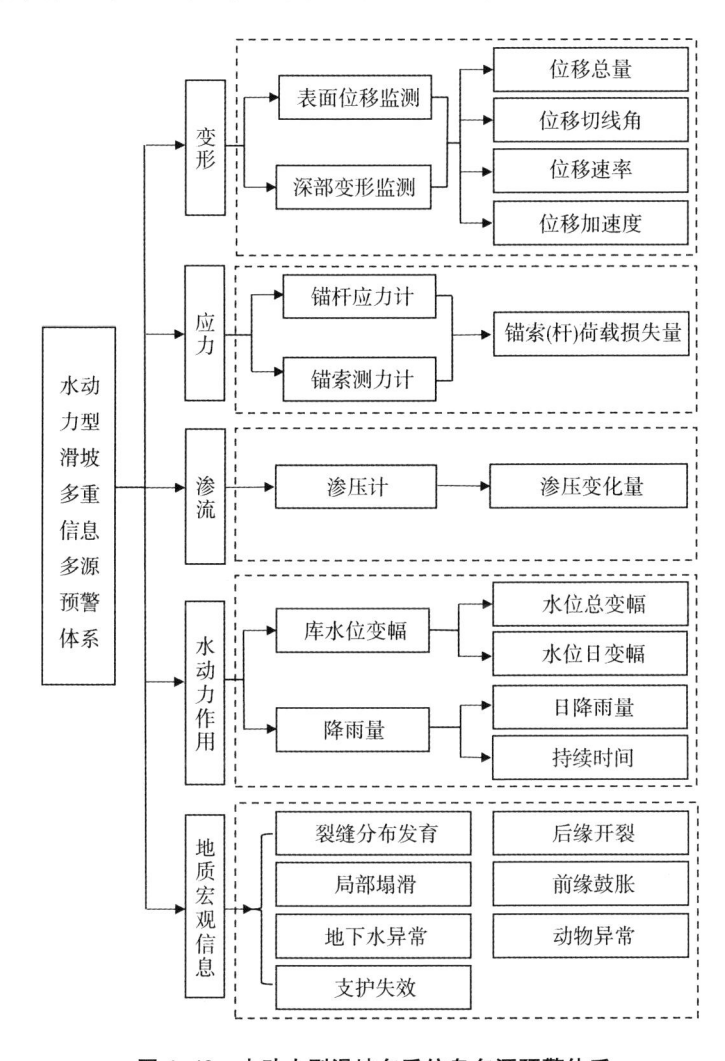

图 4-43　水动力型滑坡多重信息多源预警体系

4.4 小结

（1）大华滑坡体布置四个监测断面，共设置 18 个 GNSS 观测点、11 个垂直测斜孔、3 套阵列式位移计、1 套多维度变形、16 个测压管。基于安全监测资料，针对大华滑坡在降雨、库水位骤降等水动力作用下滑坡体的变形趋势，开展监测资料分析，主要结论如下：

自 2016 年 9 月 4 日观测的 174 周 GNSS 监测成果表明，大华滑坡体表面变形以横河方向（Y 向）为主，变形范围在 84.3～1 131.8 mm 之间。各监测断面各测点位移变化基本保持一致，表现为滑坡体前缘变形较大，上游测点位移大于下游部位。大华滑坡体表面位移主要分布在Ⅲ区、Ⅳ区、Ⅴ区前缘部位，分布高程为 1 400～1 700 m，总体而言，变形呈缓慢递增的变化趋势。

大华滑坡体深部变形主要采用测斜孔、SAA 阵列式位移和多维度变形监测等方法进行观测。自 2019 年 1 月至 2020 年 4 月的监测数据表明，大华滑坡体存在一定的深部变形，在多个区域内存在滑动面。Ⅴ区 SAA1-1 多维度变形累计位移表明，在孔深 37～37.5 m 位置处存在明显的滑动面；Ⅳ区 SAA2-1 阵列式位移计孔深 82.5～83 m 间存在滑动面，变形呈缓慢递增趋势，SAA3-1 阵列式位移计处未出现滑动面，但距孔口 55 m 以上部位存在一定变形，且变形仍处于发展状态；Ⅲ区测斜孔 IN4-1 和Ⅱ区测斜孔 IN4-2 分别在孔深 31～33 m 和 67～68 m 间存在滑动面，Ⅱ区测斜孔 IN4-3 沿孔深没有明显的滑动带；Ⅰ区 SAA2-2 阵列式位移计处为蠕变变形，尚未发现明显的滑动面。

选取水位高程变化较为明显的测压管 UP2-1 和 UP4-1 进行分析，大华桥水电站 2018 年 2 月开始蓄水，至 2018 年 6 月 19 日蓄水完成，库水位达到 1 477 m。2018 年 4 月至 7 月，两个测压管水位高程变幅较大，测压管 UP2-1 变幅 4 m，每天水位高程变化在 -0.004～0.034 m 之间，测压管 UP4-1 变幅 40 m，每天水位高程变化为 -0.322～7.365 m。随着水库蓄水阶段完成，测压管内水位变化相对平稳。监测成果表明，测压管水位变化较大时段为水库蓄水期，大华滑坡地下水位主要受库区水位影响。

分析 GNSS 表观位移与库水位变化关系发现，2017 年 6 月库水位骤增与骤降对位移影响较大，DX、DY、Dh 位移曲线变化斜率绝对值均显著增大；而自 2018 年 2 月蓄水使库水位上升，并未导致位移产生突变，位移一直呈近似线性增长。库水位于 2016 年 7 月和 2017 年 6 月发生两次骤增与骤降,导致部分深部位移监测点位移曲线斜率发生突增,2018 年 2 月水库蓄水导致其深部位移再次发生突增,蓄水结束后位移逐渐趋于稳定,呈缓慢递增规律。

总体来说,大华滑坡体基本处于前缘失稳牵引阶段,变形主要分布在Ⅲ区、Ⅳ区、Ⅴ区前缘部位,分布高程为 1 400～1 700 m,总体呈缓慢递增的变化趋势。大华滑坡体存在一定深部变形,Ⅲ区、Ⅳ区及Ⅴ区多个区域内存在多个潜在滑动面。大华滑坡体的表面位移和深部滑动面位移还未明显收敛,整体处于缓慢蠕变状态,仍须继续密切关注,尤其在降雨、库水位骤降等不利工况下的变形。

(2) 综合考虑滑坡位移序列的非稳定和非线性特征,耦合 VMD 算法、MQGWO 优化算法和 LSSVM 模型,建立了 VMD-MQGWO-LSSVM 滑坡位移预测模型,并结合澜沧江大华滑坡工程实例研究,验证了所提模型的合理性和可靠性。主要工作和成果如下:

在 GWO 算法框架下引入量子编码与位置更新、自适应余弦函数收敛因子 $a(t)$ 和位置更新动态权重改进策略,提出了 MQGWO 优化算法。通过单峰值基准测试函数和多峰值基准测试函数开展数值试验,验证了 MQGWO 算法具有良好的收敛性能和全局优化能力。

构建 VMD-MQGWO-LSSVM 模型。首先结合库水位和降雨诱发库岸滑坡变形的机制,分析滑坡内外部影响因素,应用 MIC 方法合理选取影响因子;基于"分解-集成"预测思想,采用 VMD 将原始累计位移分解为包含不同时间尺度局部信息的趋势项、波动项和随机项位移子序列,以滑坡演化状态和水动力影响因素为输入因子,分别对不同分解序列建立 MQGWO-LSSVM 模型进行位移预测,最后重构得到累计位移预测结果。

以大华滑坡的监测数据为例进行滑坡位移预测,结果表明 VMD-MQGWO-LSSVM 模型在训练段和预测段的位移预测值与实际监测值一致性较好。同时,对比 VMD-LSSVM、VMD-ELM、VMD-GWO-LSSVM 和 VMD-MQGWO-ELM 模型的位移预测精度,表明 VMD-MQGWO-LSSVM 模型的预测性能高于其他对比模型。因此,提出的 VMD-MQGWO-LSSVM 模型能够较好地表征滑坡位移与影响因素间的非线性响应关系。

(3) 基于监测资料的准确把握以及滑坡变形规律研究的基础上,从滑坡位移、应力、水动力作用等方面系统地研究各预警指标判据,提出了滑坡多重信息多源预警体系。

归纳总结了滑坡预警要素、预警标准原则、预警级别划分及基本预警判据；主要按预警级别分为安全级、注意级、警示级、警戒级以及预报级。

分析了滑坡监测的变形时效特征曲线，收集整理国内外典型滑坡的位移预警判据，建立以滑坡位移速率和切线角为阈值的定量预警方法；根据规范要求确定锚索(杆)应力预警阈值，为滑坡位移和应力预警判据提供有效依据。

依据滑坡稳定状态划分的安全系数，确定库岸滑坡的库水位下降速率、降雨强度及降雨历时的预警阈值。将滑坡位移切线角、位移总量、位移速率及加速度、锚索荷载损失量、安全系数、库水位变化速率、降雨强度及降雨历时作为滑坡定量预警判据，并结合滑坡宏观变形破坏的定性预警，提出多重信息多源预警体系。

第五章 大华滑坡随机模拟非确定性分析

大型堆积体滑坡由于其发育周期长、滑坡体量大、分布范围广,其物质组成非常复杂,往往存在多个岩土层的互层及乱序分布。大多数堆积体滑坡分布有含砾石层、崩坡积层、块石层等地质分层,造成堆积体滑坡各分层物理力学性质差异较大。堆积体滑坡典型的特征是具有土石混合结构,不但具有细小的砾石,更有直径十几米至几十米的巨大块石。这些块石对堆积体滑坡的稳定性、坡体内地下水的运移规律同样具有重要的影响。对于大型堆积体滑坡,其蠕滑变形过程中往往形成多条裂缝、潜在滑带,裂缝和潜在滑带分布位置及发育规律不但反映着堆积体滑坡可能的失稳破坏模式,对其稳定性也具有重要影响。

滑坡非确定性分析通常是指对参数的空间变异性进行研究,或考虑小尺度的块石含量对土石混合体试样强度的影响,很少考虑大范围块石对堆积体整体稳定性的影响。潜在滑带位置的非确定性研究,目前也鲜有相关成果发表。本章基于地质统计学的相关方法,开展序贯高斯模拟研究岩土体力学参数空间变异性,通过序贯指示模拟研究土石混合结构的不确定性,通过单正态方程模拟研究潜在滑带对滑坡稳定性的影响,并进行基于有限元和离散元方法的大型堆积体滑坡的非确定性分析。

5.1 地质统计学随机模拟算法

地质统计学是以区域化变量为基础,以变异函数为工具,研究同时具有随机性与结构性,或空间相关性与依赖性的自然现象的一门科学[52]。地质统计学可以用来模拟地质学中的不确定性问题,例如空间格局与变异有关的问题、空间数据的结构性和随机性问题、空间相关性和依赖性问题等。随着地质统计学理论的发展,国内外学者将其应用于众多领域,例如固体矿床成分估值、环境保护和污染物控制、水文领域、遥感测量领域等。

目前,地质统计学多用于非确定性地质结构的建模,利用其中的随机模拟进行随机建模并分析评估对应的岩土体安全性的研究相对较少。将其应用于堆积体滑坡参数空间变异性、土石混合结构、潜在滑带位置的非确定性分析,借助地质统计学开源程序 Standford Geostatistical Modeling Software (SGeMS)[52]进行随机模拟建模。主要应用序贯高斯模拟(Sequential Gaussian Simulation)模拟土体参数的空间变异性,序贯指示模拟(Sequential Indicator

Simulation)模拟土石混合结构的不确定性,单正态方程模拟(Single Normal Equation Simulation)模拟潜在滑带位置的不确定性。

序贯高斯模拟用来模拟土体参数的空间变异性,主要是模拟土体抗剪参数的空间变异性。序贯高斯模拟的主要计算过程可以概括为:

(1) 定义访问网格中每个节点的随机路径;

(2) 获得由相邻的初值硬数据与先前模拟值所组成的条件数据;

(3) 通过由克里金方差法所获得克里金与方差来估计呈高斯分布的局部条件概率累计分布函数;

(4) 从高斯条件累计函数中取值,并将其添加到数据集;

(5) 重复上述过程,生成新的模拟结果。

土石混合体是典型的非均质地质体,内部岩石结构的分布是非确定性的。由土石混合结构组成的堆积体滑坡稳定性受土石混合体分布特征的影响。序贯指示模拟主要用来进行地质体分类的模拟,例如进行岩石类别模拟、地质结构的模拟等。利用序贯指示模拟进行土石混合结构的模拟,其主要计算过程为:

(1) 定义包含所有位置的随机路径;

(2) 检索邻近条件数据;

(3) 把每个基准值转换为一个指示值向量;

(4) 求解克里金系统,估计每个阈值的指示器随机变量;

(5) 修正顺序关系的偏差后,定义分类变量互补累积分布函数的估计值;

(6) 重复上述过程生成多组序贯指示模拟数据。

潜在滑面的位置对堆积体滑坡的稳定性具有重要影响。滑面区域相对于滑体处,其抗剪强度有明显的降低,故其承载能力明显低于滑体。当滑坡布置有监测系统时,可以根据滑坡监测数据得到潜在滑带的位置,例如测斜孔变形突变的位置为潜在滑带的位置。通过单正态方程模拟进行潜在滑带位置的非确定性建模。将滑坡区域分为滑体、滑带两部分,用数值"1"代表滑带位置,用"0"代表滑体位置。单正态方程模拟的计算过程可以概括为:

(1) 定义地质材料模板和包含所有位置的路径;

(2) 对于沿路径的每个位置:①检索模板定义的条件数据;②发现所有训练图像的位置,如果位置数小于固定的临界值,重复搜索过程;③通过条件概率得到模拟值并将其加入数据集;

（3）重复过程（2），直到路径上的所有位置都访问到。

5.2 基于有限元强度折减的大华滑坡非确定性分析

在地质统计学随机模拟生成不确定性地质模型的基础上，研究了基于有限元强度折减法的大型堆积体滑坡非确定性分析方法。将地质统计学随机生成的地质模型与有限元方法结合起来，评价大型堆积体滑坡的安全性。借助地质统计学方法可以考虑众多不确定性因素的优势，进行大型堆积体滑坡多不确定性因素影响下的非确定性分析。相对于传统仅考虑参数空间变异性、土石混合结构不确定的研究，考虑的不确定性因素更加全面，大型堆积体滑坡安全性的评价结果更能反映工程实际。

5.2.1 计算流程

基于地质统计学随机模拟的有限元非确定性分析方法，主要由非确定性模型的生成、有限元强度折减计算、蒙特卡洛分析三大部分组成。

如前所述，通过序贯高斯模拟进行土体的空间变异性模拟，通过序贯指示模拟进行土石混合结构模拟，通过单正态方程模拟研究潜在滑带位置的模拟。借助开源程序 SGeMS[53]进行地质统计学随机模拟，将已知的地质信息作为条件数据，采用该程序生成模拟范围大小的模拟结果数组，将结果数组导入有限元软件进行有限元计算。

有限元计算采用有限元计算程序 COMSOL Multiphysics，采用其自带的接口 LiveLink for MATLAB 与 MATLAB 联合编程运行。运用 COMSOL 建模工具构建斜坡模型，模型主要分为堆积体部分和基岩部分，基岩部分采用确定性参数，堆积体部分采用非确定性参数进行分析。强度折减和蒙特卡洛分析主要通过 MATLAB 程序编程实现。每次计算首先调用地质统计学计算程序得到非确定性模型参数，然后将该参数应用于有限元数值模拟，再通过强度折减法得到滑坡的安全系数，多次循环实现蒙特卡洛法的失效概率的求解。计算流程如图 5-1 所示。

在进行堆积体参数赋值时需要用到判断语句，首先判断该位置单正态方程模拟的值是否为 1，即首先判断该位置是否是滑带所处的位置，若该位置为滑带则采用滑带抗剪参数。第二，若上一步判断结果为 0，则需要进行第二次判

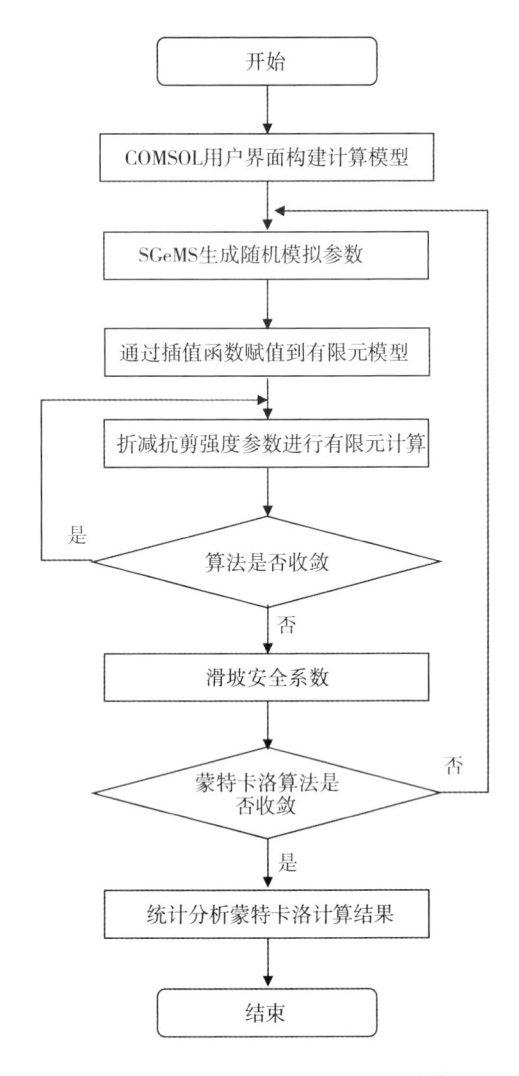

图 5-1　有限元随机模拟非确定分析计算流程

断,判断该位置序贯指示模拟的结果是否为 1,若为 1 则为块石所处的位置,抗剪强度参数采用块石抗剪强度参数。最后,经过两次判断结果均为 0 时,即该位置既不是滑带也不是块石,此时采用序贯高斯模拟计算得到的土体空间变异参数值。

5.2.2　计算剖面

针对大华滑坡,进行基于有限元的地质统计学随机模拟非确定性研究。以

1-1'监测断面对应的地质剖面为例研究不确定性因素对其安全性的影响。1-1'断面位置如图 5-2 所示,地质剖面如图 5-3 所示。

图 5-2　1-1'剖面位置图

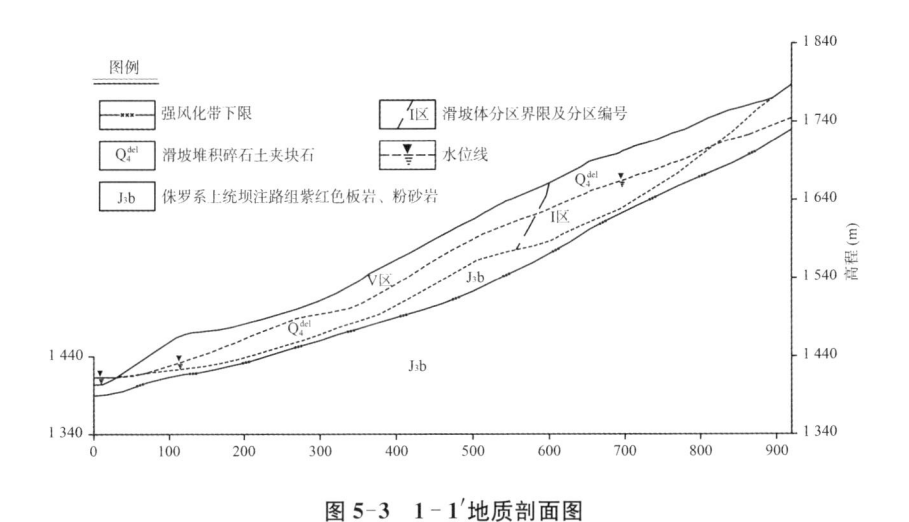

图 5-3　1-1'地质剖面图

5.2.3　大华滑坡非确定性因素的模拟方法

根据地质调查和现场踏勘的相关成果,大华滑坡存在多个潜在滑动面。滑面位置可根据位移监测数据确定,如图 5-4(a)所示。将滑带位置作为条件数据,采用单正态方程模拟可以得到滑带可能的分布位置云图,如图 5-4(b)所示。单正态方程产生的潜在滑带位置云图均通过监测点,故该云图与实际工程较为接近。

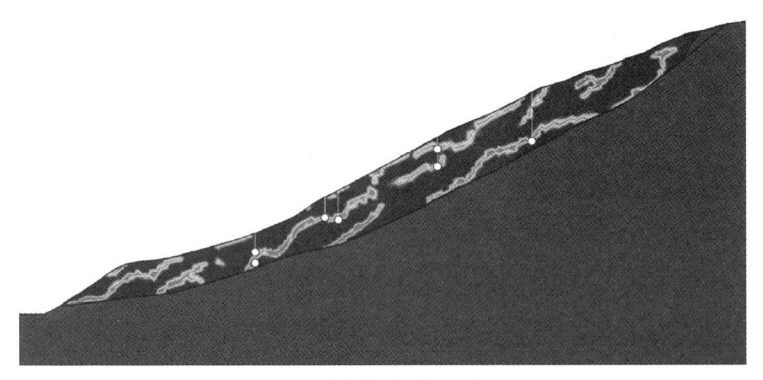

(a) 潜在滑动面位置图

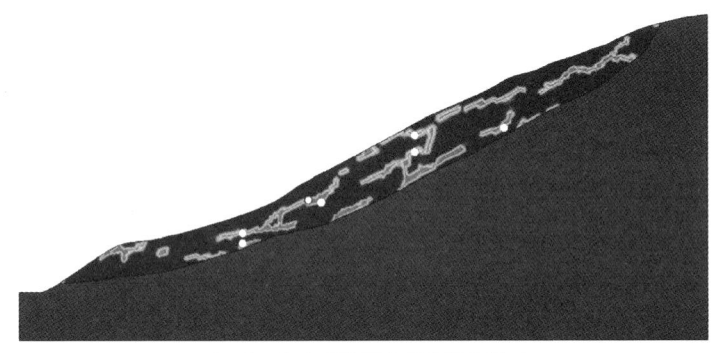

(b) 单正态方程模拟生成的潜在滑面

图 5-4　单正态方程模拟生成的两个随机模拟潜在滑面图

大华滑坡土石混合结构现场照片如图 5-5 所示,堆积体中含有灰白色风化块石和暗红色土体。根据地质调查结果,大华滑坡堆积体含石量为 30% 左右。通过序贯指示模拟生成的含 30% 块石的土石混合结构云图如图 5-6 所示。

图 5-7 为随机模拟生成的考虑潜在滑带、土石混合结构、土体空间变异性的参数场。图中深色条带为潜在滑带的位置,深色块体为块石分布区域,浅色区域分布着空间变异的土体抗剪强度参数。

图 5-5　大华滑坡土石混合结构

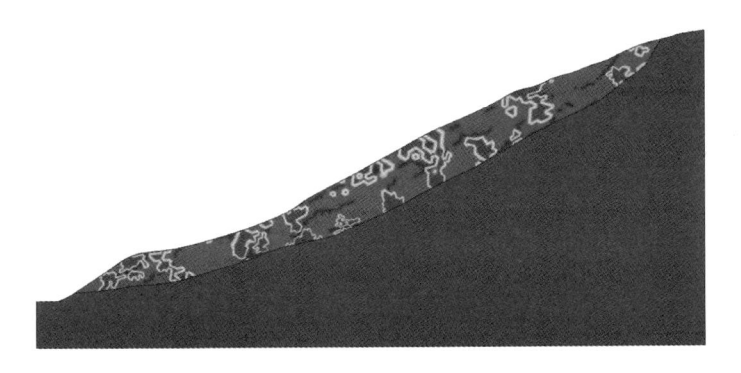

图 5-6　1-1'剖面土石混合结构云图

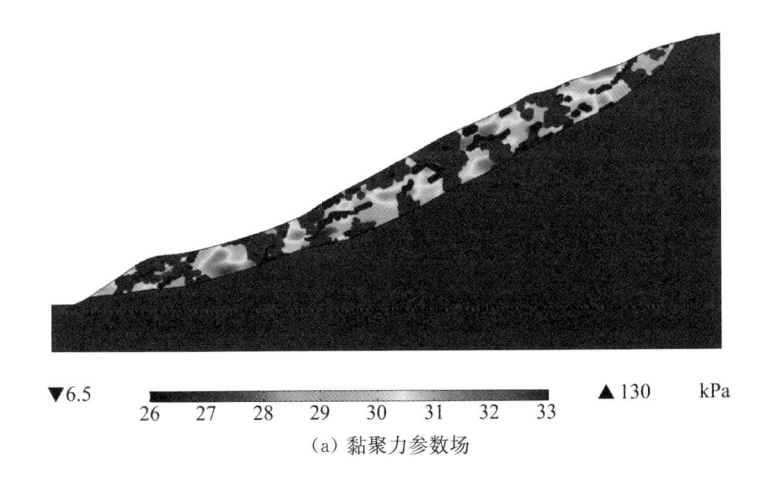

(a) 黏聚力参数场

第五章　大华滑坡随机模拟非确定性分析

▼27.7　33　34　35　36　37　38　▲47.5

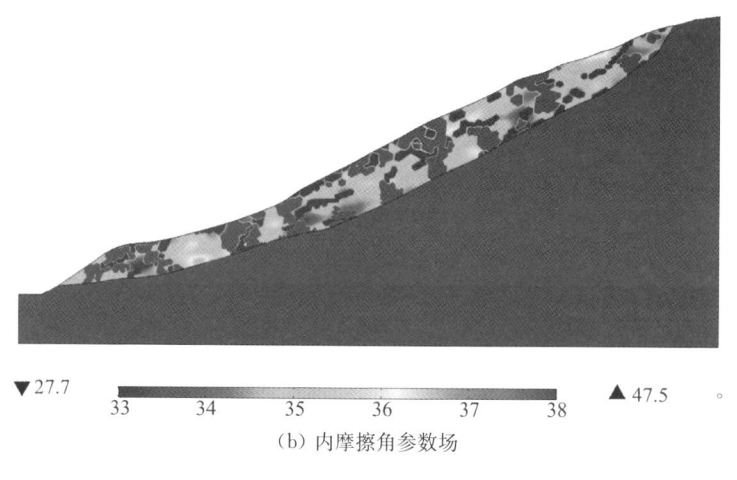

(b) 内摩擦角参数场

图 5-7　随机模拟参数场

5.2.4　大华滑坡有限元方法非确定性分析结果

为了得到大华滑坡的失效概率进行了蒙特卡洛模拟。模拟结果表明，大华滑坡存在三种典型的破坏模式，如图 5-8 所示。当安全系数小于 1.0 时，塑性区分布如图 5-8(a)所示，失稳模式为局部失稳，等效塑性应变仅在个别点出现较大值。当安全系数在 1.0 到 1.3 之间时，如图 5-8(b)所示，等效塑性应变在较多点达到较大值，其中最大值出现在滑坡体中部。当安全系数大于 1.3 时，如图 5-8(c)所示，失效模式转变为整体失稳，等效塑性应变较大区域从坡体中下部贯穿至坡体中上部，塑性应变最大值位于坡体前缘，表现出牵引式滑坡的变形特点。该计算结果与现场踏勘观测到的裂缝发育情况一致，如图 5-9 所示，裂缝主要分布于滑坡前缘，部分裂缝宽度达 15 cm，且裂缝长度约为 50 m。

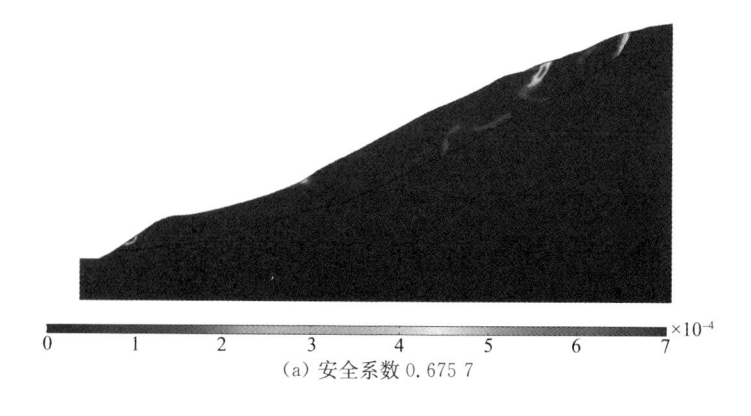

0　1　2　3　4　5　6　7　×10⁻⁴

(a) 安全系数 0.675 7

(b) 安全系数 1.041 7

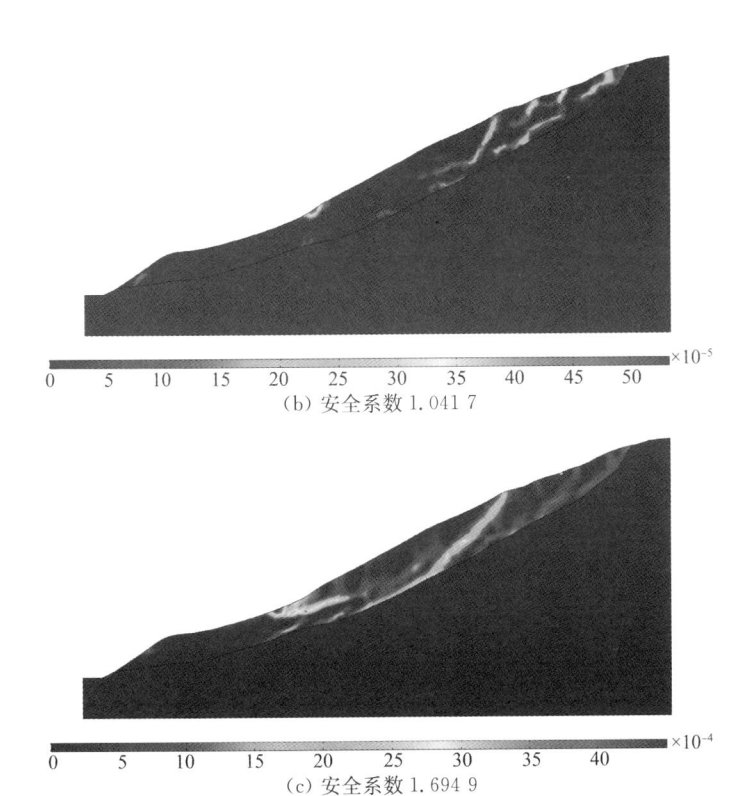

(c) 安全系数 1.694 9

图 5-8 大华滑坡三种典型破坏模式

图 5-9 大华滑坡裂缝发育情况

图 5-10 为统计分析蒙特卡洛计算结果得到的安全系数频率直方图。从图中可以看出,安全系数小于 1.0 的概率为 45.0%,整体失稳的概率为 28.0%。

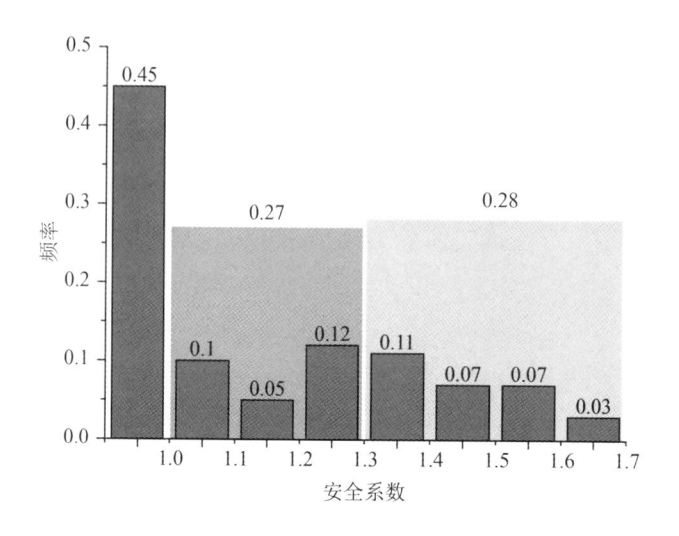

图 5-10 安全系数频率直方图

以上研究基于地质统计学随机模拟,进行了大型堆积体滑坡的非确定性分析。单正态方程模拟用来研究潜在滑面位置的不确定性,序贯指示模拟研究土石混合体结构的不确定性,序贯高斯模拟研究土体参数的空间变异性。通过蒙特卡洛方法研究大型堆积体滑坡的失效概率。

大华滑坡的不确定性分析表明,大华滑坡存在三种主要的破坏模式,当安全系数小于 1.0 时,发生局部破坏;当安全系数在 1.0～1.3 之间时,坡体中部局部区域发生破坏;当安全系数大于 1.3 时,坡体表现为整体失稳破坏。大华滑坡失效概率为 45.0%,失效模式主要为局部破坏;发生整体失稳破坏的概率为 28.0%。综合分析结果可知,大华滑坡中下部为整个滑坡最危险的区域,需要进一步加强监测预警。

5.3 基于离散元的大华滑坡非确定性分析

大型堆积体滑坡往往存在几百毫米,甚至上千毫米的大变形,且随着变形的加剧易产生大量的裂缝,变形破坏严重。有限元分析基于连续介质力学,在大变形分析及裂隙分析方面存在不足,基于地质统计学随机模拟方法,进行了离散元的非确定性分析研究。离散元计算基于开源离散元计算软件 MatDEM 进行,该软件基于原创的矩阵离散元计算法,实现了工程尺度的离散元数值分析。基于离散元的非确定性分析方法,主要考虑了潜在滑面位置的不确定性及土石混合结构的不确定性对堆积体滑坡安全性的影响。同样,对于大华滑坡 1-1′ 剖面,运用基于地质统计学随机模拟的离散元非确定性分析方法可以研究其稳定性。

5.3.1 计算流程

大型离散元模拟软件 MatDEM 是高性能离散元计算程序[54]。由于采用了 GPU 矩阵计算,其计算效率高于传统基于 CPU 计算的离散元计算程序。基于 MatDEM 的非确定性分析,主要可以分为以下步骤:

(1) 根据工程的实际尺寸建立模型箱,通过模拟重力沉积过程,建立基本的初始地层堆积模型。

(2) 生成考虑不确定性影响因素的离散元模型。根据滑坡地质条件,可以确定滑坡的尺寸,生成与实际坡体几何形状一致的离散元模型。运用 Mat-DEM 模块化建模的切割函数可以将离散元模型分为上部堆积体和下部基岩两个部分。利用地质统计学随机模拟生成的随机云图,通过切割函数可以将上部堆积体分为潜在滑带、土体、块石三个部分。将随机生成的模型进行蒙特卡洛分析,可以得到基于随机模拟的离散元非确定性分析结果。

(3) 对步骤(2)得到的蒙特卡洛模拟结果进行统计分析。

基于离散元的随机模拟非确定性分析方法流程图如图 5-11 所示。

5.3.2 离散元非确定性因素模拟方法

大华滑坡潜在滑面位置的模拟基于前期现场测斜孔监测资料,大华滑坡 1-1′ 剖面存在七个可能滑面的位置。潜在滑面位置的模拟同样利用地质统计学随机模拟中的单正态方程模拟进行。随机生成的两张潜在滑面位置云图如图 5-12 所示,图中黑色条带为可能的潜在滑带的位置,白点位置为根据现场监测结果确定的潜在滑面的位置。该七个白点的位置作为条件数据输入单正态方程模拟程序,可以看出任一潜在裂隙云图均通过白点的位置。

土石混合结构模拟同样采用地质统计学随机模拟中的序贯指示模拟进行,随机生成的两个土石混合结构云图如图 5-13 所示。根据大华地质调查结果,其堆积体含石量为 30% 左右。

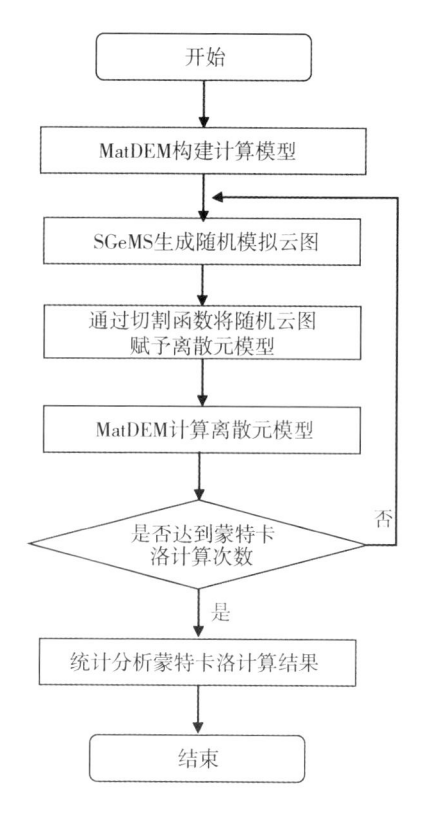

图 5-11　离散元随机模拟计算流程图

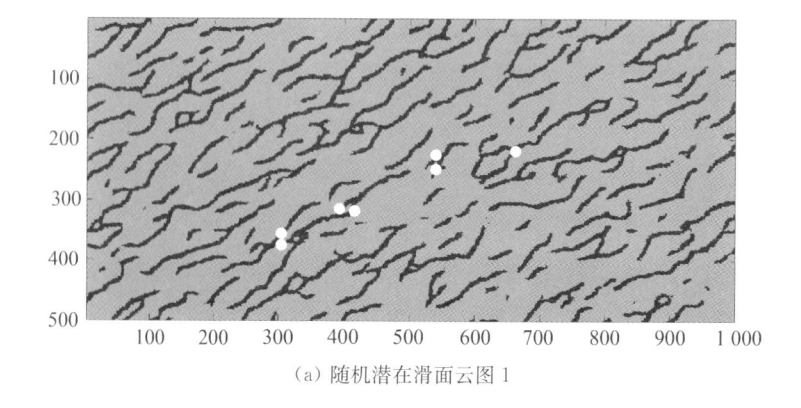

(a) 随机潜在滑面云图 1

（b）随机潜在滑面云图 2

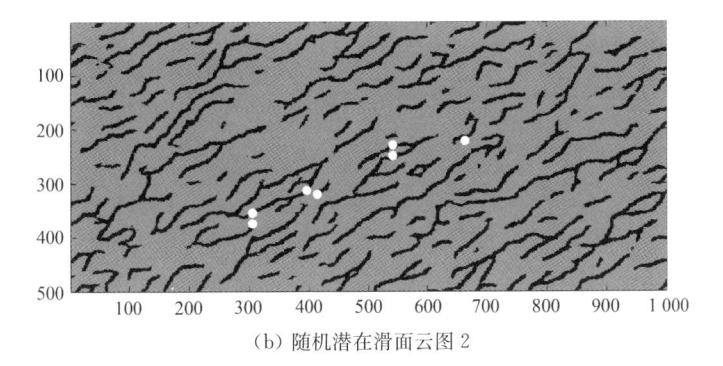

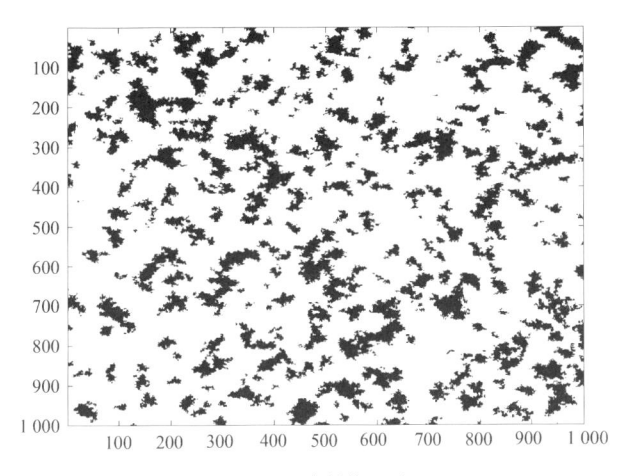

图 5-12 两个随机潜在滑面云图

（a）土石混合结构云图 1

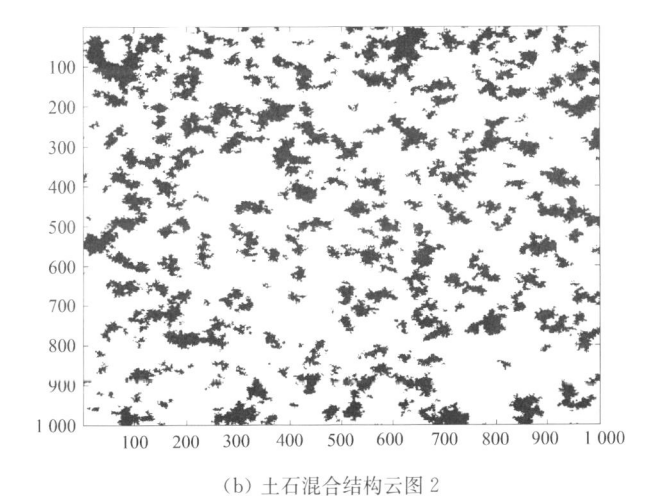

（b）土石混合结构云图 2

图 5-13 两个随机土石混合结构云图

5.3.3 大华滑坡离散元方法非确定性分析结果

基于随机潜在滑面和随机土石混合结构离散元模型，在 MatDEM 中进行了蒙特卡洛模拟。其中一个大华滑坡离散元计算模型如图 5-14 所示。图中深色条带为潜在滑带位置，深色块体为块石分布区域，浅色区域为土体位置。

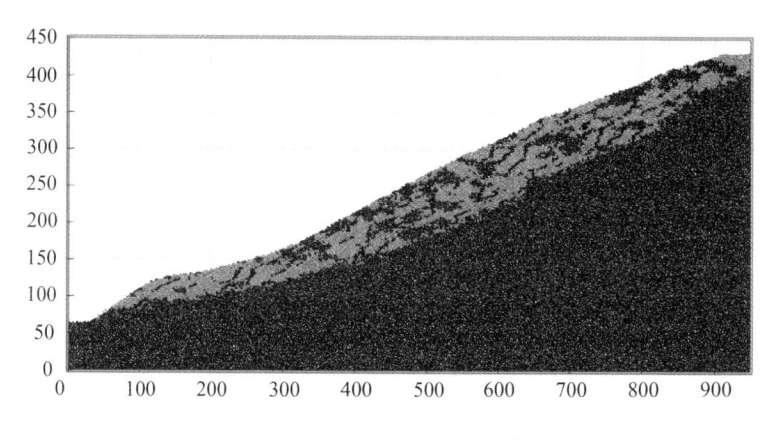

图 5-14　大华滑坡离散元模型

为了研究大华滑坡 1-1′剖面的稳定性，进行了蒙特卡洛模拟。对模拟结果中颗粒位移情况进行统计分析，以研究大华滑坡的变形破坏规律，统计结果如图 5-15 所示。其中位移大于 0 m 的颗粒占 84.5%；位移大于 0.1 m 的颗粒占比为 16.0% 至 25.0%；位移大于 0.2 m 的颗粒占比为 2.0% 至 5.0%；位移大于 0.3 m 的颗粒占比非常小；有极少数颗粒位移大于 0.5 m。由统计结果可以看出，大华滑坡颗粒总体位移非常小，个别颗粒位移大于 0.5 m。

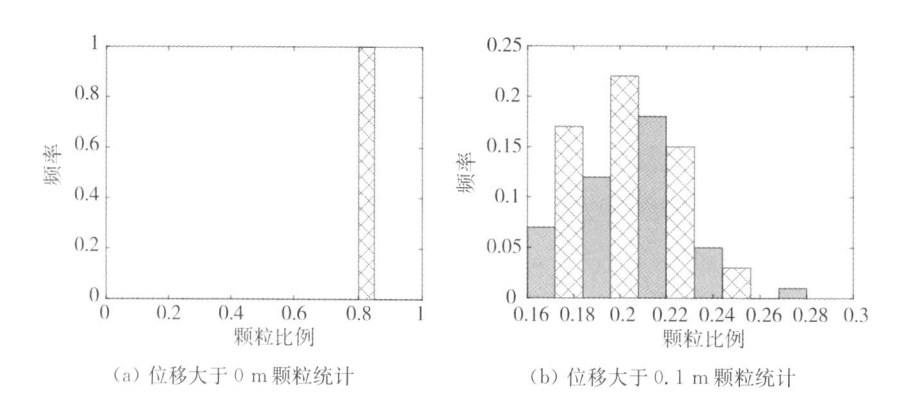

(a) 位移大于 0 m 颗粒统计

(b) 位移大于 0.1 m 颗粒统计

(c) 位移大于 0.2 m 颗粒统计　　　　　　(d) 位移大于 0.3 m 颗粒统计

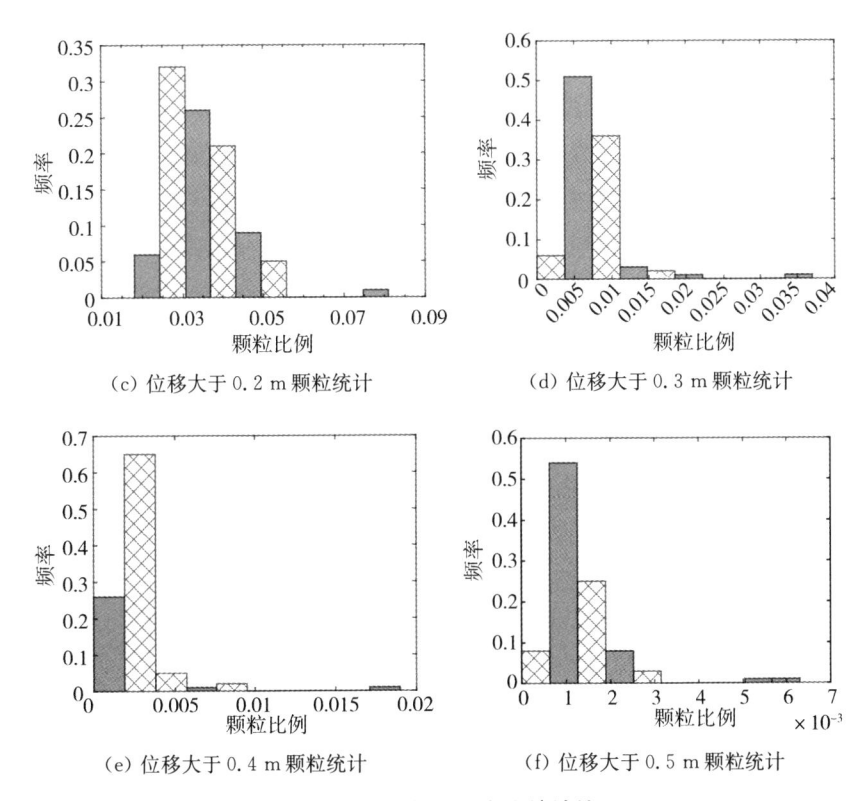

(e) 位移大于 0.4 m 颗粒统计　　　　　　(f) 位移大于 0.5 m 颗粒统计

图 5-15　各颗粒位移占比统计结果

根据统计分析结果,得到大华滑坡位移最大时的云图,如图 5-16 所示,其位移大于 0.5 m 的颗粒占总数的 0.62%。最大位移位于坡脚位置,为图中三角形标注区域。这种情况下的力链断裂情况如图 5-17 所示,三角形标注区域

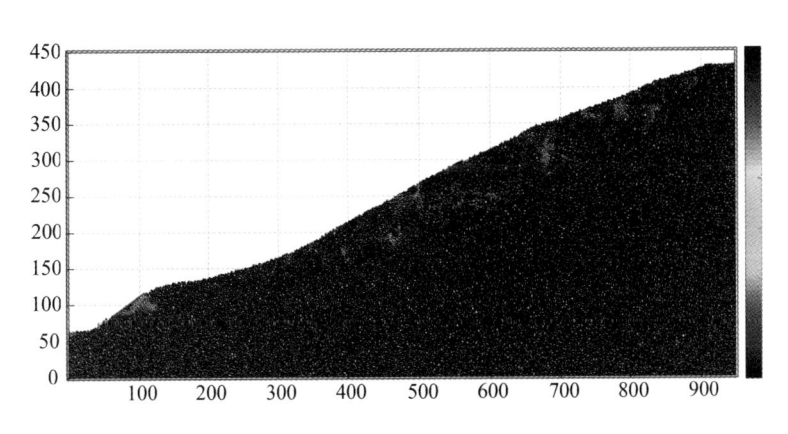

图 5-16　大华滑坡位移云图

第五章　大华滑坡随机模拟非确定性分析　147

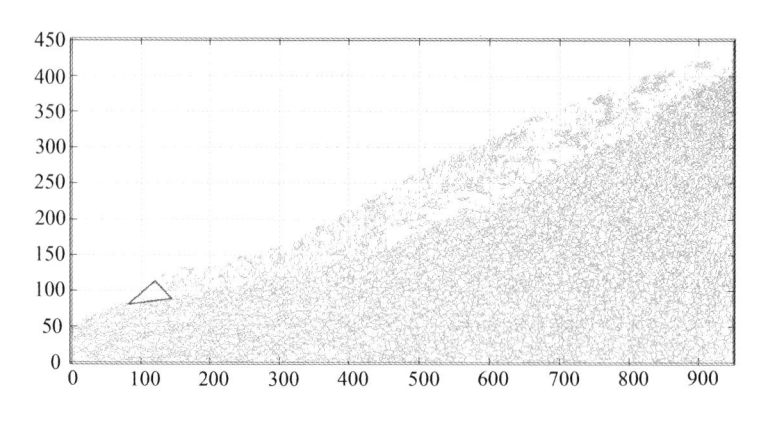

图 5-17　大华滑坡位移最大情况颗粒间力链云图

表示颗粒之间的连接情况，从图中可以看出坡脚处颗粒间的连接断裂。基于以上分析可知，大华滑坡坡脚处为较危险区域，该分析结果与有限元非确定性分析结果以及现场踏勘结果一致。

5.4　小结

基于地质统计学的相关理论，研究了基于地质统计学的有限元非确定性分析方法和离散元非确定性分析方法。

（1）基于地质统计学随机模拟，进行了大型堆积体滑坡的非确定性分析。单正态方程模拟用来研究潜在滑面位置的不确定性，序贯指示模拟研究土石混合体结构的不确定性，序贯高斯模拟研究土体参数的空间变异性。通过蒙特卡洛方法研究大型堆积体滑坡的失效概率。

（2）提出了基于地质统计学随机模拟的有限元非确定性分析方法，进行了大华滑坡的有限元不确定性分析。研究表明，大华滑坡存在三种主要的破坏模式，当安全系数小于1.0时，发生局部破坏；当安全系数在1.0至1.3之间时，坡体中部局部区域发生破坏；当安全系数大于1.3时，坡体表现为整体失稳破坏。大华滑坡失效概率为45.0%，失效模式主要为局部破坏；发生整体失稳破坏的概率为28.0%。由分析结果可知，大华滑坡中下部为整个滑坡最危险的区域，需要进一步加强监测预警。

（3）提出了基于地质统计学随机模拟的离散元非确定性分析方法，考虑了潜在滑面位置及土石混合结构的不确定性。地质统计学随机模拟方法基于有限的地质资料,构建与现场相符的地质模型。通过单正态方程模拟生成潜在滑面位置云图,通过序贯指示模拟生成土石混合体随机云图。两种云图导入离散元分析软件 MatDEM 进行蒙特卡洛模拟。

(4) 以大华滑坡 1-1′剖面进行了离散元案例分析。蒙特卡洛模拟结果表明:大华滑坡整体位移较小,个别颗粒位移大于 0.5 m。分析其中位移最大时的云图,大华滑坡坡脚处位移较大,该处颗粒间力链断裂较多。模拟结果与有限元非确定性分析及现场踏勘结果相符,大华滑坡前缘分布有大量裂隙。基于非确定性分析结果,应加强大华滑坡前缘变形破坏的监测预警。

第六章 大华滑坡安全性区间分析研究

本章通过案例验证并结合大华滑坡的工程实际,考虑了滑坡岩土体参数的区间不确定性,研究了滑坡区间极限平衡法和区间有限元滑面应力法的安全系数区间扩张问题。在此基础上,探讨了粒子群优化算法解决该扩张问题的有效性,提出了基于粒子群优化算法的区间极限平衡法和基于粒子群优化算法的滑坡区间有限元滑面应力法,为基于区间理论的非确定性滑坡评价方法的研究奠定了基础。

6.1 区间极限平衡分析

6.1.1 滑坡区间极限平衡理论

采用区间运算法则进行滑坡区间极限平衡求解时,将原本相同的区间参数看作取值范围相同的不同区间参数,容易造成安全系数区间扩张[55][56]。考虑到粒子群优化算法在迭代的每一步,不同位置的同一区间参数均取相同的值,可以有效避免以上问题,将粒子群优化算法引入到区间极限平衡法,以安全系数计算公式作为粒子群优化算法的适应度函数,寻求安全系数的最小值和最大值。将滑坡各岩土层的黏聚力、内摩擦角和有效重度作为粒子群优化算法的搜索变量,各参数的区间范围为作为粒子群优化算法的解空间。根据滑坡极限平衡计算公式和搜索变量确定安全系数计算公式,作为粒子群优化算法的适应度函数,如下:

(1) 基于粒子群优化算法的区间 Sweden 法。

$$\min F_s = \frac{\sum_{i=p,q,r,\cdots} \left[\sum_{j=1}^{n_i} (\tilde{c}_i l_{ij} + \sum_{k=g}^{i} \tilde{\gamma}_k h_{ijk} b_{ij} \cos \alpha_{ij} \tan \tilde{\varphi}_i) \right]}{\sum_{i=p,q,r,\cdots} \sum_{j=1}^{n_i} \sum_{k=g}^{i} \tilde{\gamma}_k h_{ijk} b_{ij} \sin \alpha_{ij}} \quad (6-1)$$

$$\max F_s = \frac{\sum_{i=p,q,r,\cdots} \left[\sum_{j=1}^{n_i} (\tilde{c}_i l_{ij} + \sum_{k=g}^{i} \tilde{\gamma}_k h_{ijk} b_{ij} \cos \alpha_{ij} \tan \tilde{\varphi}_i) \right]}{\sum_{i=p,q,r,\cdots} \sum_{j=1}^{n_i} \sum_{k=g}^{i} \tilde{\gamma}_k h_{ijk} b_{ij} \sin \alpha_{ij}} \quad (6-2)$$

(2) 基于粒子群优化算法的区间 Bishop 法。

$$\min F_s = \frac{\sum\limits_{i=p,q,r,\cdots}\{\sum\limits_{j=1}^{n_i}[(\widetilde{c}_i l_{ij}\cos\alpha_{ij} + \sum\limits_{k=g}^{i}\widetilde{\gamma}_k h_{ijk} b_{ij}\tan\widetilde{\varphi}_i)/\widetilde{m}_{ij}]\}}{\sum\limits_{i=p,q,r,\cdots}\sum\limits_{j=1}^{n_i}\sum\limits_{k=g}^{i}\widetilde{\gamma}_k h_{ijk} b_{ij}\sin\alpha_{ij}}$$

(6-3)

$$\max F_s = \frac{\sum\limits_{i=p,q,r,\cdots}\{\sum\limits_{j=1}^{n_i}[(\widetilde{c}_i l_{ij}\cos\alpha_{ij} + \sum\limits_{k=g}^{i}\widetilde{\gamma}_k h_{ijk} b_{ij}\tan\widetilde{\varphi}_i)/\widetilde{m}_{ij}]\}}{\sum\limits_{i=p,q,r,\cdots}\sum\limits_{j=1}^{n_i}\sum\limits_{k=g}^{i}\widetilde{\gamma}_k h_{ijk} b_{ij}\sin\alpha_{ij}}$$

(6-4)

$$\widetilde{m}_{ij} = \cos\alpha_{ij} + \tan\widetilde{\varphi}_i \times \sin\alpha_{ij}/\widetilde{F}_s \quad (6-5)$$

(3) 基于粒子群优化算法的区间 Janbu 法。

$$\min F_s = \frac{\sum\limits_{i=p,q,r,\cdots}[\sum\limits_{j=1}^{n_i}(\{\widetilde{c}_i l_{ij}\cos\alpha_{ij} + [\sum\limits_{k=g}^{i}(\widetilde{\gamma}_k h_{ijk} b_{ij}) + \widetilde{X}_{ij}]\tan\widetilde{\varphi}_i\}/\widetilde{m}_{ij}\cos\alpha_{ij})]}{\sum\limits_{i=p,q,r,\cdots}\sum\limits_{j=1}^{n_i}[\sum\limits_{k=g}^{i}(\widetilde{\gamma}_k h_{ijk} b_{ij}) + \widetilde{X}_{ij}]\tan\alpha_{ij}}$$

(6-6)

$$\max F_s = \frac{\sum\limits_{i=p,q,r,\cdots}[\sum\limits_{j=1}^{n_i}(\{\widetilde{c}_i l_{ij}\cos\alpha_{ij} + [\sum\limits_{k=g}^{i}(\widetilde{\gamma}_k h_{ijk} b_{ij}) + \widetilde{X}_{ij}]\tan\widetilde{\varphi}_i\}/\widetilde{m}_{ij}\cos\alpha_{ij})]}{\sum\limits_{i=p,q,r,\cdots}\sum\limits_{j=1}^{n_i}[\sum\limits_{k=g}^{i}(\widetilde{\gamma}_k h_{ijk} b_{ij}) + \widetilde{X}_{ij}]\tan\alpha_{ij}}$$

(6-7)

$$\widetilde{m}_{ij} = \cos\alpha_{ij} + \tan\widetilde{\varphi}_i \times \sin\alpha_{ij}/\widetilde{F}_s \quad (6-8)$$

式中：$i=p,q,r,\cdots$ 指与滑面相交的岩土层编号；$j=1,2,\cdots,n_i$，n_i 指第 i 个岩土层与滑面相交处的条块总数；$k=g,g+1,\cdots,i$，g 指 j 个条块顶部岩土层编号；l_{ij}、b_{ij} 和 α_{ij} 分别为第 i 个岩土层与滑面相交处的第 j 个条块的底面弧长、宽度和倾角；h_{ijk} 为第 i 个岩土层与滑面相交处的第 j 个条块内部的第 k 个岩土层；$\widetilde{\gamma}_k$ 为第 k 个岩土层的有效重度区间变量；$\widetilde{c}_i$ 和 $\widetilde{\varphi}_i$ 为第 i 个岩土层的黏聚力区间变量和内摩擦角区间变量。

6.1.2 函数测试

函数 $f(x_1,x_2,x_3)$ 在区间向量 $\boldsymbol{x}^I = ([1,2],[5,10],[2,3])$ 上的精确值

域为[−7,−2.444](将分数−22/9化为小数−2.444)。运用区间运算法则求得的值域为[−12,−1.333],远大于精确值域[−7,−2.444],造成区间扩张。

采用粒子群优化算法对该区间函数进行求解,最终搜索到的最小值和最大值(即函数值域的最小值和最大值)及其对应的 x_1、x_2、x_3 如表6-1所示,最小值和最大值进化曲线如图6-1所示,全局最优粒子对应的参数进化曲线如图6-2所示。

表6-1 基于粒子群优化算法最终搜索的最小值和最大值及其对应的参数值

计算结果	x_1	x_2	x_3
$f_{min}=-7.000$	2.000	5.000	3.000
$f_{max}=-2.444$	1.000	10.000	2.000

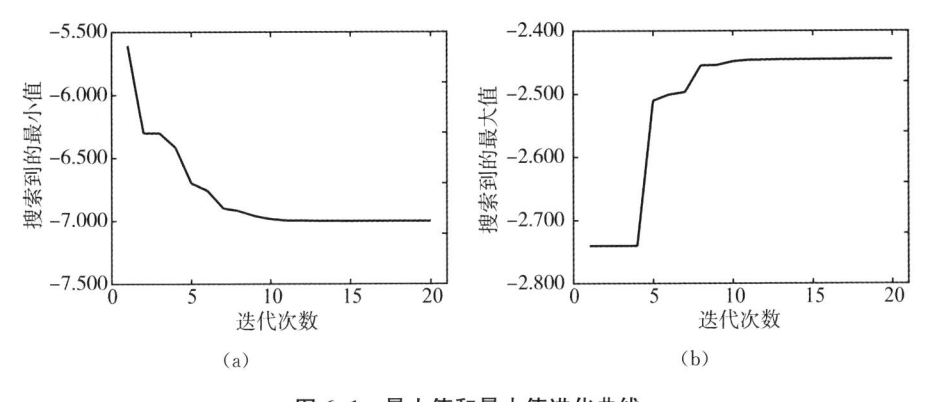

图6-1 最小值和最大值进化曲线

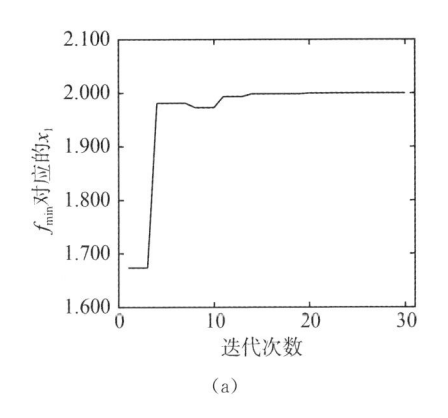

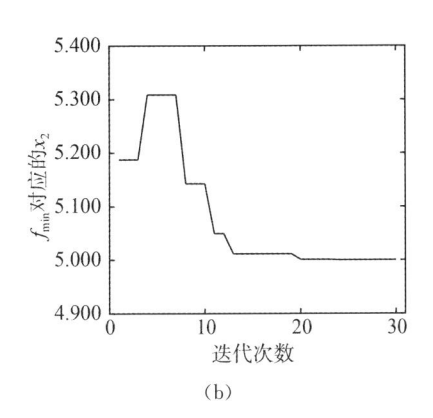

第六章 大华滑坡安全性区间分析研究

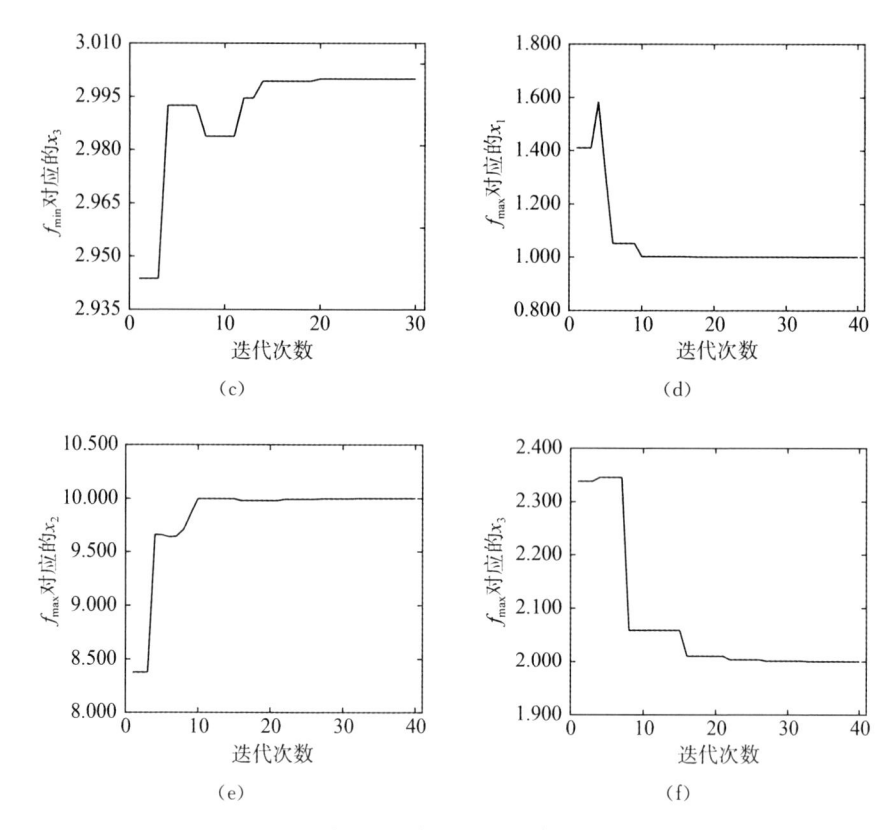

图 6-2　全局最优粒子对应的参数进化曲线

由表 6-1 可知,采用粒子群优化算法计算的函数值域与精确值域一致,且最小值对应的 x_1 为其参数区间的下限值 2、x_2 为其参数区间的上限值 5、x_3 为其参数区间的下限值 3,最大值对应的 x_1 为其参数区间的上限值 1、x_2 为其参数区间的下限值 10、x_3 为其参数区间的上限值 2。由此看来,粒子群优化算法能够精确搜索到最小值和最大值及其对应的参数值,其计算值域为精确值域,有效地解决了区间函数计算结果扩张的问题。

6.1.3　考题验证

对澳大利亚计算机应用协会(ACADS)研究考题 EX11[57]进行了分析。边坡剖面几何特征如图 6-3 所示,材料特性见表 6-2,问卷答案统计成果见表 6-3,推荐的裁判答案为 1.000。

(30,15)　　　　　　(50,15)

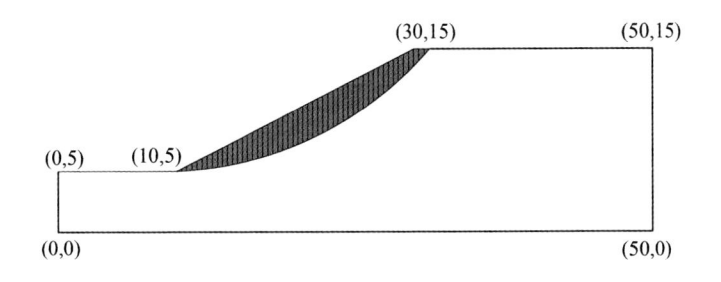

(0,5)　(10,5)

(0,0)　　　　　　　　(50,0)

图 6-3　EX11 考题边坡剖面[57]

表 6-2　EX11 边坡材料参数[57]

考核题	γ(kN/m³)	c(kN/m²)	φ(°)
EX11	20.000	3.000	19.600

表 6-3　问卷答案统计成果[57]

考核题	分析方法	安全系数 均值	标准差	FMIN	FMAX	提交答案总数
EX11	(ALL)	0.991	0.031	0.940	1.080	32
	BISHOP	0.993	0.015	0.960	1.030	18
	JANBU	0.978	0.041	0.940	1.043	7

采用基于粒子群优化算法的滑坡区间极限平衡法进行 EX11 边坡稳定性分析,考虑到不同读数误差、仪器量测精度等情况,令容重、黏聚力和内摩擦角误差半径分别为表 6-2 中材料参数的 0%、1%、5%、10%,见表 6-4。计算所得最小安全系数和最大安全系数如表 6-5 所示,安全系数最值对应的材料参数如表 6-6 所示。

表 6-4　考虑误差半径的材料参数区间

误差	材料参数		
	γ(kN/m³)	c(kN/m²)	φ(°)
0%	20.000	3.000	19.600
1%	[19.800,20.200]	[2.9700,3.030]	[19.400,19.800]
5%	[19.000,21.000]	[2.8500,3.150]	[18.620,20.580]
10%	[18.000,22.000]	[2.7000,3.300]	[17.640,21.560]

将计算结果对比可知,在区间半径误差为 0%、1%、5%、10%时,采用基于粒子群优化算法的区间 Fellenius/Sweden 极限平衡法计算的安全系数均值分

表 6-5 基于粒子群优化算法的区间极限平衡法计算结果

误差	方法	最小安全系数	最大安全系数	平均值
0%	Fellenius/Sweden	0.954		0.954
	Bishop	0.986		0.986
	Janbu	0.985		0.985
1%	Fellenius/Sweden	0.942	0.966	0.954
	Bishop	0.973	0.998	0.986
	Janbu	0.972	0.997	0.985
5%	Fellenius/Sweden	0.895	1.016	0.956
	Bishop	0.925	1.049	0.987
	Janbu	0.924	1.048	0.986
10%	Fellenius/Sweden	0.837	1.080	0.959
	Bishop	0.866	1.116	0.991
	Janbu	0.865	1.114	0.990

表 6-6 最小安全系数和最大安全系数对应的材料参数

误差	取最小安全系数时对应的材料参数			取最大安全系数时对应的材料参数		
	$\gamma(kN/m^3)$	$c(kN/m^2)$	$\varphi(°)$	$\gamma(kN/m^3)$	$c(kN/m^2)$	$\varphi(°)$
1%	20.200	2.970	19.400	19.800	3.030	19.400
5%	21.000	2.850	18.620	19.000	3.150	20.580
10%	22.000	2.700	17.640	18.000	3.300	21.560

别为 0.954、0.954、0.956、0.959,均在问卷答案统计成果所有方法(ALL)的安全系数区间范围[0.940,1.080]以内,与所有方法的均值 0.991 误差在 0.040 以内,且与裁判推荐答案的误差均在 0.050 以内;采用基于粒子群优化算法的区间 Bishop 极限平衡法计算的安全系数分别为 0.986、0.986、0.987、0.991,均在问卷答案统计成果 Bishop 法的安全系数区间范围[0.960,1.030]以内,与Bishop 法的均值 0.993 误差在 0.010 以内,且与裁判推荐答案的误差均在0.020以内;采用基于粒子群优化算法的区间 Janbu 极限平衡法计算的安全系数分别为 0.985、0.985、0.986、0.990,均在问卷答案统计成果 Janbu 法的安全系数区间范围[0.940,1.043]以内,与 Janbu 法的均值 0.978 误差在 0.020 以内,且与裁判推荐答案 1.000 的误差均在 0.020 以内。最小安全系数由土层重度上限值、黏聚力以及内摩擦角的下限值计算所得,最大安全系数由土层重度下限值、黏聚力以及内摩擦角的上限值计算所得。由此可见,使用基于粒子群

优化算法的区间极限平衡法求得的安全系数与裁判推荐答案几乎一致,是合理有效的。

6.1.4 大华滑坡区间极限平衡分析

选取大华滑坡典型剖面进行区间极限平衡分析,根据剖面位移监测成果确定出滑坡最危险圆弧形滑面,采用竖直条块划分滑体,如图 6-4 所示。滑体部分包括水位线以上的天然堆积碎石夹土和水位线以下的饱和堆积碎石夹土,不确定性变量包括:堆积碎石夹土天然状态下的容重、黏聚力和内摩擦角以及饱和状态下的容重、黏聚力和内摩擦角,对应的区间范围如表 6-7 所示。

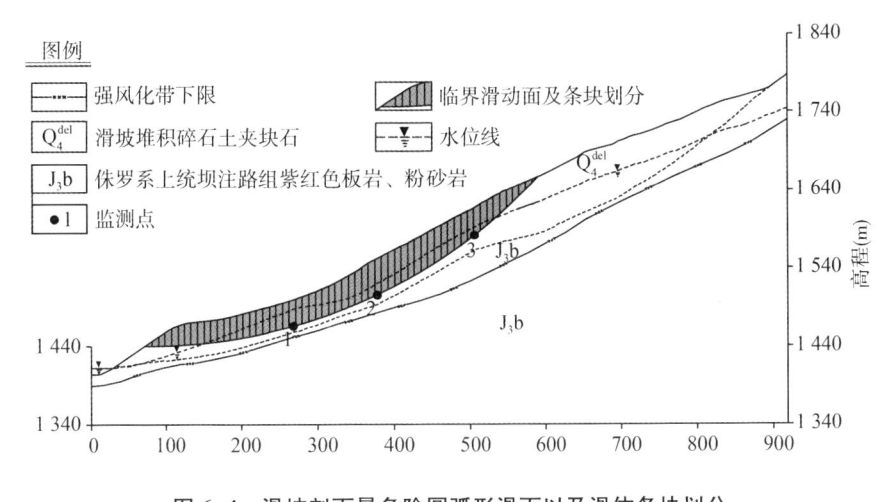

图 6-4 滑坡剖面最危险圆弧形滑面以及滑体条块划分

表 6-7 滑体材料参数区间

岩土层	材料参数区间		
	γ (kN/m³)	c (kN/m²)	φ (°)
滑体水位线上部土体	[22.000,23.000]	[18.000,22.000]	[25.000,29.000]
滑体水位线下部土体	[23.000,25.000]	[10.000,15.000]	[22.000,26.000]

将上述不确定性变量作为粒子群优化算法的搜索变量,变量的区间范围作为粒子的搜索空间。计算发现,极限平衡法迭代 30 次时安全系数已基本稳定,最小安全系数和最大安全系数进化曲线如图 6-5 所示,算法最终搜索的最小安全系数和最大安全系数如表 6-8 所示,三种极限平衡法计算所得最小安全系数

和最大安全系数对应的材料参数均相同,如表 6-9 所示。

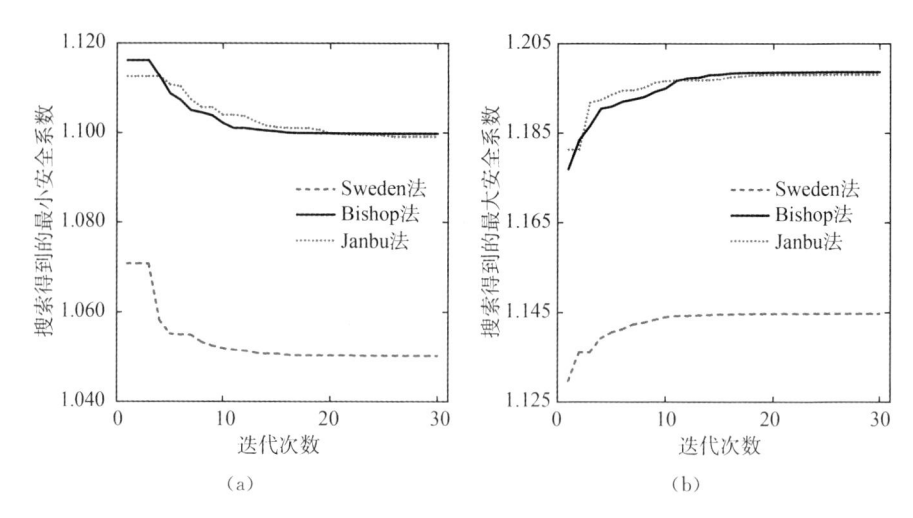

图 6-5　安全系数进化曲线

表 6-8　基于粒子群优化算法的区间极限平衡法计算结果

极限平衡法	最小安全系数	最大安全系数	平均值
Fellenius/Sweden 法	1.072	1.306	1.189
Bishop 法	1.124	1.369	1.246
Janbu 法	1.123	1.369	1.246

表 6-9　最小安全系数和最大安全系数对应的材料参数

岩土层	最小安全系数对应的材料参数			最大安全系数对应的材料参数		
	γ (kN/m³)	c (kN/m²)	φ (°)	γ (kN/m³)	c (kN/m²)	φ (°)
滑体水位线上部土体	23.000	18.000	25.000	22.000	22.000	29.000
滑体水位线下部土体	25.000	10.000	22.000	23.000	15.000	26.000

基于粒子群优化算法的区间 Fellenius/Sweden 法计算得到的最小安全系数和最大安全系数均小于 Bishop 法和 Janbu 法,分别为 1.072 和 1.306;基于粒子群优化算法的区间 Bishop 法计算得到的最小安全系数和最大安全系数均大于 Fellenius/Sweden 法和 Janbu 法,分别为 1.124 和 1.369;基于粒子群优化算法的区间 Janbu 法计算得到的最小安全系数和最大安全系数处于两者之间,分别为 1.123、最大安全系数为 1.369。这三种区间极限平衡法计算得到的最小安全系数(即最不利参数组合下的安全系数)仅有 1.072、最大安全系数(即最利参数组合下的安全系数)为 1.369,均为大华滑坡自然工况

下的极限平衡安全系数。考虑到降雨工况和库水位变动工况下岩土体材料参数将进一步弱化，该滑坡很有可能会发生失稳破坏，应采取相应措施对其进行防护处理。

6.2 区间有限元分析

6.2.1 滑坡区间有限元滑面应力法

将粒子群优化算法引入到区间有限元滑面应力法，以安全系数计算公式作为粒子群优化算法的适应度函数，滑坡各岩土层的不确定性参数作为算法的搜索变量，各参数的区间范围作为算法的解空间，以搜索滑坡最大安全系数和最小安全系数，即为安全系数区间的上下限。其中，岩土体不确定性参数包括弹性模量 E、泊松比 v、天然容重 γ_{nat}、饱和容重 γ_{sat}、天然状态下的黏聚力 c_{nat} 和内摩擦角 φ_{nat}、饱和状态下的黏聚力 c_{sat} 和内摩擦角 φ_{sat}，算法的解空间为（$[\underline{E},\overline{E}]$，$[\underline{v},\overline{v}]$，$[\underline{\gamma}_{nat},\overline{\gamma}_{nat}]$，$[\underline{\gamma}_{sat},\overline{\gamma}_{sat}]$，$[\underline{c}_{nat},\overline{c}_{nat}]$，$[\underline{\varphi}_{nat},\overline{\varphi}_{nat}]$，$[\underline{c}_{sat},\overline{c}_{sat}]$，$[\underline{\varphi}_{sat},\overline{\varphi}_{sat}]$）。

图 6-6 为滑坡剖面示意图及滑面单元应力示意图，根据滑坡有限元滑面应力法的安全系数计算公式和不确定性参数确定滑坡区间安全系数计算公式，作为粒子群优化算法的适应度函数，如式(6-9)和式(6-10)所示。

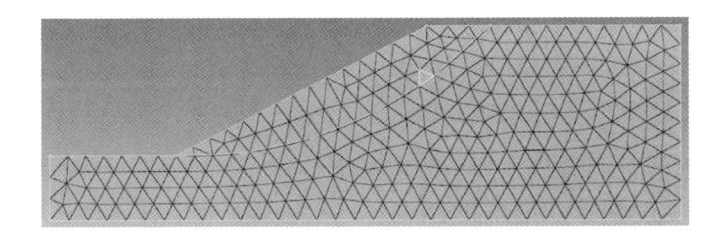

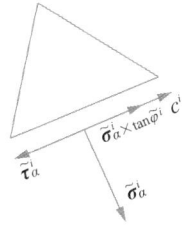

图 6-6　滑坡剖面示意图及滑面单元应力示意图

$$F_{s\min}=\frac{\sum_{i=1}^{n}[\widetilde{c}^{i}+\widetilde{\boldsymbol{\sigma}}_{\alpha}^{i}\times\tan\widetilde{\varphi}^{i}]\times l_{i}}{\sum_{i=1}^{n}\widetilde{\tau}_{\alpha}^{i}\times l_{i}} \tag{6-9}$$

$$F_{s\max} = \frac{\sum_{i=1}^{n}\left[\tilde{c}^i + \tilde{\boldsymbol{\sigma}}_a^i \times \tan\tilde{\varphi}^i\right] \times l_i}{\sum_{i=1}^{n}\tilde{\boldsymbol{\tau}}_a^i \times l_i} \quad (6\text{-}10)$$

式中：$i = 1, 2, 3, \cdots, n$，n 为滑面单元总数；$\tilde{c}^i$ 为单元 i 的黏聚力变量；$\tilde{\varphi}^i$ 为单元 i 的内摩擦角变量；$\tilde{\boldsymbol{\sigma}}_a^i$ 和 $\tilde{\boldsymbol{\tau}}_a^i$ 为单元 i 底部的法向应力变量和切应力变量；l_i 为单元 i 底部弧长。

根据滑坡有限元滑面应力法的计算特点和粒子群优化算法的迭代特性，确定基于粒子群优化算法的滑坡区间有限元滑面应力法的计算流程，如下所示：

步骤1：设置粒子群优化算法的参数：粒子总数 p、迭代次数 m、重度因子 ω、学习因子 c_1 和 c_2、服从 $(0,1)$ 分布的随机数 R_1 和 R_2。在 $((0,1), (0,1), \cdots, (0,1))$ 范围内初始化粒子群的速度矢量，在解空间 $([\underline{E}, \overline{E}], [\underline{v}, \overline{v}], [\underline{\gamma}_{\text{nat}}, \overline{\gamma}_{\text{nat}}], [\underline{\gamma}_{\text{sat}}, \overline{\gamma}_{\text{sat}}], [\underline{c}_{\text{nat}}, \overline{c}_{\text{nat}}], [\underline{\varphi}_{\text{nat}}, \overline{\varphi}_{\text{nat}}], [\underline{c}_{\text{sat}}, \overline{c}_{\text{sat}}], [\underline{\varphi}_{\text{sat}}, \overline{\varphi}_{\text{sat}}])$ 范围内初始化粒子群的位置矢量。

步骤2：进行初始迭代，将每个粒子的初始 $\tilde{E}$、$\tilde{v}$、$\tilde{\gamma}$ 代入有限元计算，得到滑面单元 i 底部的 $\tilde{\boldsymbol{\tau}}_a^i$ 和 $\tilde{\boldsymbol{\sigma}}_a^i$，根据适应度函数计算每个粒子的适应度值（即安全系数），判断初始迭代步中所有粒子的最小（大）适应度值及其对应的粒子所在的位置，每个粒子的历史最优位置即为粒子当前的位置。

步骤3：根据速度迭代公式和位置迭代公式更新每个粒子的速度和位置，若更新后的位置超出了解空间的范围，则以上一步迭代中粒子的位置为当前迭代步的位置。

步骤4：以粒子新的速度和位置进行再次迭代，将每个粒子更新后的 $\tilde{E}$、$\tilde{v}$、$\tilde{\gamma}$ 代入有限元计算，得到滑面单元 i 底部的 $\tilde{\boldsymbol{\tau}}_a^i$ 和 $\tilde{\boldsymbol{\sigma}}_a^i$，根据适应度函数计算每个粒子的适应度值（即安全系数），判断初始迭代步至当前迭代步中每个粒子的历史最小（大）适应度值及其对应的位置和所有粒子的历史最小（大）适应度值及其对应的粒子所在的位置。

步骤5：重复步骤3和4，直至算法达到设定的迭代次数且最小（大）适应度值稳定不变，此时的最小（大）适应度值即为安全系数区间的下（上）限值。

6.2.2 考题验证

对案例滑坡进行验证分析，其剖面几何特征以及网格单元划分如图6-7所示。弹性模量 $E=1\times 10^5$ kN/m², 泊松比 $v=0.3$, 黏聚力 $c=15$ kN/m², 内摩擦角 $\varphi=20°$, 重度 $\gamma=20$ kN/m³。为验证提出的基于粒子群优化算法的滑坡区间有限元滑面应力法的有效性,取参数区间如表 6-10 所示。

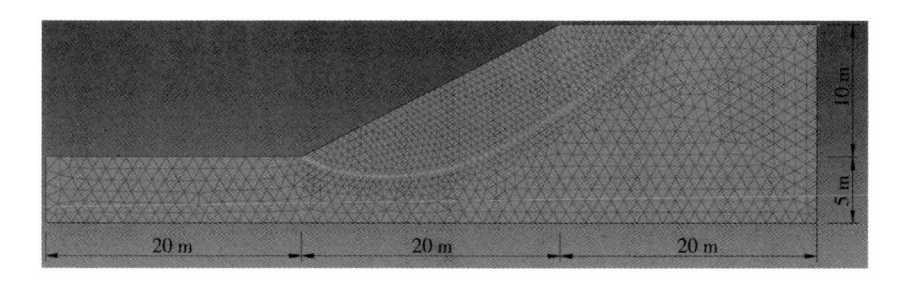

图 6-7 案例滑坡剖面

表 6-10 岩土体参数区间

岩土体参数	$E(\times 10^4$ kN/m²)	v	γ(kN/m³)	c(kN/m²)	φ(°)
参数区间	[9.500, 10.500]	[0.280, 0.320]	[19.500, 20.500]	[14.500, 15.500]	[19.500, 20.500]

粒子群优化算法的参数设置如下:粒子群规模 $p=50$,迭代次数 $m=100$,重度因子 $\omega=0.4$,学习因子 c_1 和 c_2 均取 2,R_1 和 R_2 均为服从(0,1)分布的随机数。算法迭代至 30 次时,计算所得的最小安全系数和最大安全系数及其对应的岩土体参数已基本稳定,其中,每一步迭代得到的最小安全系数和最大安全系数见表 6-11,其随迭代步的优化曲线如图 6-8 所示;每一步迭代得到的最小安全系数和最大安全系数对应的岩土体参数见表 6-12 对应的岩土体参数优化曲线如图 6-9 所示;算法最终搜索得到的最小安全系数和最大安全系数及其对应的岩土体参数如表 6-13 所示。

表 6-11 搜索得到的最小安全系数和最大安全系数(1-30 迭代步)

$t_{1\sim 10}$	F_{smin}	1.615	1.615	1.615	1.615	1.599	1.599	1.599	1.598	1.597	1.593
	F_{smax}	1.688	1.693	1.697	1.708	1.72	1.72	1.721	1.721	1.722	1.722
$t_{11\sim 20}$	F_{smin}	1.593	1.591	1.590	1.590	1.590	1.590	1.590	1.590	1.589	1.589
	F_{smax}	1.722	1.722	1.722	1.722	1.722	1.722	1.722	1.722	1.722	1.722
$t_{21\sim 30}$	F_{smin}	1.589	1.589	1.589	1.589	1.589	1.589	1.589	1.589	1.589	1.589
	F_{smax}	1.722	1.722	1.722	1.722	1.722	1.722	1.722	1.722	1.722	1.722

表 6-12 安全系数最值对应的岩土体参数(1-30 迭代步)

$t_{1\sim 10}$	E_{min}	9.831	9.608	0.313	0.319	20.288	19.748	14.624	15.106	19.657	20.317
	E_{max}	9.831	9.710	0.313	0.283	20.288	19.682	14.624	15.474	19.657	20.225
	v_{min}	9.831	10.206	0.313	0.306	20.288	20.031	14.624	15.366	19.657	20.479
	v_{max}	9.831	9.934	0.313	0.306	20.288	19.678	14.624	15.366	19.657	20.483
	γ_{min}	10.001	9.825	0.304	0.319	20.46	19.537	14.552	15.497	19.537	20.485
	γ_{max}	10.001	9.781	0.304	0.319	20.46	19.537	14.552	15.497	19.537	20.486
	c_{min}	10.001	9.764	0.304	0.319	20.46	19.514	14.552	15.497	19.537	20.486
	c_{max}	10.013	9.757	0.311	0.320	20.445	19.505	14.534	15.497	19.515	20.486
	φ_{min}	10.436	9.754	0.300	0.320	20.445	19.501	14.534	15.500	19.519	20.486
	φ_{max}	10.258	9.789	0.287	0.320	20.465	19.502	14.507	15.492	19.522	20.494
$t_{11\sim 20}$	E_{min}	10.194	10.033	0.290	0.320	20.482	19.507	14.527	15.499	19.506	20.496
	E_{max}	10.416	9.775	0.280	0.320	20.456	19.501	14.511	15.496	19.510	20.498
	v_{min}	10.354	9.802	0.282	0.320	20.486	19.501	14.503	15.498	19.506	20.498
	v_{max}	10.360	9.705	0.281	0.320	20.486	19.500	14.503	15.498	19.503	20.500
	γ_{min}	10.363	9.705	0.281	0.320	20.492	19.500	14.503	15.499	19.502	20.500
	γ_{max}	10.364	9.705	0.280	0.320	20.494	19.500	14.502	15.500	19.502	20.500
	c_{min}	10.364	9.605	0.280	0.320	20.495	19.501	14.501	15.500	19.502	20.500
	c_{max}	10.368	9.705	0.280	0.320	20.495	19.500	14.501	15.500	19.501	20.500
	φ_{min}	10.375	9.646	0.280	0.320	20.499	19.500	14.500	15.500	19.500	20.500
	φ_{max}	10.250	9.660	0.280	0.320	20.499	19.500	14.500	15.500	19.501	20.500
$t_{21\sim 30}$	E_{min}	10.359	9.529	0.280	0.320	20.499	19.500	14.501	15.500	19.500	20.500
	E_{max}	10.219	9.529	0.280	0.320	20.500	19.500	14.501	15.500	19.500	20.500
	v_{min}	10.376	9.539	0.280	0.320	20.500	19.500	14.500	15.500	19.500	20.500
	v_{max}	10.248	9.666	0.280	0.320	20.500	19.500	14.500	15.500	19.500	20.500
	γ_{min}	10.227	9.666	0.280	0.320	20.500	19.500	14.500	15.500	19.500	20.500
	γ_{max}	10.370	9.579	0.280	0.320	20.500	19.500	14.500	15.500	19.500	20.500
	c_{min}	10.216	9.620	0.280	0.320	20.500	19.500	14.500	15.500	19.500	20.500
	c_{max}	10.221	9.636	0.280	0.320	20.500	19.500	14.500	15.500	19.500	20.500
	φ_{min}	10.230	9.642	0.280	0.320	20.500	19.500	14.500	15.500	19.500	20.500
	φ_{max}	10.230	9.636	0.280	0.320	20.500	19.500	14.500	15.500	19.500	20.500

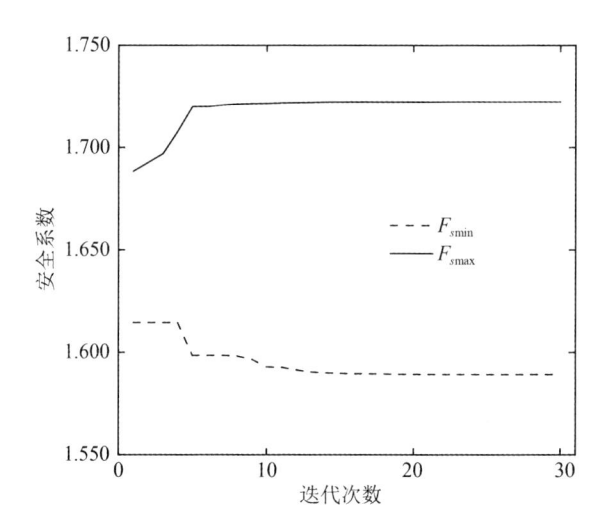

图 6-8 安全系数优化曲线

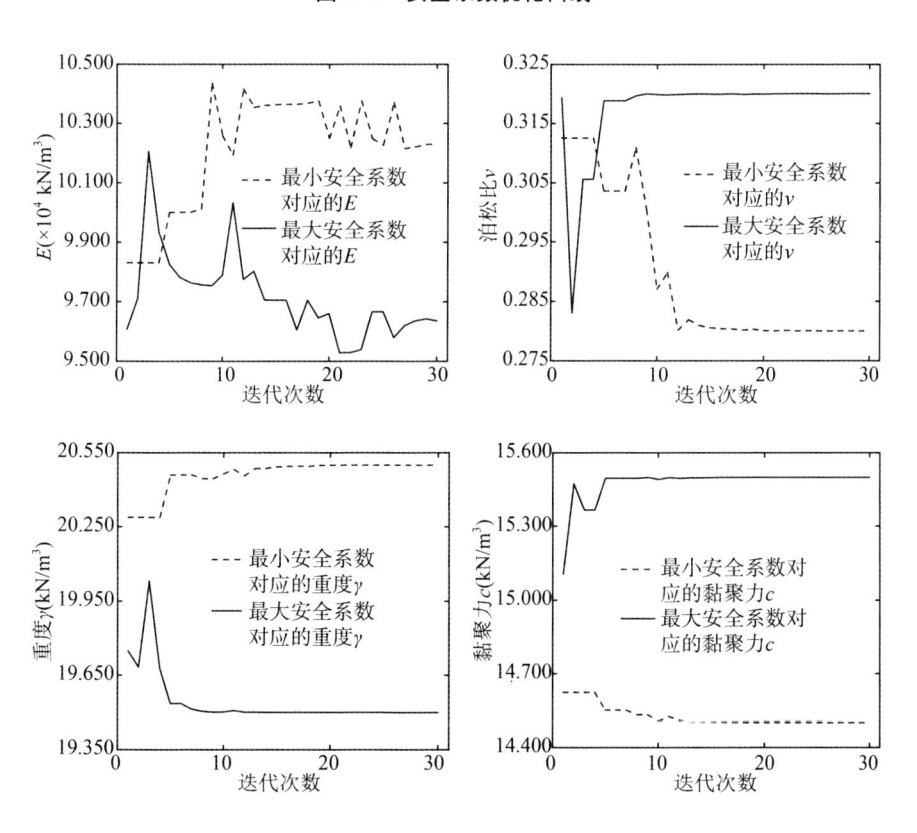

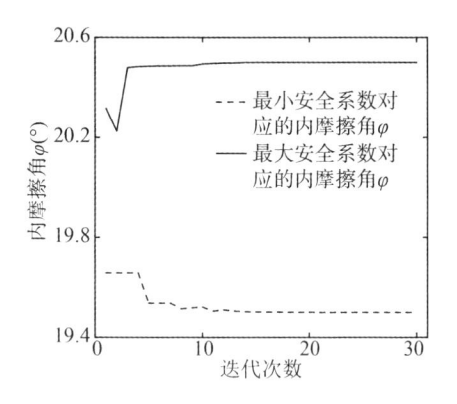

图 6-9　安全系数最值对应的岩土体参数优化曲线

表 6-13　最终搜索得到的安全系数最值及其对应的岩土体参数

安全系数	$E(\times 10^4 \text{ kN/m}^3)$	v	$\gamma(\text{kN/m}^3)$	$c(\text{kN/m}^2)$	$\varphi(°)$
$F_{s\min}=1.589$	10.230	0.280	20.500	14.500	19.500
$F_{s\max}=1.722$	9.636	0.320	19.500	15.500	20.500

由表 6-11 和表 6-13 可知,最小安全系数在第 20 步迭代时已基本稳定,为 1.589;最大安全系数在第 10 步迭代时已基本稳定,为 1.722;基于粒子群优化算法搜索得到的滑坡有限元滑面应力法的最终安全系数区间为[1.589,1.722]。尽管初始迭代步搜索的安全系数最值均与最终搜索的安全系数最值偏差较大,但是在整个迭代过程中,当前安全系数最值均在不断逼近最终搜索的安全系数最值,且收敛速度较快。

由表 6-11 和图 6-9 可知,算法迭代至 20 步时,当前最小安全系数和最大安全系数对应的岩土体参数包括泊松比、重度、黏聚力和内摩擦角均已平稳不变,而弹性模量在整个迭代过程中始终起伏不稳定。此时,当前最小安全系数和最大安全系数已稳定至最终搜索的安全系数最值,由此可见,对于具有不确定性岩土体参数的均质单层滑坡,安全系数区间与弹性模量无关,与泊松比、重度、黏聚力和内摩擦角有关。

由表 6-13 可知,该滑坡最终搜索的安全系数最值对应的岩土体参数为泊松比、重度、黏聚力、内摩擦角的下限和上限的组合,最小安全系数对应的岩土体参数为泊松比的下限、重度的上限、黏聚力的下限和内摩擦角的下限,最大安全系数对应的岩土体参数则相反。由此可见,泊松比越小,重度越大,黏聚力和内摩擦角越小,该滑坡安全系数越小,坡体越不稳定,反之安全系数则越大,坡体越加稳定。

6.2.3 大华滑坡区间有限元分析

对大华滑坡典型剖面进行区间有限元滑面应力分析,根据剖面位移监测成果确定出滑坡最危险圆弧形滑面,滑坡剖面及其有限元网格划分见图 6-10。滑体部分包括水位线以上的天然堆积碎石夹土和水位线以下的饱和堆积碎石夹土,不确定性变量包括:堆积碎石夹土的弹性模量 E_1、泊松比 v_1、天然容重 γ_{nat1}、饱和容重 γ_{sat1}、天然状态下的黏聚力 c_{nat1} 和内摩擦角 φ_{nat1}、饱和状态下的黏聚力 c_{nat2} 和内摩擦角 φ_{nat2}、板岩的弹性模量 E_2、泊松比 v_2、天然容重 γ_{nat2}、饱和容重 γ_{sat2},以及基岩的弹性模量 E_3、泊松比 v_3、饱和容重 γ_{sat3}。

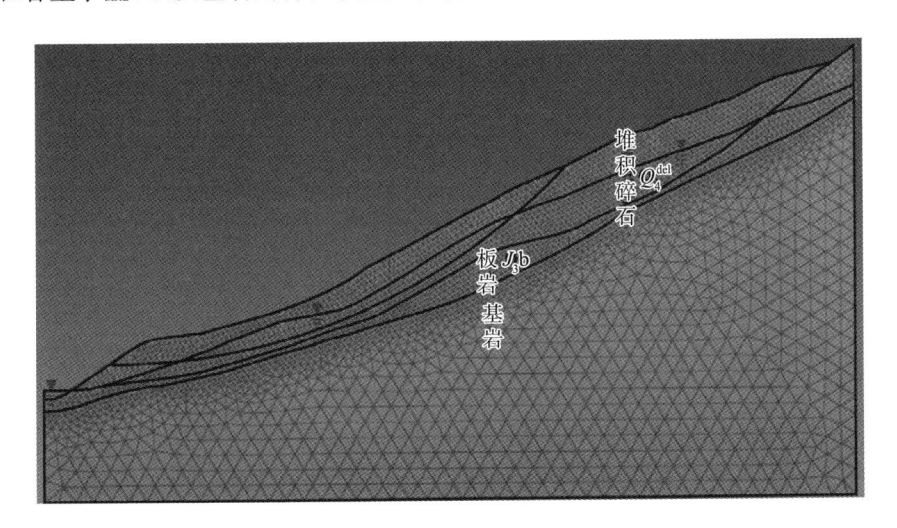

图 6-10 大华滑坡典型剖面及其有限元网格划分示意图

粒子群优化算法的参数设置与 6.2.2 节中案例边坡一致,如下:粒子群规模 $p=50$,迭代次数 $m=100$,重度因子 $\omega=0.4$,学习因子 c_1 和 c_2 取 2,R_1 和 R_2 均为服从 (0,1) 分布的随机数。算法迭代至 50 次时,计算所得的最小安全系数和最大安全系数及其对应的岩土体参数已基本稳定,其中每一步迭代得到的最小安全系数和最大安全系数见表 6-14,其优化迭代曲线如图 6-11 所示。

表 6-14 搜索得到的最小安全系数和最大安全系数(1-50 迭代步)

$t_{1\sim 10}$	$F_{s\min}$	1.071	1.071	1.071	1.068	1.063	1.061	1.061	1.060	1.060	1.059
	$F_{s\max}$	1.143	1.143	1.145	1.147	1.148	1.148	1.149	1.149	1.150	1.151

续表

$t_{11\sim20}$	$F_{s\min}$	1.059	1.057	1.057	1.057	1.057	1.056	1.056	1.055	1.055	1.055
	$F_{s\max}$	1.151	1.152	1.152	1.153	1.153	1.153	1.153	1.154	1.154	1.154
$t_{21\sim30}$	$F_{s\min}$	1.055	1.055	1.055	1.055	1.055	1.055	1.055	1.055	1.055	1.055
	$F_{s\max}$	1.154	1.154	1.154	1.154	1.154	1.154	1.154	1.155	1.155	1.155
$t_{31\sim40}$	$F_{s\min}$	1.055	1.055	1.055	1.055	1.055	1.055	1.055	1.055	1.055	1.054
	$F_{s\max}$	1.155	1.155	1.155	1.155	1.155	1.155	1.155	1.155	1.155	1.155
$t_{41\sim50}$	$F_{s\min}$	1.054	1.054	1.054	1.054	1.054	1.054	1.054	1.054	1.054	1.054
	$F_{s\max}$	1.155	1.155	1.155	1.155	1.155	1.155	1.155	1.155	1.155	1.155

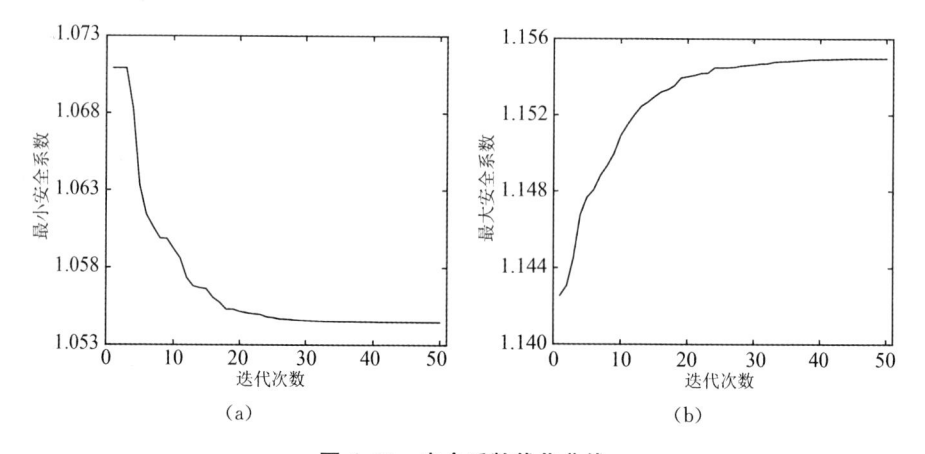

图 6-11　安全系数优化曲线

由表 6-14 可知，该滑坡最小安全系数在第 40 步迭代时已基本稳定，为 1.054；最大安全系数在第 30 步迭代时已基本稳定，为 1.155；基于粒子群优化算法搜索得到的最终安全系数区间为[1.054,1.155]。由图 6-11 可知，与案例滑坡安全系数优化曲线一致，该滑坡的安全系数迭代过程整体呈顺向发展的状态，尽管初始迭代步搜索的安全系数最值均与最终搜索的安全系数最值偏差较大，但是在整个迭代过程中，当前安全系数最值始终在不断逼近最终搜索的安全系数最值。

6.3 小结

考虑了滑坡岩土体参数的区间不确定性，并基于粒子群优化算法研究了滑坡区间极限平衡和区间有限元滑面应力分析中的区间扩张问题。将粒子群优化算法引入到区间极限平衡法和区间有限元滑面应力法，以安全系数计算公式作为粒子群优化算法的适应度函数，滑坡各岩土层的不确定性参数作为算法的搜索变量，各参数的区间范围作为算法的解空间，以搜索滑坡最大安全系数和最小安全系数，即为安全系数区间的上下限。

首先通过考题对提出的方法进行验证，再结合大华滑坡的实际工程情况，对稳定性较差的 1-1′剖面分别进行区间极限平衡和区间有限元滑面应力分析。尽管初始迭代步搜索的安全系数最值均与最终搜索的安全系数最值偏差较大，但是在整个迭代过程中，当前安全系数最值均在不断逼近最终搜索的安全系数最值，收敛速度较快。由于提出的方法能够精确搜索到参数区间的边界值，因此可以判断其搜索得到的安全系数区间为精确区间。

第七章 考虑水动力参数劣化的大华滑坡安全评价

本章在大华滑坡滑带土的非饱和—饱和的渗透特性、抗剪强度水致劣化特性的基础上,结合非 Darcy 流条件下的非饱和—饱和渗流计算方法,对黄登-大华桥库区大华滑坡在降雨、库水位升降等多种水动力条件下的渗流与变形破坏特性展开分析,并将分析结果与监测资料和现场实际调查情况相对比;在此基础上,结合黄登-大华桥库区 2019 年 6 月 10 日降雨及库水位调度所引起的一系列滑坡稳定性问题,开展降雨及库水位变动条件下大华滑坡安全性复核;开展不同降雨历时、不同降雨强度和不同的库水位上升、下降调度方案对大华滑坡安全性的影响,以期为类似库区堆积体滑坡或相关土石混合体边坡在水动力条件下的安全运行和管理提供参考和借鉴。

7.1 计算模型与计算条件

7.1.1 计算模型与参数

选取大华滑坡 2-2′剖面开展水动力条件下渗流与变形演化研究,计算模型如图 7-1 所示,模型长度 1 200 m,高度约 700 m。计算中所采用的水动力特性参数如表 7-1 所示,强度参数如表 7-2 所示。

表 7-1 大华滑坡水动力计算参数

分区	α	n	m	θ_s	θ_r	$k_{sat}(m/s)$
Ⅰ区	0.017	4.76	0.79	23.66	4.33	3.862E-05
Ⅳ区	0.018	3.52	0.716	24.31	5.26	3.925E-05
滑带	0.028	4.30	0.767	22.29	2.77	2.131E-04

表 7-2 大华滑坡物理力学计算参数

分区	ρ (kg/m³)	c (kPa) *	φ (°)	σ_t (kPa)	E (MPa)	μ
Ⅰ区	2 200	$-0.11w^2+1.6w+33.51$	30	20	51.2	0.28
Ⅳ区	2 200	$-0.12w^2+2.3w+10.10$	28	100	102.4	0.28
滑带	2 200	$-0.45w^2+9.0w+23.20$	22	10	36.5	0.25
基岩	2 730	100×10^3	40	1200	2605.3	0.30

* w 为含水率

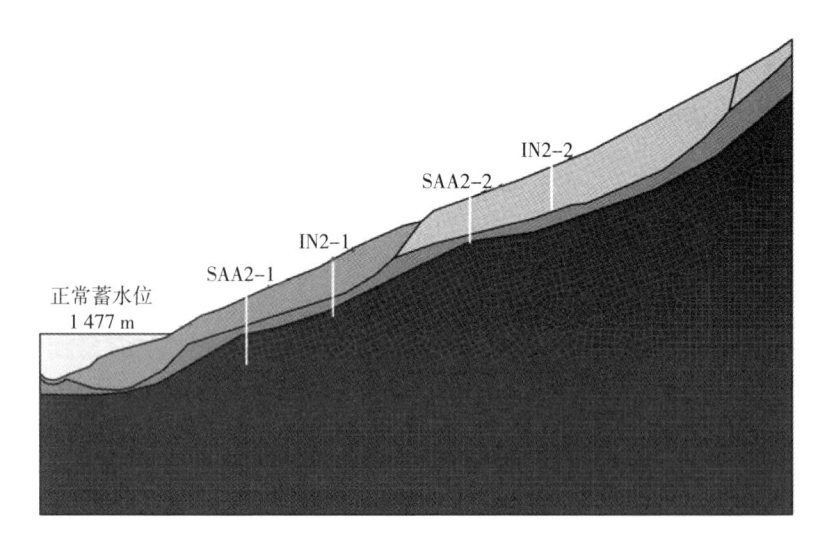

图 7-1　大华滑坡 2-2′计算剖面

7.1.2　计算条件

库区的降雨量历史及库水位调度方案如图 7-2 所示。2-2′计算剖面上布有阵列式位移计 SAA2-1 和 SAA2-2、测压管 UP2-1 和 UP2-2。通过对当地气象站近 20 年降雨监测资料分析,当地最大日降雨量不到 60 mm;最大 3 日降雨量 91 mm(2017 年 2 月 21 日—23 日);最大 7 日降雨量 123.0 mm(2017 年 7 月 21 日—27 日);最长连续降雨时间为 15 d,累计降雨量 148.5 mm。选取 2019 年 4 月 11 日—2019 年 6 月 21 日,共 72 d 作为代表性区段开展分析。计算时,库水位升降采用函数的形式作为第一类边界条件(水头边界)施加,降雨作为第二类边界条件(流量边界)施加。采用反演分析对大华滑坡现状地下水位进行计算,得到与勘察较为一致的浸润线分布,如图 7-3 为计算剖面反演的初始地下水分布。

7.2　计算成果及其与监测资料对比分析

7.2.1　非饱和非 Darcy 渗流特征

计算得到的大华滑坡的地下水位线及孔隙水压力的分布情况如图 7-4 所示。根据降雨历史可知,第 7 d 时开始有降雨,库水位也从之前的初始状态逐步

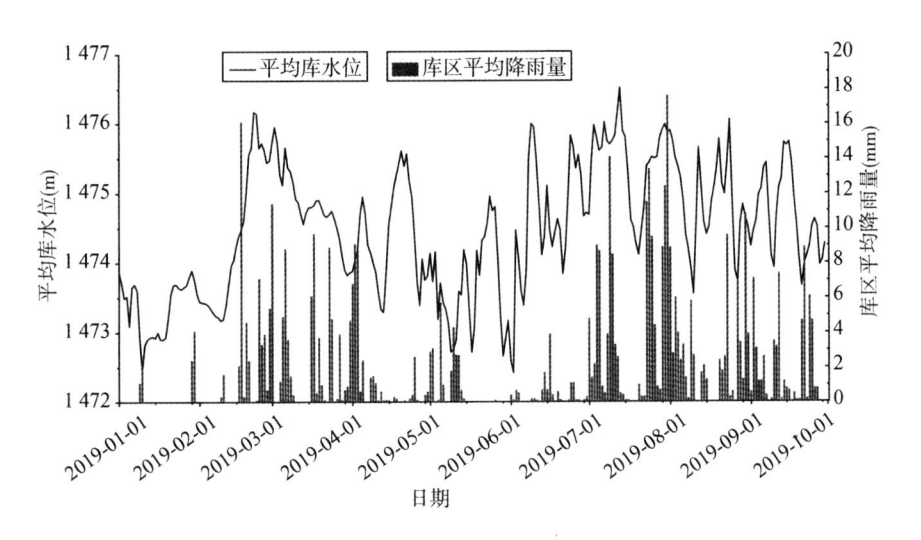

图7-2　大华桥库区降雨量及库水位调度方案

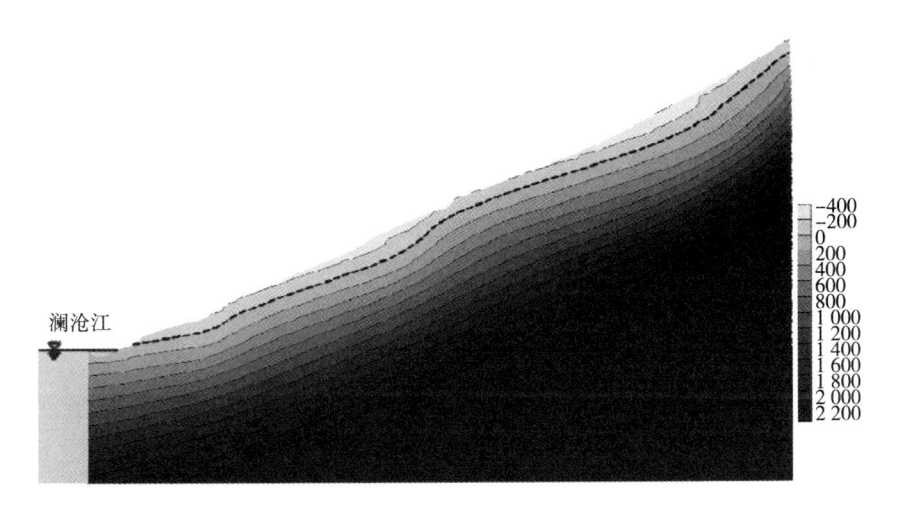

图7-3　反演得到的大华计算剖面的初始地下水及孔隙水压力分布(单位:kPa)

升高到1 475.24 m,达到该时段内的最高值,从图中可以看出,到第8 d时,随着库水位的升高,滑坡体内的地下水也逐渐抬升到库水位高程,而由于降雨量极低,其上部的地下水高程基本无变化。第16 d时,库水位降低至1 474.15 m,地下水位线前缘也随之下降到该高程。第21 d时,库水位持续下降到1 474.02 m,降雨量为3.8 mm,第24 d时库水位继续下降到1 474 m以下,可以看出地下水位线的前缘随之略有下降,而后缘则有小幅抬升,说明3 d前的降雨对其影响仍在。在第

31 d 和第 38 d 的降雨之后,从图 7-4(f)中可以看出,在坡体表面约Ⅰ区和Ⅳ区交接的高程处形成了一个暂态饱和区,之后随着库水位的不断升高,地下水位线的前缘也随之升高,第 64 d 之后,出现了连续 4 d 的降雨,其影响在第 72 d 也得到体现,表现为坡面上也出现了暂态饱和区。

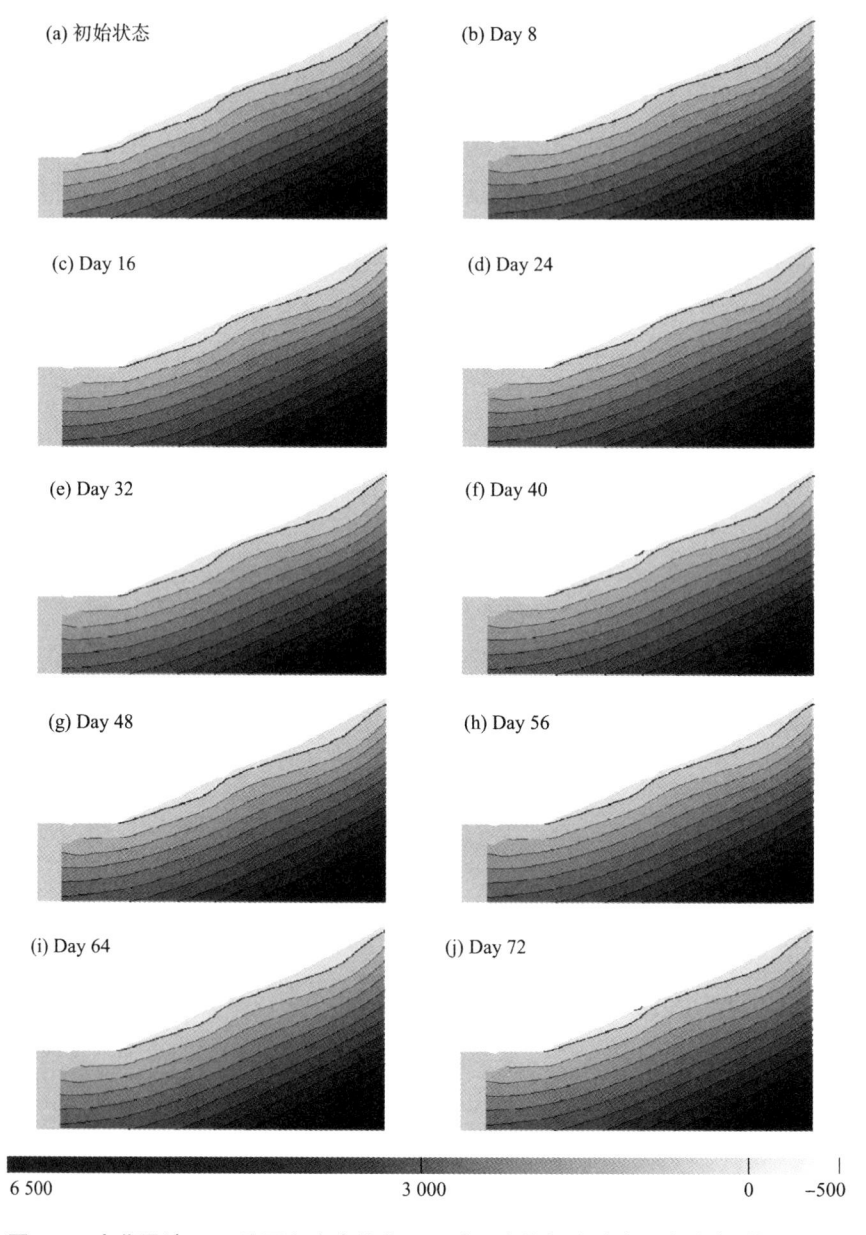

图 7-4 大华滑坡 72 d 降雨和库水位作用下地下水位与孔隙水压力分布(单位:kPa)

如图7-5(a)为测压管UP2-1的模拟水位和实测水位之间的对比,三角形图例代表模拟水位与实测水位误差,从图中可知,除初始状态时的地下水误差较大,约0.35%,其余时间点的地下水位线误差均在±0.2%以内;如图7-5(b)为UP2-2实测水位和模拟水位之间的对比,跟UP2-1点类似,除了初始状态时的误差较大(约0.41%)以外,其余时间点的误差均在±0.2%以内,说明采用所开发的基于非Darcy流的VG模型模拟该滑坡的地下水渗流特征的效果与实际情况仿真度较高。

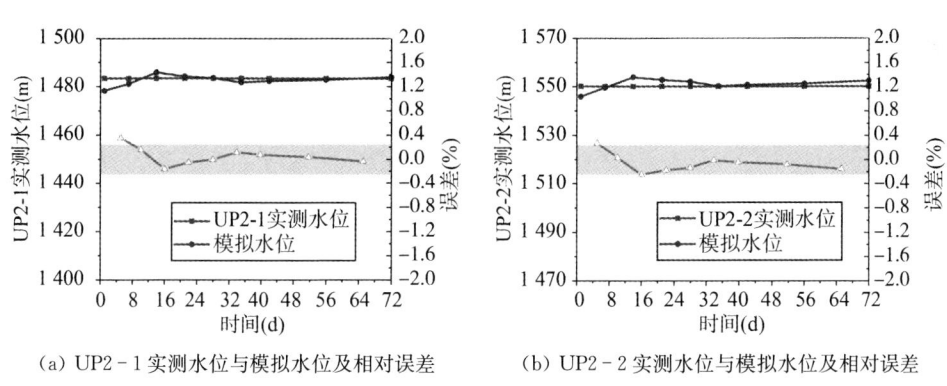

(a) UP2-1实测水位与模拟水位及相对误差　　(b) UP2-2实测水位与模拟水位及相对误差

图7-5　大华滑坡72 d水动力作用下实测水位与模拟水位对比

7.2.2　堆积体滑坡变形分析

堆积体滑坡上监测点SAA2-1的实测位移和模拟位移之间的关系如图7-6。从图中可以看出,除个别点位移误差较大,总体拟合效果较好。在SAA2-1的浅部,从0.5 m到55 m深度[图7-6(a)～(e)],其位移随时间不断增加,虽增幅不大,但增加趋势十分明显;往深部延伸到68 m时,堆积体滑坡的位移增长明显趋缓。因此,在当前的水动力条件下,大华滑坡发生深部滑移的可能性较小,而中层或浅层滑移却有较强的迹象。

从图7-6中可以看出,滑坡体的浅部位移受库水位调度的影响较大,尤其在早期库水位变动频繁时,其位移波动趋势十分明显。如在第1～7 d,库水位从1 473.79 m升高至1 475.24 m,滑坡体的浅部位移也显著增加,且增势持续到第8～9 d。此后,库水位开始逐渐降低,从1 475.24 m(第7 d)→1 474.18 m(第14 d)→1 474.02 m(第21 d)→1 472.66 m(第28 d),可以看到在该时间段内,整个滑坡体的浅层位移都呈现先减小后增大的趋势,具体表现为:在0.5～

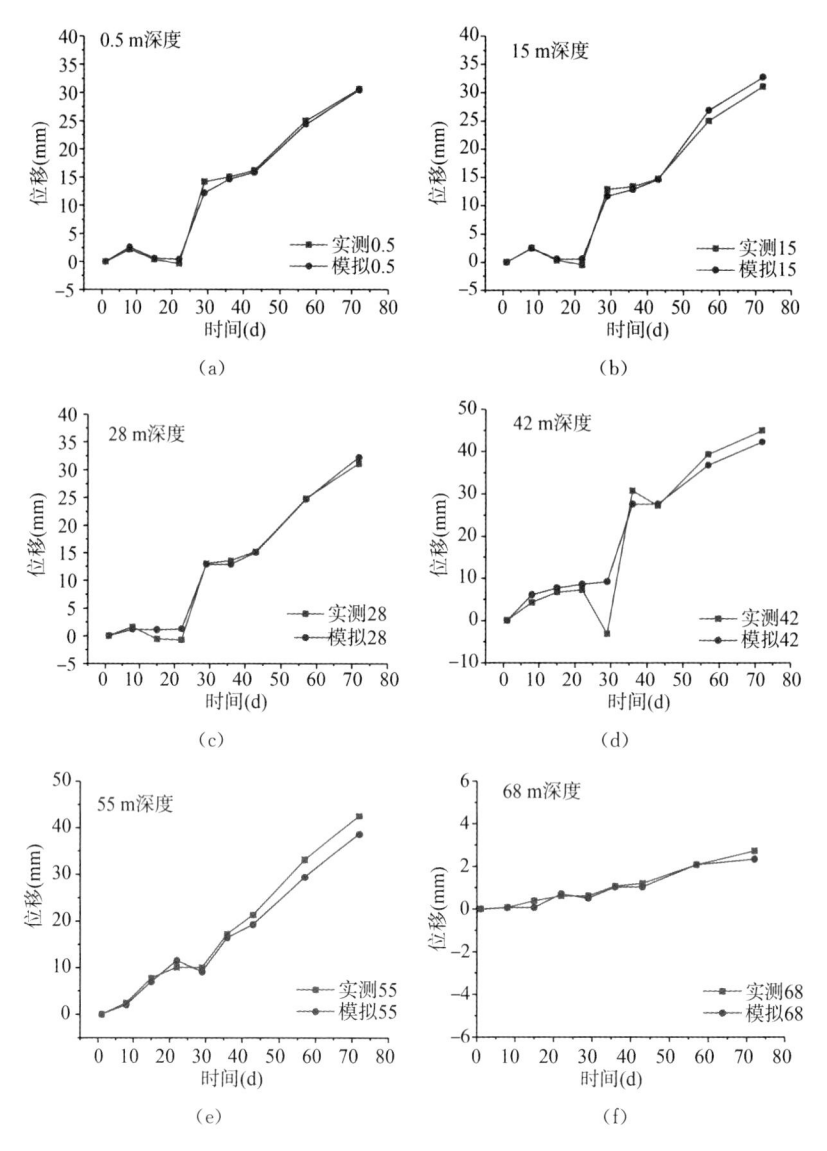

图 7-6　SAA2-1 监测点不同深度下的实测位移与模拟位移

28 m 深度之间,浅层位移均出现递减的趋势,到第 22 d 以后位移增幅开始逐渐增大。对照降雨记录可知,在第 22 d 时有一场降雨,表明浅层的位移同时受到降雨的影响,与此同时,深部位移表现仍较为平稳,表明深部位移受到表面弱降雨的影响较小。图 7-7 为该过程中滑坡体的位移云图,从图中可以看出,大华滑坡体在水动力条件下的位移基本都出现在Ⅰ区和Ⅳ区浅层部位及滑带中。

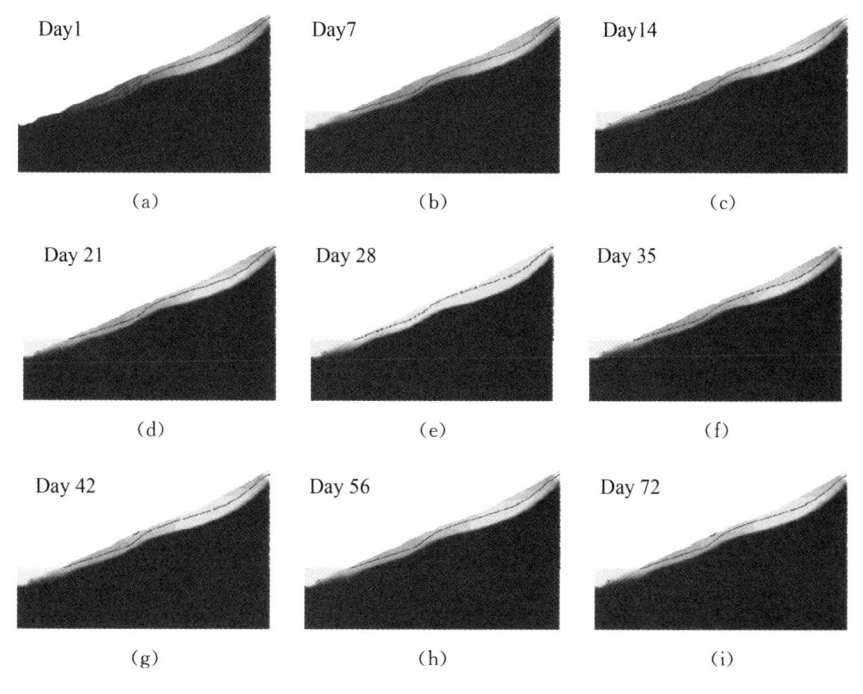

Day1	Day7	Day14
(a)	(b)	(c)
Day 21	Day 28	Day 35
(d)	(e)	(f)
Day 42	Day 56	Day 72
(g)	(h)	(i)

图 7-7 大华滑坡水动力条件下的位移云图

图 7-8 为最大剪应变云图,从图中可见,大华滑坡的最大剪应变主要出现在滑带位置。伴随着水库调度和降雨的发生,滑坡体内的最大剪应变也在不断变化,主要体现在:①随着水库水位调度的进行,滑坡体内最大剪应变最大值和范围不断增大;②随着库水位的不断改变和降雨的发生,滑坡体内的最大剪应变的大小和位置在不断变动。此外,还可发现该剖面上最大剪应变总是出现在水位线以下,表明滑坡体滑带处于库水位以下的部分更为薄弱。从剪应变带的后缘来看,其在坡体顶部附近出现了一个较为明显的近似竖直的剪应变带,表明如果该滑坡体发生破坏,其主要破坏模式是:在后缘形成拉裂,而前缘的剪出口更可能产生在库水位以下的某个部位,表明库水作用导致滑坡体前缘的强度被"劣化",更易发生破坏。

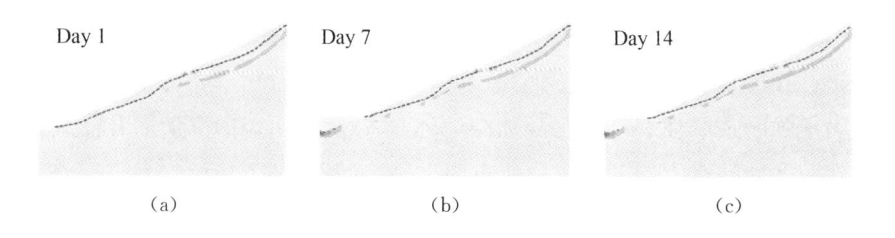

Day 1	Day 7	Day 14
(a)	(b)	(c)

第七章 考虑水动力参数劣化的大华滑坡安全评价

Day 21	Day 28	Day 35
(d)	(e)	(f)
Day 42	Day 56	Day 72
(g)	(h)	(i)

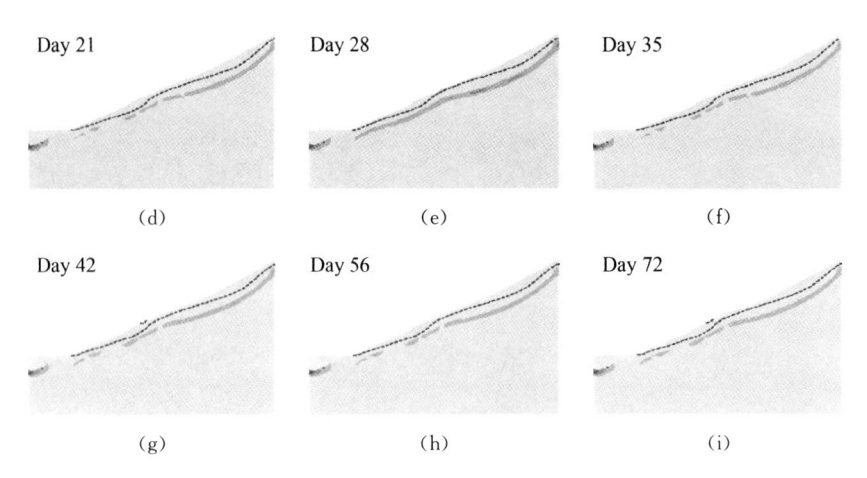

图 7-8　大华滑坡水动力条件下的最大剪应变云图

7.2.3　堆积体滑坡稳定性分析

采用基于有限元的极限平衡法计算上述水动力条件下堆积体滑坡的安全系数，计算并绘制出大华滑坡的安全系数和库水位升降、降雨强度的关系曲线如图 7-9 所示，图 7-10 为各计算时段的滑面形态。

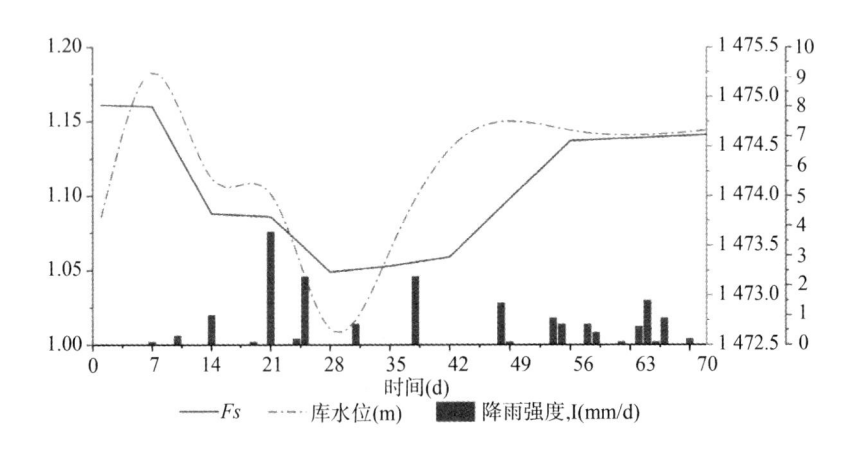

图 7-9　大华滑坡水动力条件与安全系数变化对比图

由计算结果可知，该滑坡安全系数和 7.2.2 节中分析水动力条件下的状态呈现出极强的关联性。总体而言，滑坡安全系数随库水位的涨消而升降。当库水位在前一周的水库调度过程中从 1 473.79 m 升高至 1 475.24 m 时，安全系数变化不大。第 14 d 水位下降至 1 474.18 m，安全系数也随着下降到 1.088；至第 21 d 时，库水位基本保持稳定，在此期间滑坡安全系数变化亦很小；到第 28 d 时，库水位进一步下降至最低点，此时安全系数也同步下降到最低，为 1.049；之后库水位在水库调度中逐渐抬升，安全系数也逐渐增大。在此期间，区内有几次强度不大的降雨，由前述分析可知，降雨对地下水位线和滑坡体内的应力应变影响有限，此次安全系数的变化主要由库水位升降所引起。

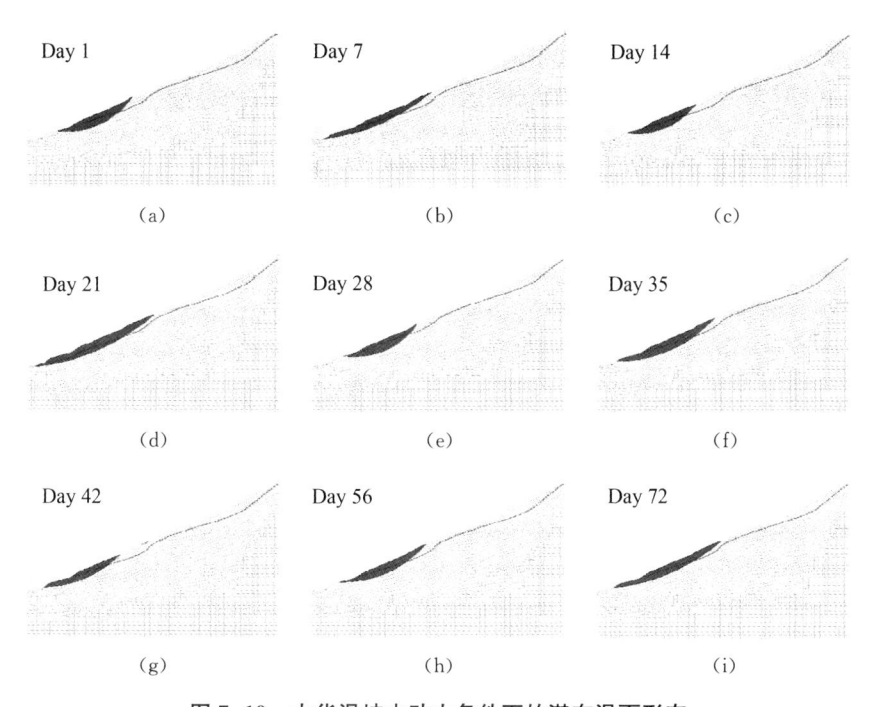

图 7-10　大华滑坡水动力条件下的潜在滑面形态

7.3　降雨及库水位变动条件下大华滑坡安全性复核

7.3.1　安全性复核背景及计算条件

2019 年 6—8 月，黄登-大华桥库区水库运行期间，因库水位变幅较大、加之在此期间强降雨事件的影响，库岸多处出现开裂变形。尤其在 6 月 10 日强降雨作用下，邻近的大格拉、江门口、车邑坪、箐滴水、莱登山、小顺箐—溜绳庄、棉花地、信昌坪、北甸村、维登山庄、沿江公路 K226+800 m—K227+400 m 等多处地质条件较差的库岸边坡出现了显著的大变形,并发生局部塌滑,造成沿江公路中断,存在较大的安全隐患。鉴于此,针对2019年6月1日到9月30日共122 d水库调度方案,结合历史降雨资料,对大华滑坡1-1′、2-2′、3-3′剖面开展安全性复核,计算所采用的降雨及平均库水位变动情况如图7-2所示。

7.3.2 降雨及库水位联合作用下规范要求安全系数

根据《水电工程边坡设计规范》(NB/T 10512—2021)规定要求,应按水电工程边坡所属枢纽工程等级、建筑物级别、边坡所处位置、边坡重要性、失稳危害程度划分边坡类别和级别,如表7-3所示。稳定分析应区分不同的荷载效应组合或运用状况,采用极限平衡法的下限解法进行抗滑稳定计算时,边坡抗滑稳定设计安全系数应符合表7-4的规定。针对具体边坡工程选用抗滑稳定设计安全系数时,应对边坡与建筑物关系、边坡工程规模、地质条件复杂程度以及边坡稳定分析的不确定性等因素进行分析,并从表7-4中所给范围内选取。对于失稳风险大或稳定分析中不确定性因素较多的边坡,设计安全系数宜取高值,反之宜取低值。

表7-3 水电工程边坡类别和级别划分

级别	A类 枢纽工程区边坡	B类 水库边坡	C类 河道边坡
I	影响1级水工建筑物安全的边坡	失稳产生危害性涌浪或灾害可能危及1级水工建筑物安全的边坡	失稳可能影响1级水工建筑物运行的边坡
II	影响2级、3级水工建筑物安全的边坡	失稳可能危及2级、3级水工建筑物的边坡	失稳可能影响2级、3级水工建筑物运行的边坡
III	影响4级、5级水工建筑物安全的边坡	要求整体稳定而允许部分失稳或缓慢滑落的边坡	要求整体稳定而允许部分失稳或有滑落容纳安全空间的边坡

表7-4 水电水利工程边坡设计安全系数

级别	A类枢纽工程区边坡			B类水库边坡			C类河道边坡		
	基本组合		偶然组合	基本组合		偶然组合	基本组合		偶然组合
	持久状况	短暂状况	偶然状况	持久状况	短暂状况	偶然状况	持久状况	短暂状况	偶然状况
I级	1.30~1.25	1.20~1.15	1.10~1.05	1.25~1.15	1.15~1.05	1.05	1.20~1.10	1.10~1.05	1.05

续表

级别	A类枢纽工程区边坡			B类水库边坡			C类河道边坡		
	基本组合		偶然组合	基本组合		偶然组合	基本组合		偶然组合
	持久状况	短暂状况	偶然状况	持久状况	短暂状况	偶然状况	持久状况	短暂状况	偶然状况
Ⅱ级	1.25~1.15	1.15~1.05	1.05	1.15~1.05	1.10~1.05	1.05~1.00	1.10~1.05	1.05~1.02	1.02~1.00
Ⅲ级	1.15~1.05	1.10~1.05	1.00	1.10~1.05	1.05~1.00	1.00	1.05~1.02	1.02~1.00	1.00

根据规范要求,边坡工程应按持久状况、短暂状况和偶然状况进行考虑。其中,持久状况应为边坡正常运用工况;短暂状况包括了正常运行期的暴雨或久雨、水库水位骤降等情况;偶然状况主要考虑了校核洪水位、遭遇地震等情况。

考虑大华滑坡规模较大,对大华桥水电站威胁较大,结合规范要求和大华滑坡工程实际,大华滑坡属B类Ⅰ级水库边坡,本书所涉及的库水位变动、降雨工况属于短暂状况,取大华滑坡设计安全系数为短暂设计状况的1.05。

7.3.3 大华滑坡安全性复核

1. 1-1′剖面安全性复核

大华滑坡1-1′计算剖面如图7-11所示,剖面中下部为大华滑坡分区中的Ⅴ区,上部为Ⅰ区。水动力条件作用下1-1′剖面测斜孔的监测数据和计算结果对比如图7-12和图7-13所示。可见,计算结果与监测数据吻合度较高。

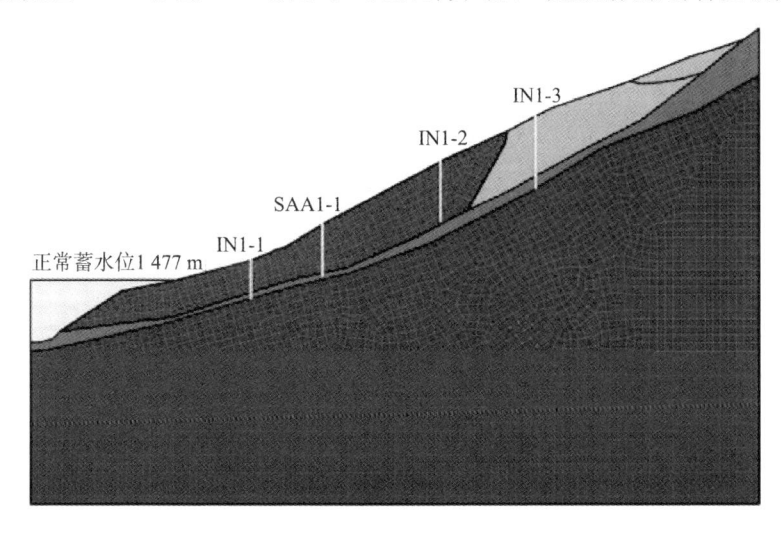

图7-11 大华滑坡1-1′计算剖面

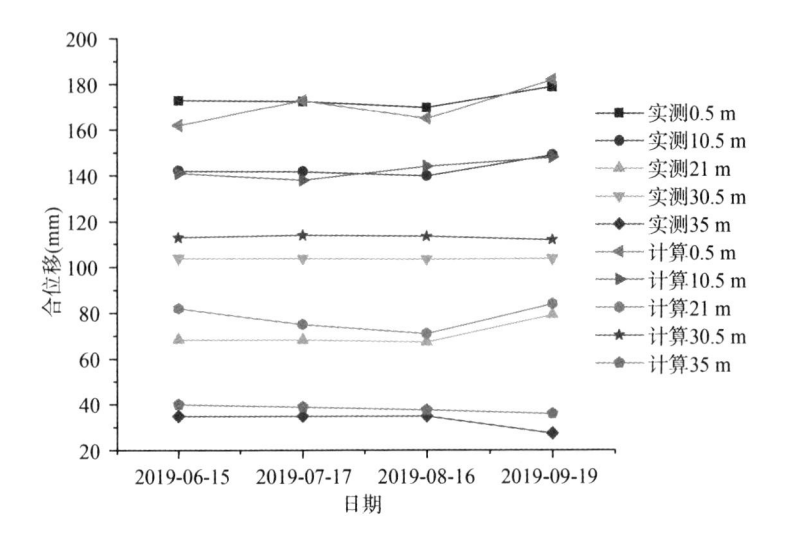

图 7-12　测斜孔 IN1-1 不同深度位移实测值与计算值

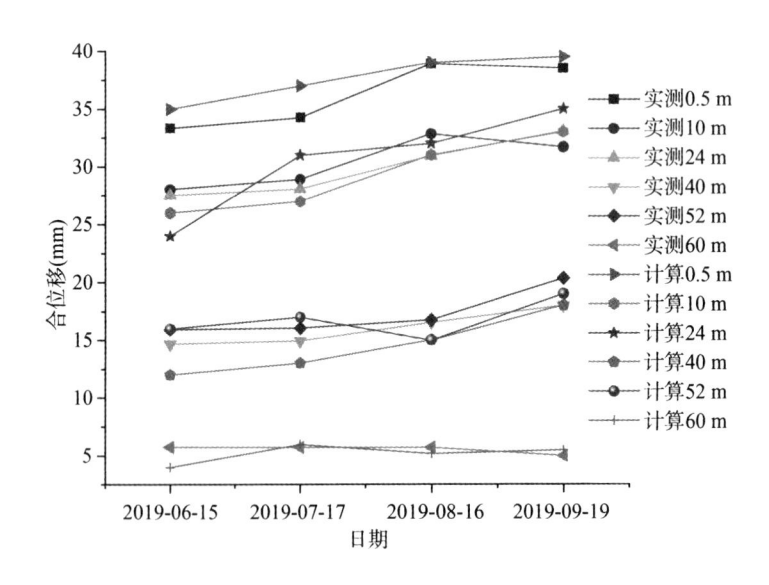

图 7-13　测斜孔 IN1-3 不同深度位移实测值与计算值

如图 7-14 所示为测压管 UP1-2 浸润线位置的计算值与实测值的对比，可见浸润线的计算结果同样与实测值吻合度较高。可以看出，此期间，库水位变动不大，对测压管中浸润线的位置影响较小。

2019 年 6 月 1 日到 9 月 30 日降雨及库水位变动条件下，大华滑坡 1-1′剖

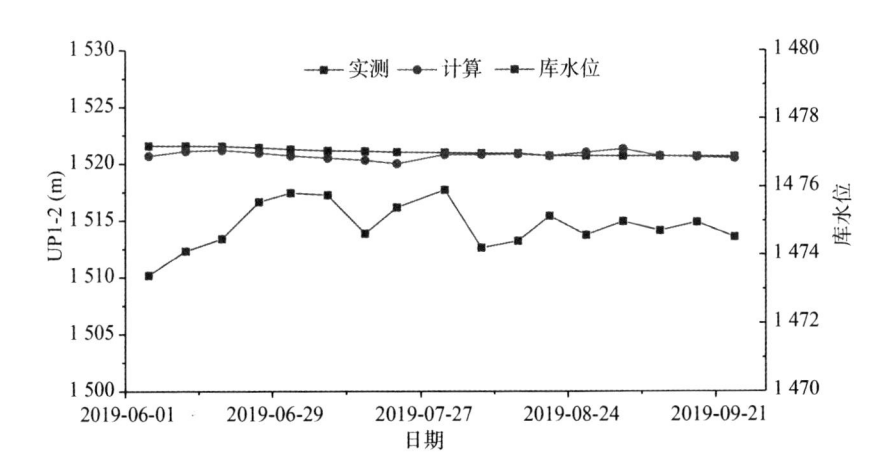

图 7-14　测压管 UP1-2 浸润线位置实测值与计算结果

面安全系数及其与降雨和库水位变动之间的相互关系如图 7-15 所示。由图可知,伴随 2019 年 6 月降雨量较大、库水位升降的过程,安全系数总体呈下降趋势,如图中阴影区域为 6 月 10 日大降雨后 1-1′剖面安全系数变化情况。从 2019 年 8 月之后降雨量和库水位变动减小,安全系数趋于平稳。2019 年 6 月 1 日到 9 月 30 日降雨及库水位变动过程中,安全系数最小值为 1.061,最危险滑面如图 7-16 所示。

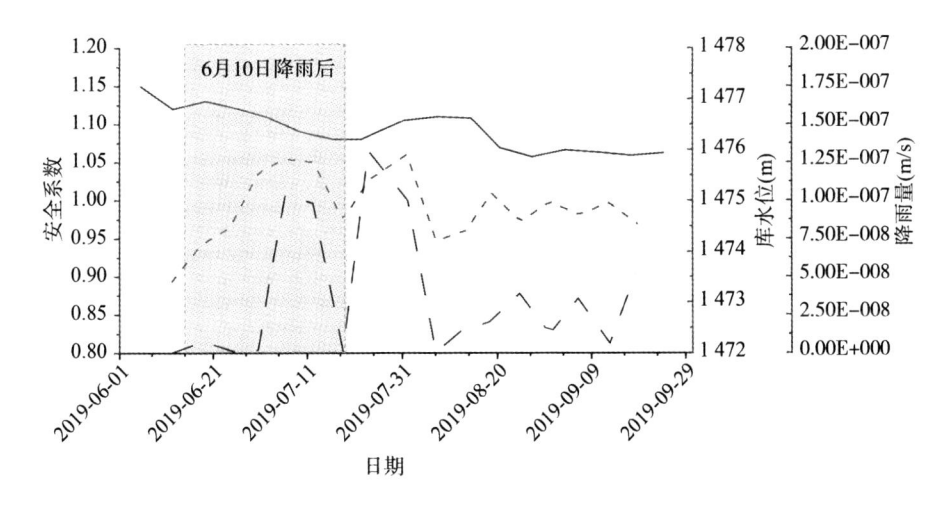

图 7-15　水动力条件作用下大华滑坡 1-1′剖面安全系数变化情况

计算结果表明,滑面主要位于V区,其下部剪出口位于江面以下,上部剪出口

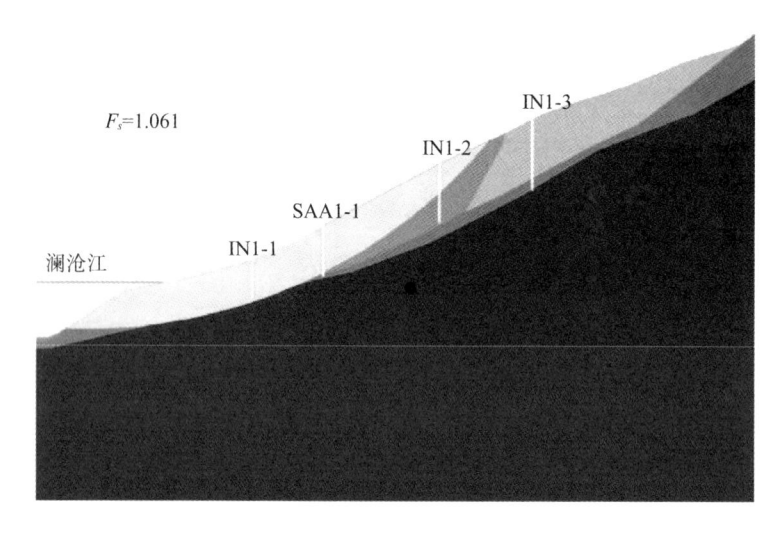

图 7-16　水动力条件作用下大华滑坡 1-1′剖面最危险滑面形态

位于Ⅰ区和Ⅴ区分界线附近，滑动模式主要是下部首先破坏，再产生牵引式的滑坡。根据 2020 年 8 月现场地质调查和踏勘走访情况，在Ⅴ区下部靠近澜沧江边发育有大量的分级裂缝，如图 7-17 所示。可见计算结果与实际情况较为吻合。

2. 2-2′剖面安全性复核

大华滑坡 2-2′计算剖面如图 7-1 所示。中下部为大华滑坡分区中的Ⅳ区，

(a) Ⅴ区江边附近发育的拉裂缝　　(b) 拉裂缝局部放大照

图 7-17　大华滑坡Ⅴ区江边发育的裂缝

上部为Ⅰ区。水动力条件作用下 2-2′剖面测斜孔和测压管的监测数据和计算结果对比分别如图 7-18 和图 7-19 所示。可见,计算结果与监测数据吻合度较高。可以看出,此期间库水位变动不大,对测压管中浸润线的位置影响较小。

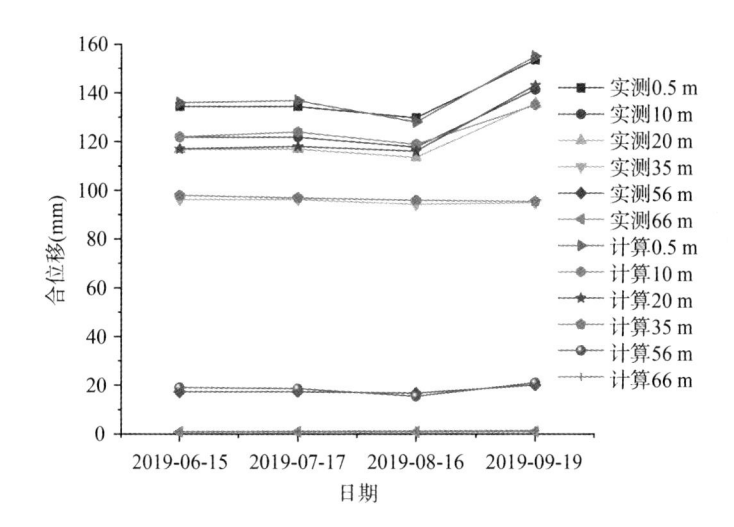

图 7-18　2-2′剖面测斜孔不同深度位移实测值与计算值

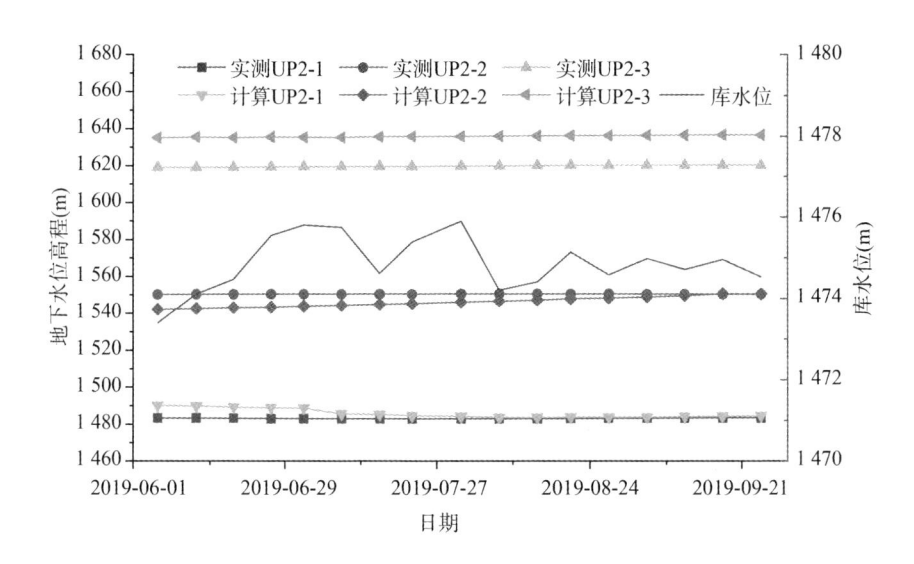

图 7-19　测压管 UP2-2 浸润线位置实测值与计算结果

2019 年 6 月 1 日到 9 月 28 日降雨及库水位变动条件下,大华滑坡 2-2′剖面安全系数及其与降雨和库水位变动之间的相互关系如图 7-20 所示。图中阴影区域为 2019 年 6 月降雨及库水位升降过程，该过程中降雨量较大、库水位变动幅度较大，2-2′剖面安全系数呈下降趋势。从 2019 年 8 月之后降雨量和库水位变动减小，安全系数趋于平稳。2019 年 6 月 1 日到 9 月 28 日降雨及库水位变动过程中，安全系数最小值为 1.142，最危险滑面位置如图 7-21。滑面主要分布于 2-2′剖面下部Ⅳ区，剪出口位于江面以下，Ⅳ区下部同样为较危险区域，需要重点关注。

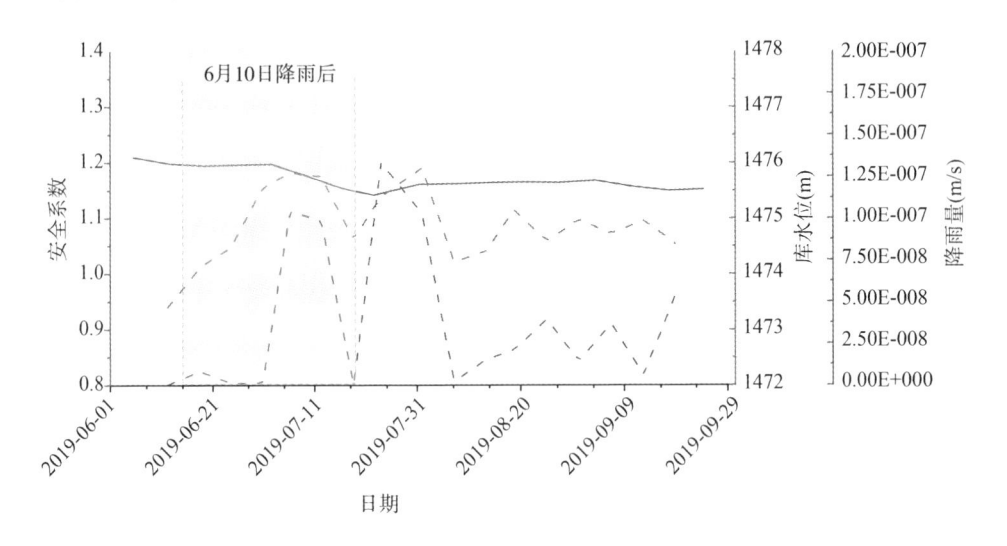

图 7-20　水动力条件作用下大华滑坡 2-2′剖面安全系数变化情况

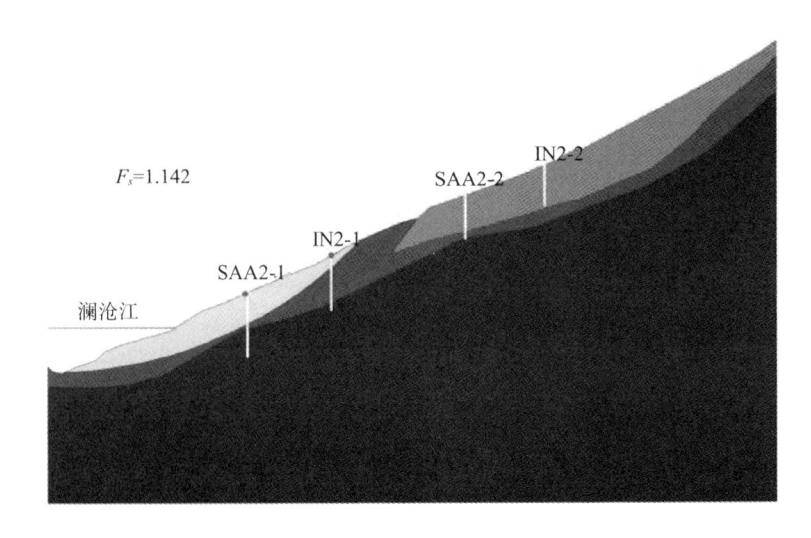

图 7-21　水动力条件作用下大华滑坡 2-2′剖面最危险滑面形态

3. 3-3′剖面安全性复核

大华滑坡 3-3′计算剖面如图 7-22 所示。中下部为大华滑坡分区Ⅳ区，上部小部分区域为Ⅰ区。水动力条件作用下 3-3′剖面测斜孔和测压管的监测数据和计算结果对比如图 7-23 和图 7-24 所示。可见，计算结果与监测数据吻合度较高。

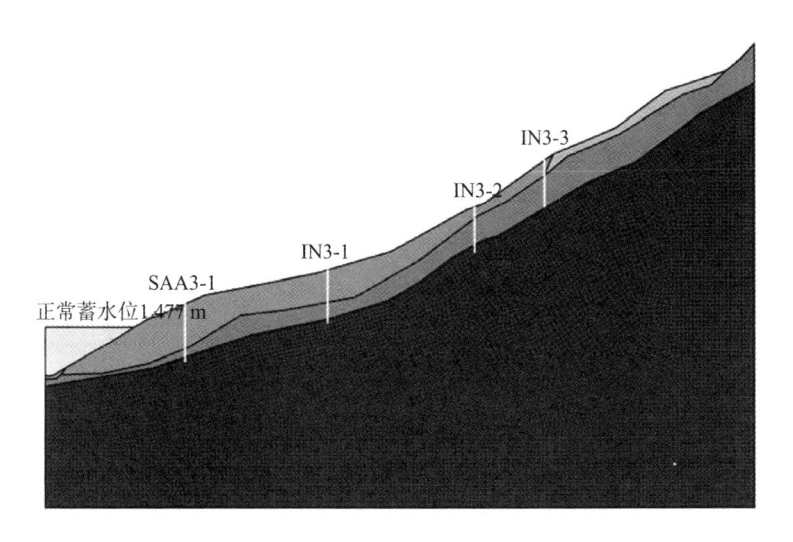

图 7-22　大华滑坡 3-3′计算剖面

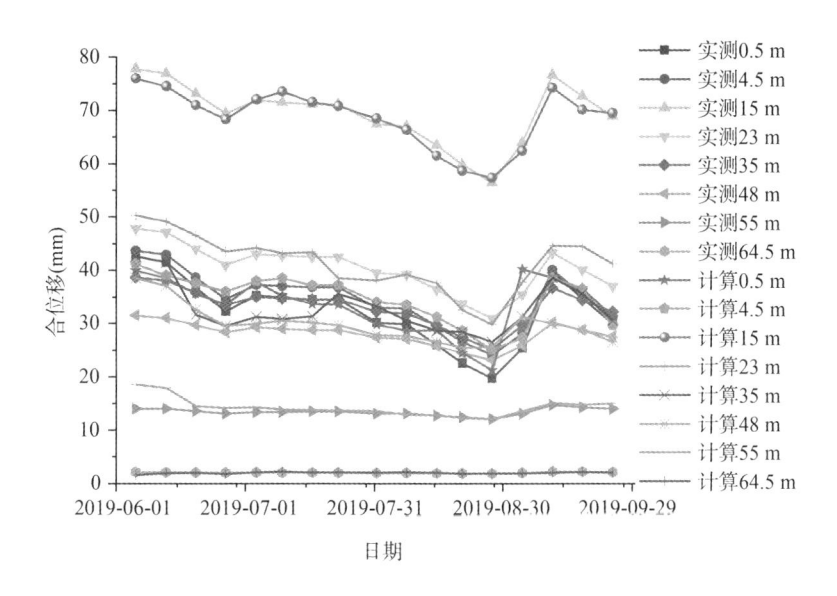

图 7-23　3-3′剖面测斜孔不同深度位移实测值与计算值

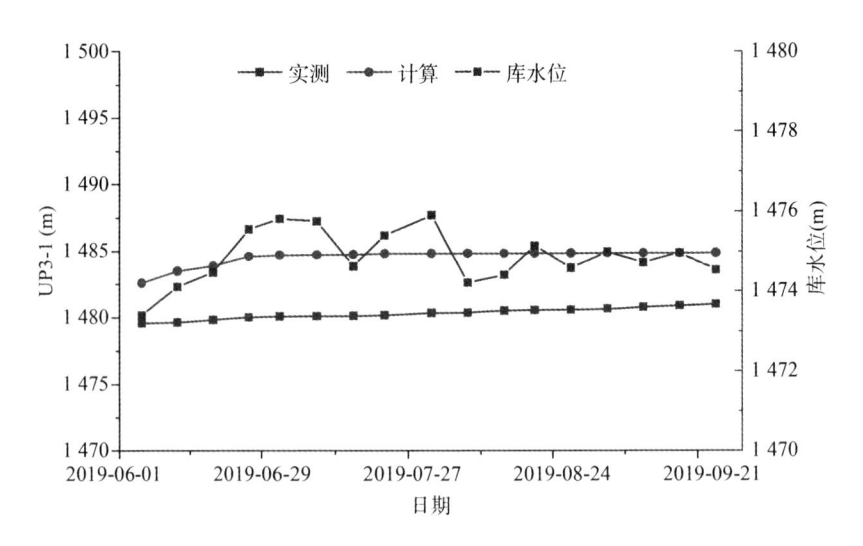

图 7-24　测压管 UP3-1 浸润线位置实测值与计算结果

大华滑坡 3-3′剖面安全系数及其与降雨和库水位变动之间的关系如图 7-25 所示。同样伴随 6 月降雨及库水位变动情况,安全系数有下降趋势,8 月份之后趋于稳定。整个过程中,安全系数最小值为 1.112,最危险滑面的位置如图 7-26 所示。滑面主要分布于Ⅳ区,剪出口位于江面以下。

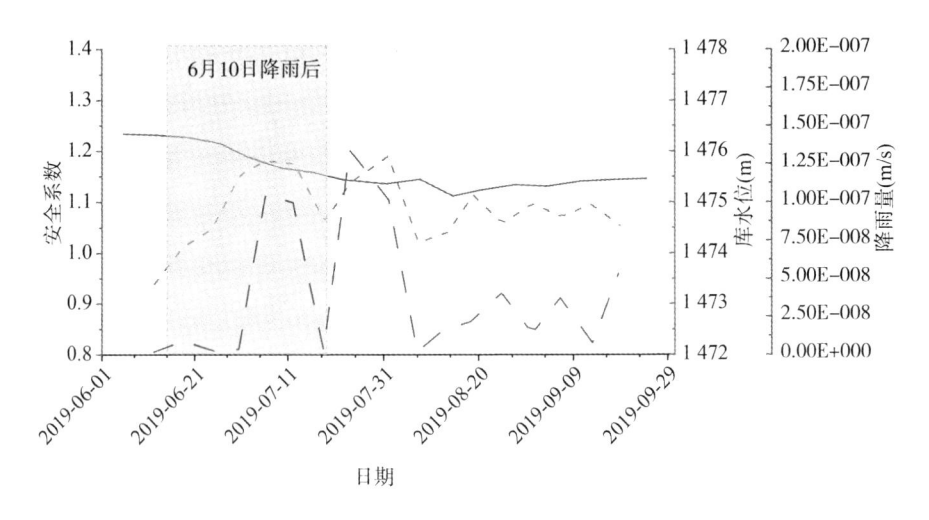

图 7-25　水动力条件作用下大华滑坡 3-3′剖面安全系数变化情况

由上述各剖面安全性复核结果可知,最危险滑面位置均位于江面以下,且破坏模式都是水下先发生破坏,向上产生牵引式滑坡。因此须要加强大华滑坡

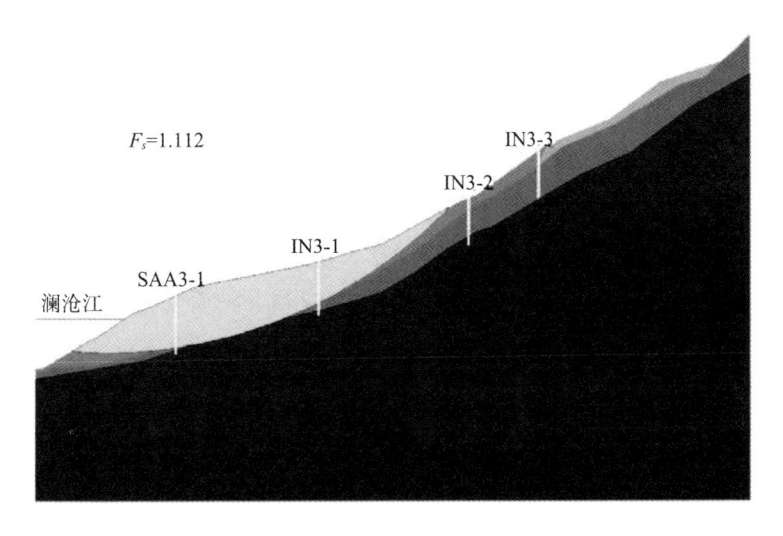

图 7-26　水动力条件作用下大华滑坡 3-3′剖面最危险滑面形态

水下部分的监测预警预报工作。计算结果表明，1-1′剖面危险性最大，安全系数最小值为 1.061，最危险滑面的位置分布于Ⅴ区。根据现场地质调查情况，Ⅴ区中下部靠近澜沧江边已发育有大量的裂缝，因此须尽快加强该部位的安全监测。三个剖面的运行期的安全系数，均在 2019 年 6、7 月份表现出下降趋势，在 8 月份后趋于稳定，其原因主要是受降雨和库水位变动的影响，6、7 月份降雨量较大，库水位变幅较大，使安全系数降低；8 月份后降雨减少，库水位变幅相对较少，安全系数趋于稳定。计算结果表明，雨季来临时，滑坡体的安全系数在降雨和库水位变动的影响下，有较大程度的降低，对滑坡稳定性不利。

7.4　水动力条件单因素影响分析

为研究水动力条件不同因素对大华滑坡的影响程度，采用单因素分析法分别分析降雨和库水位升降的影响。根据现场降雨监测资料，分别考察不同降雨持续时间、降雨强度和库水位调度过程中的升降速率三种因素。结合当地降雨历史资料，选取雨强频率最高的 $I=20$ mm/d 作为计算条件，分别研究不同降雨历时（$T=3$ d、5 d、7 d）下的滑坡体的渗透特征、应力应变条件和安全性状态变化过程。

7.4.1 降雨历时影响分析

1. 降雨历时 3 d

图 7-27 为连续 3 d 降雨各时间段滑坡体内的压力水头变化情况,从图中可以看出,在降雨期间地下水在逐步上升,而在降雨结束后的 2 d 内,地下水位仍处于较高的位置,随后地下水逐渐回落。值得注意的是,在第 5 d 和第 6 d 时,滑坡体内存在一定范围的暂态饱和区,该饱和区随后几天又逐渐消失。另外,在降雨过程中,Ⅰ区和Ⅳ区交界位置上部约 1 670 m 高程处(图 7-27 中圆的位置),坡面有地下水出露,这与现场实际情况十分相符,如图 7-28 为现场考察所观测到Ⅰ区和Ⅳ区交界处地下水出露点的情况,照片中道路的高程对应于图 7-27 中两区交界附近。

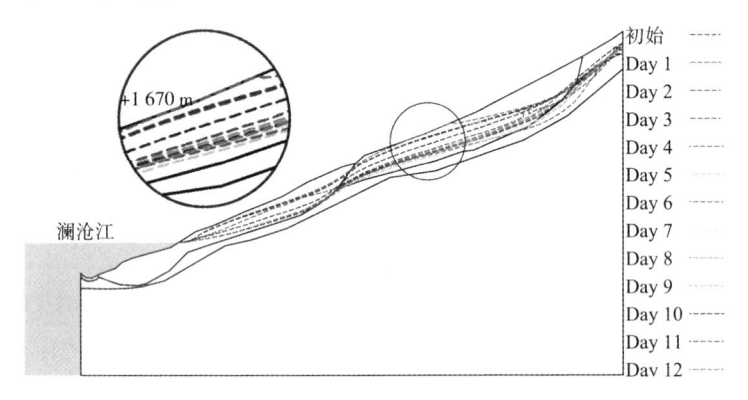

图 7-27 大华滑坡连续 3 d 降雨地下水位线变动情况[①]

图 7-28 大华滑坡Ⅰ区上观测到的地下水出露点

[①] 因黑白印刷,图 7-27、图 7-32、图 7-34、图 7-38 至图 7-40 仅作示意图。

图 7-29 为连续 3 d 降雨后滑坡体内的最大剪应变增量云图,在降雨结束初期(Day 3)以及降雨结束后 2~4 d 内,剪应变增量仍保持很大,且基本集中在滑带位置处,表明滑带是该滑坡体安全性最薄弱的区域。此外,还可以看出,地下水的变动相对于降雨有一定的滞后性,表明降雨刚结束的一段时间内滑坡体的安全性仍值得重点关注。在降雨结束后的第 6 d(Day 9),滑坡体内的最大剪应变已明显减弱,此后伴随时间的推移,最大剪应变也逐渐减小。

计算并绘制滑坡体在连续 3 d 降雨后的安全系数与降雨关系如图 7-30 所示,图 7-31 为滑面形态与位置。可见在降雨刚结束时,滑坡体的安全系数降低到 1.051,在其后的 2~4 d 内,安全系数仍有所降低,直至 1.046,之后有所回升。

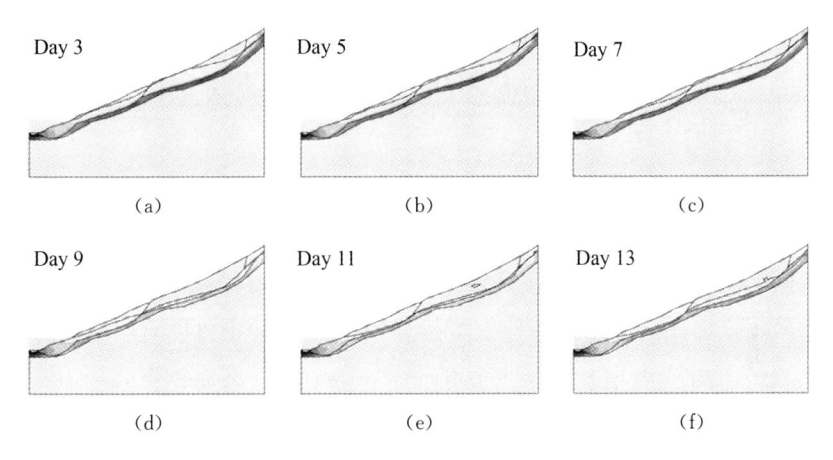

(a) Day 3　　(b) Day 5　　(c) Day 7
(d) Day 9　　(e) Day 11　　(f) Day 13

图 7-29　大华滑坡连续 3 d 降雨后剪应变增量云图

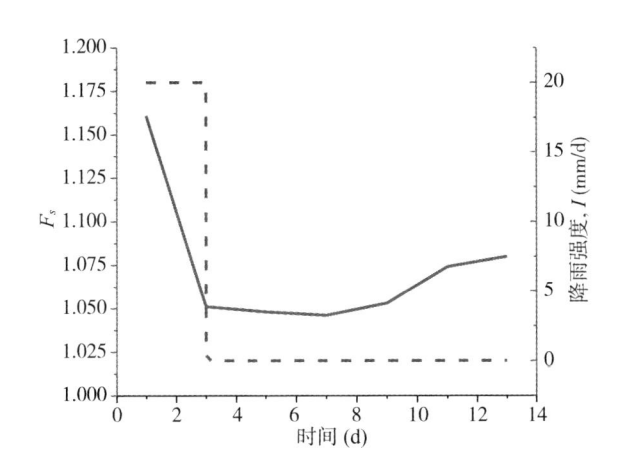

图 7-30　大华滑坡连续 3 d 降雨过程与安全系数变化对比图

Day 3　　　　　　　　Day 5　　　　　　　　Day 7

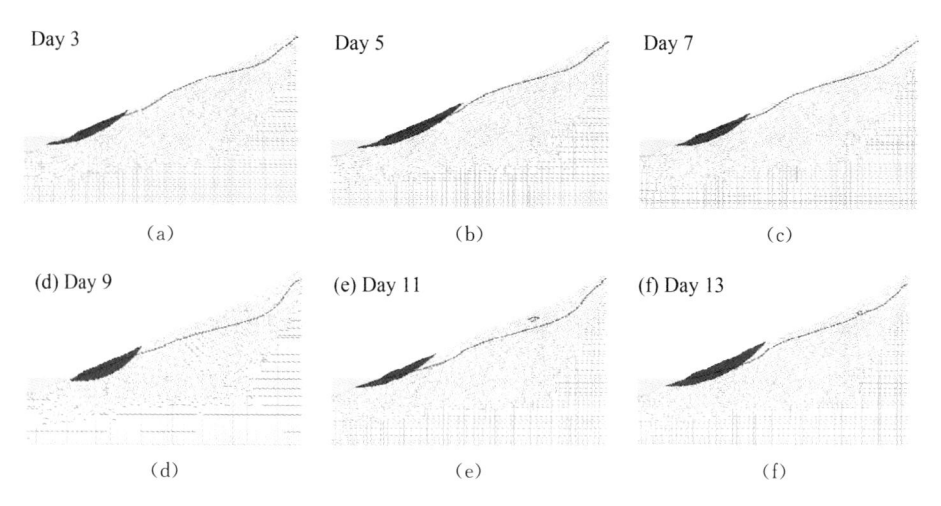

(a)　　　　　　　　　(b)　　　　　　　　　(c)

(d) Day 9　　　　　　(e) Day 11　　　　　　(f) Day 13

(d)　　　　　　　　　(e)　　　　　　　　　(f)

图 7-31　大华滑连续 3 d 降雨后潜在滑面

2. 降雨历时 5 d

图 7-32 为连续 5 d 降雨滑坡体的压力水头变化情况。可以看出,在降雨期间地下水在不断上升,滑坡体表面亦出现多个地下水出露点,且降雨结束后地下水的回落速度较连续 3 d 降雨工况明显降低,可见降雨对地下水位的抬升具有明显促进作用。从最大剪应变增量云图(图 7-33)中可以看出,连续 5 d 降雨所引起最大剪应变增量明显要较前一种工况大,且贯通性更强,如图 7-33(d)至(f)中可见其在雨后一周内恢复速率也较慢。大华滑坡连续 5 d 降雨计算安全系数如表 7-5 所示。

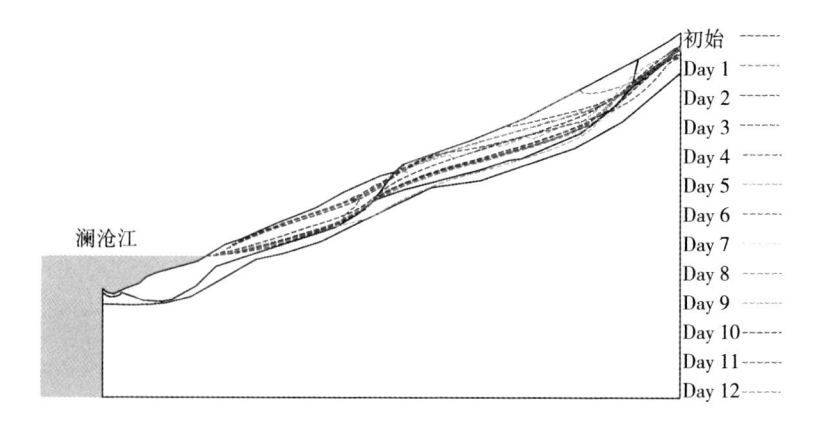

图 7-32　大华滑坡连续 5 d 降雨地下水位线变动情况

Day 3　　　　　　　　　Day 5　　　　　　　　　Day 7

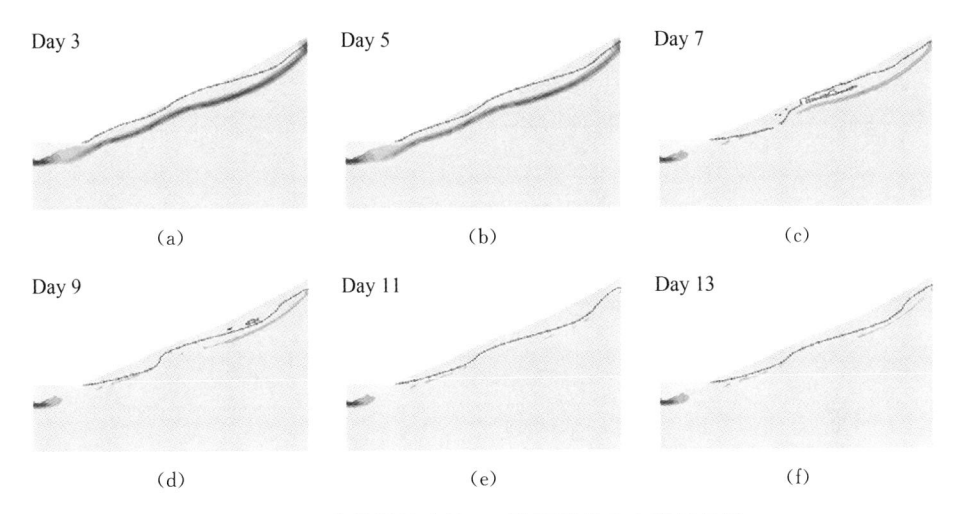

(a)　　　　　　　　　　(b)　　　　　　　　　　(c)

Day 9　　　　　　　　　Day 11　　　　　　　　Day 13

(d)　　　　　　　　　　(e)　　　　　　　　　　(f)

图 7-33　大华滑坡连续 5 d 降雨后剪应变增量云图

表 7-5　大华滑坡连续 5 d 降雨计算安全系数

时间（d）	0	3	5	7	9	11	13
F_s	1.161	1.053	1.049	1.044	1.043	1.052	1.068

3. 降雨历时 7 d

如图 7-34 为连续 7 d 降雨的压力水头变化情况。从图中可以看出，在降雨期间地下水上升幅度很大，滑坡体表面同样有多处地下水出露，可以看出降雨结束后地下水的回落速度显然较前两种工况更慢。图 7-35 为相应的最大剪应变增量云图。

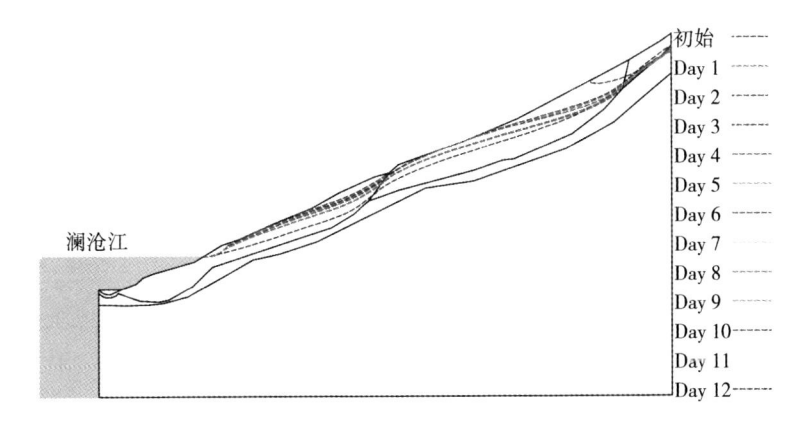

图 7-34　大华滑坡连续 7 d 降雨地下水位线变动情况

从图中可以看出，连续 7 d 降雨所引起最大剪应变也明显大于前两种工况。图 7-35(d) 至(f) 表明其最大剪应变增量在雨后一周内恢复速率仍然很低。大华滑坡连续 7 d 降雨计算安全系数如表 7-6 所示。

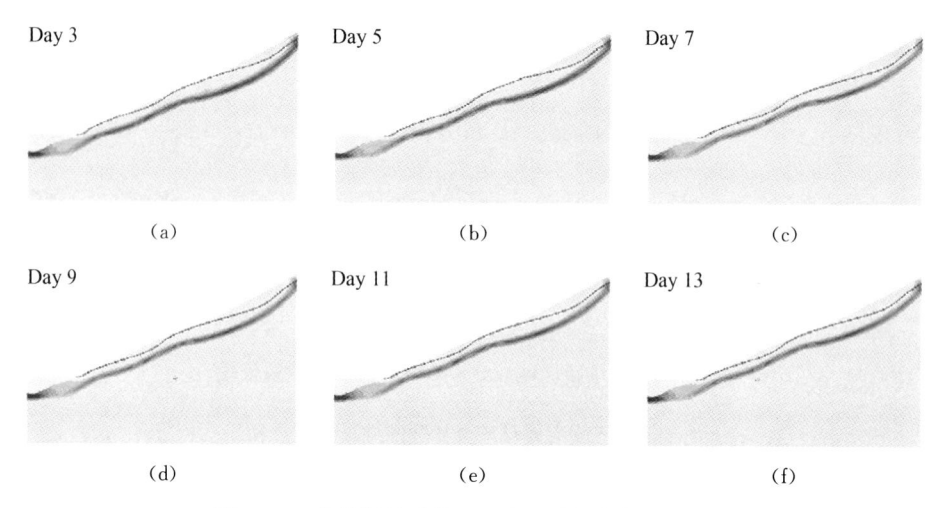

	Day 3	Day 5	Day 7
	(a)	(b)	(c)
	Day 9	Day 11	Day 13
	(d)	(e)	(f)

图 7-35　大华滑坡连续 7 d 降雨后剪应变增量云图

表 7-6　大华滑坡连续 7 d 降雨计算安全系数

Day	0	3	5	7	9	11	13
F_s	1.161	1.051	1.048	1.042	1.037	1.037	1.041

4. 降雨历时对地下水位抬升的影响分析

分别对Ⅰ区和Ⅳ区 UP2-2 和 UP2-1 处的地下水位进行监测，得到不同降雨历时下的地下水变动曲线，如图 7-36 所示，从图中可知，降雨对地下水短期内的影响比较显著。降雨初始水位有一个较大幅度的抬升，其中Ⅰ区的抬升幅度比Ⅳ区更大，表明降雨对滑坡体高处地下水位的影响比低高程处更大。从影响程度来看，降雨历时越长，地下水位最终上升的幅值越大。

5. 降雨历时对堆积体滑坡安全性的影响分析

图 7-37 为所研究剖面在不同降雨历时下安全系数的变动情况。可以看出，安全系数随着降雨的发生而逐渐降低，降雨初始时安全系数下降较多，之后安全系数随着降雨的持续而逐步降低；在雨后几天内，安全系数仍有小幅下降，之后才逐步回升。表明滑坡体的安全系数对降雨的反应有一定的滞后。从安全系数恢复的速率来看，降雨历时越短，安全系数回升到某一特定值所用的时间越短。

(a) Ⅰ区 UP2-2

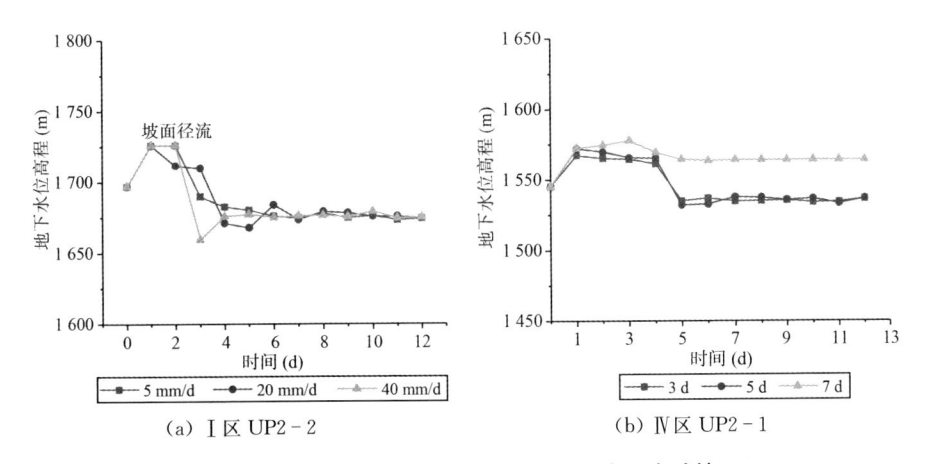

(b) Ⅳ区 UP2-1

图 7-36　大华滑坡不同降雨历时下地下水位变动情况

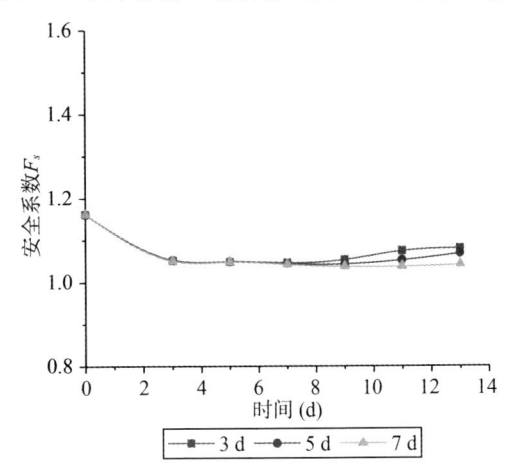

图 7-37　大华滑坡不同降雨历时下安全系数变动情况

7.4.2　降雨强度影响分析

图 7-38、图 7-39 和图 7-40 依次为降雨强度 5 mm/d、20 mm/d、40 mm/d 的地下水位线变动情况,降雨历时均为 3 d。从图中可以看出,雨强越大,地下水位线抬升的高度越大,地下水回落到初始水位所需时间越长。雨强较大时,坡面更易出现暂态饱和区,且暂态饱和区存在的时间也会较长。

分别绘制不同雨强下Ⅰ区和Ⅳ区监测点 UP2-2 和 UP2-1 处的地下水位变动情况(如图 7-41 所示),从图中可以看出,雨强较大时,所形成坡面汇流的持续时间越久,当雨强较小时,不易形成坡面汇流。降雨结束后,地下水最终将

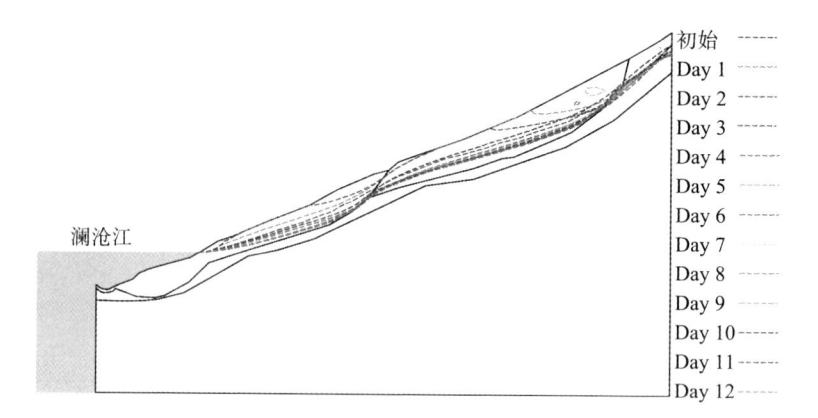

图 7-38　大华滑坡地下水位线变动情况（雨强 5 mm/d）

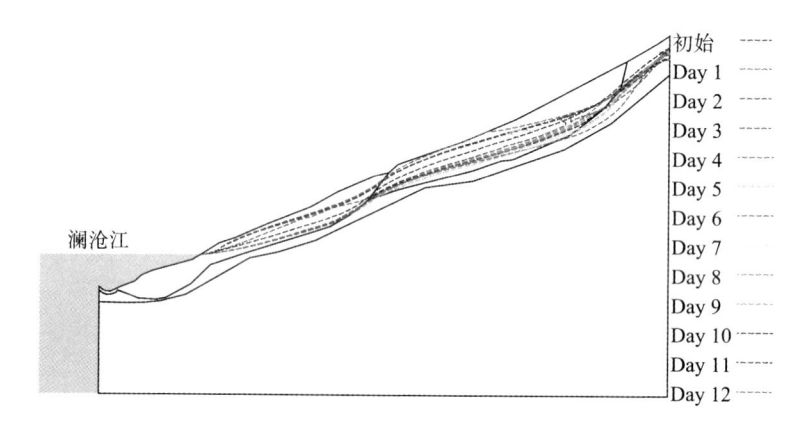

图 7-39　大华滑坡地下水位线变动情况（雨强 20 mm/d）

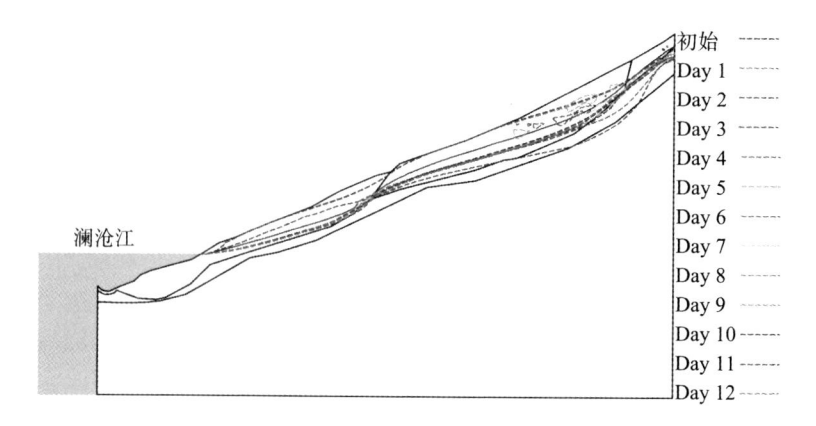

图 7-40　大华滑坡地下水位线变动情况（雨强 40 mm/d）

回落至某一稳定值,雨强越小,地下水回落过程越平稳;反之则波动性越强,地下水回落至正常水位所需的时间也更久。

7.4.3 库水位调度影响分析

水动力型滑坡中另一重要影响因素是库水位的调度。如前所述,降雨对滑坡体高程较大处的地下水影响较大,而库水位的升降则显著地影响了滑坡体低高程处的地下水位,因此本节主要研究库水位升降速率对地下水位线的影响。

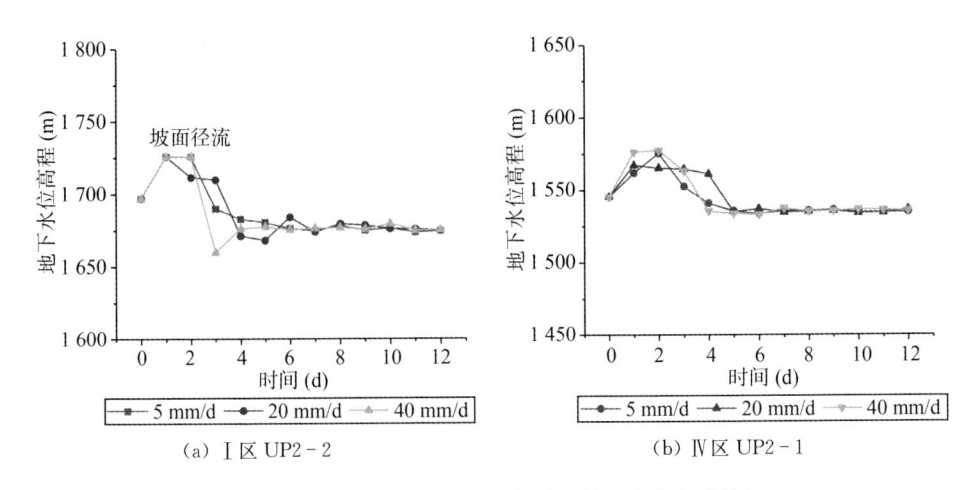

(a) Ⅰ区 UP2-2

(b) Ⅳ区 UP2-1

图 7-41 大华滑坡不同降雨历时下地下水位变动情况

1. 库水位上升速率的影响

假定库水位分别以 0.5 m/d、1 m/d、2 m/d、5 m/d 的速率从 1 471 m 调度到 1 481 m,计算滑坡体内地下水位的变动情况,库水位调度过程如图 7-42 所示。

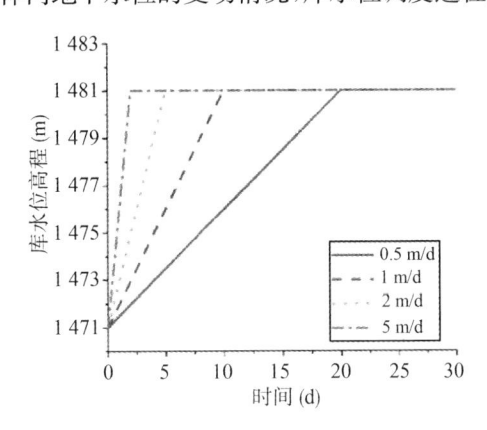

图 7-42 库水位上升的调度方案

分别在离本次最高调度水位 50 m 处和Ⅳ区的 UP2-1 处各设一个水位监测孔 SK1 和 SK2,如图 7-42 为两监测孔处地下水位的变动情况。

从图 7-43 中可以看出,SK2 水位并无太大变化,表明库水位的调度对该位置的地下水影响有限;而在 SK1 处可见明显的水位波动,表明库水位对该处有显著影响。当库水位上升速率较小时,靠近水库一侧的地下水位将首先上升,此时远处地下水位尚未受到库水位上升的影响。随着渗流时间的增加,库水位上升对地下水的影响开始逐渐向远处波及,此时离库较远处的地下水位也逐渐升高,直至影响半径内的水位都产生了相应的变化。从图中可以看出,这种现

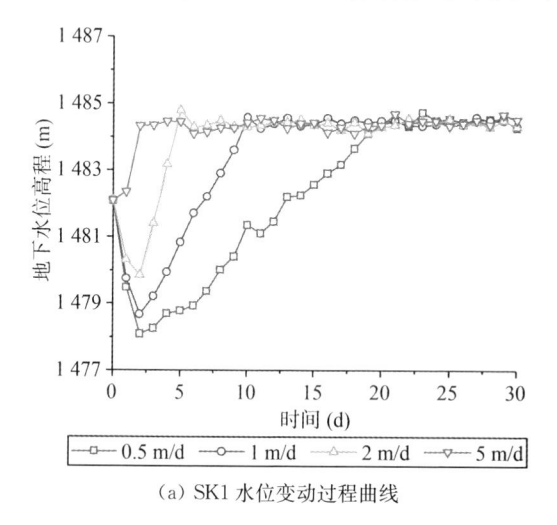

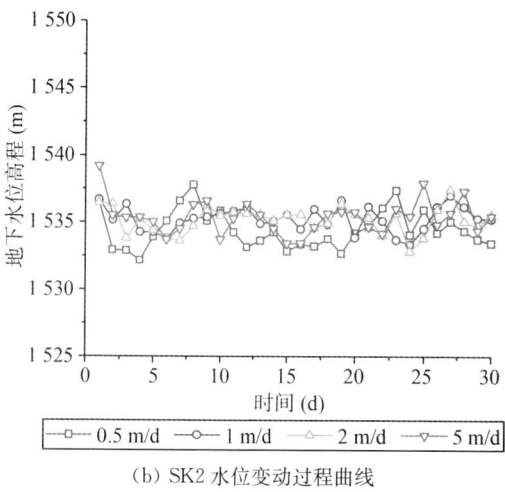

(a) SK1 水位变动过程曲线

(b) SK2 水位变动过程曲线

图 7-43　库水位上升调度方案对地下水位的影响

象随着库水位上升速率的增大而逐渐减弱,当库水位上升速率达到 5 m/d 时,远端的地下水位可产生同步的骤升。

为分析地下水上升速率和库水位上升速率的关系,将 SK1 处的水位变动情况与库水位调度过程进行对比(如图 7-44 所示),可以看出,当库水位上升速率较小时(0.5 m/d),地下水所受到的影响较小,水位上升的速率很缓,在宏观上体现为明显的滞后性;随着库水位上升速率逐步从 1 m/d 增大到 2 m/d 直至 5 m/d 时,地下水上升速率明显增大,地下水位的抬升与库水位的上涨甚至表现出同步性,宏观表现为地下水位抬升相较于库水位上升的滞后性显著减弱。根据滑坡体内非 Darcy 渗流的 Forchheimer 方程,库水位上升速率的增加,引起滑坡体内的渗透水力梯度的显著增大,势必引起渗透系数的同步提高,从而使得地下水位的调整时间变短,滞后性因此而减弱。

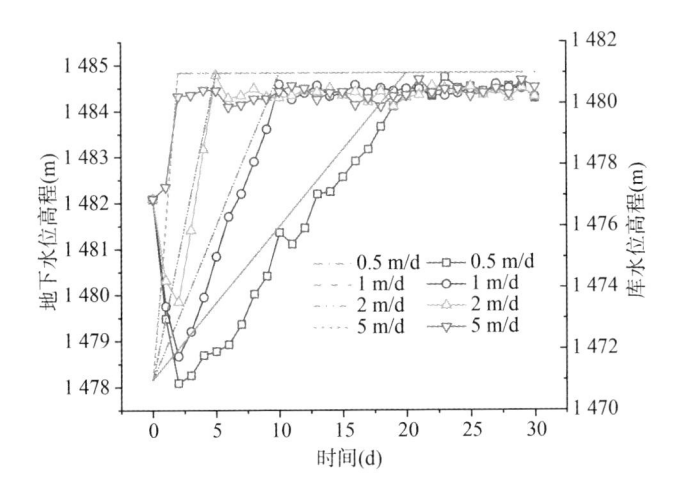

图 7-44　库水位上升调度方案与地下水位变动关系对比

2. 库水位下降速率的影响

假定库水位分别以 0.5 m/d、1 m/d、2 m/d、5 m/d 的速率从 1 481 m 调度到 1 471 m,调度方案如图 7-45 所示。同样可以看出,库水位对滑坡体低高程处的地下水影响较大,而对高处的影响较小,如图 7-46 分别为监测孔 SK1 和 SK2 中地下水位变动过程,显然,库水位下降对 SK2 处的地下水影响有限,在 SK1 处可见明显的变动。

从库水位下降调度方案与地下水位变动关系对比图(图 7-47)中可以看出,当库水位下降速率较小时(0.5 m/d),地下水下降的速率相对较慢;随着库

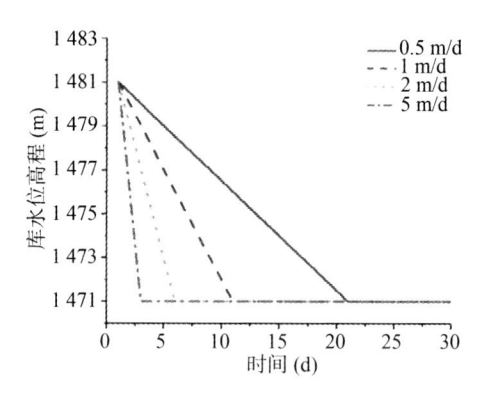

图 7-45 本研究中库水位下降调度方案

水位下降速率增大，地下水位下降的速率也快速增大，当库水位下降速率增大到 2 m/d 时，地下水位下降的速率超过了库水位下降的速率，这是因为库水位的快速下降，地下水需要快速进行补给，这种陡降也将会引起渗流力方向瞬间变化为朝向滑坡体的斜下方，从而对滑坡体的安全造成威胁。此外，还可以发现，与库水位上涨所引起的地下水变动不同，库水位下降时地下水位调整至稳定值所需的时间更长，可见库水位下降因素对滑坡体造成的威胁远大于上升状态，故应避免库水位的骤降。

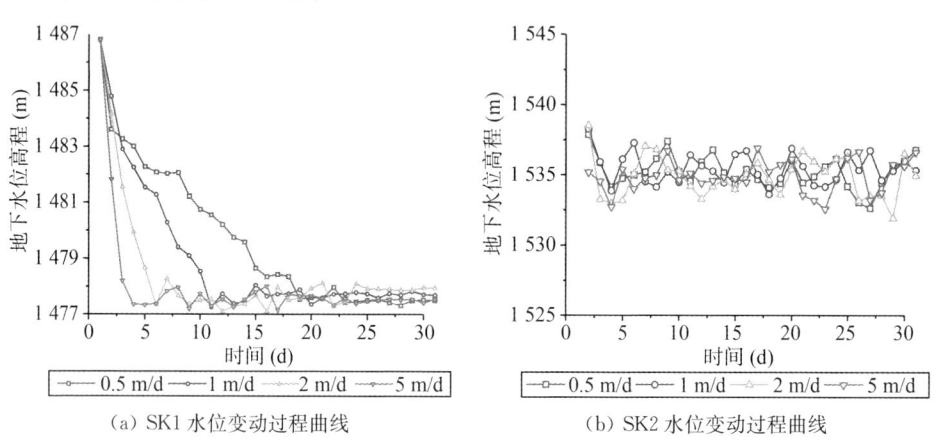

(a) SK1 水位变动过程曲线

(b) SK2 水位变动过程曲线

图 7-46 库水位下降调度方案对地下水位的影响

7.5 小结

针对澜沧江流域黄登-大华桥库区大华滑坡开展水动力特性影响分析并与

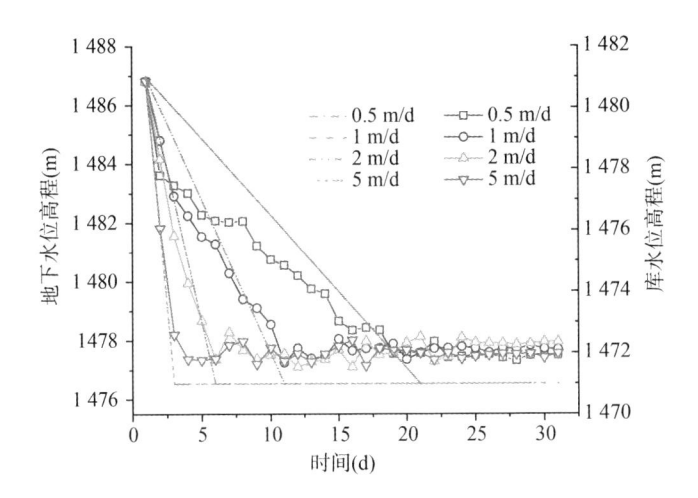

图 7-47　库水位下降调度方案与地下水位变动关系对比

现场调查情况和监测资料进行了对比,同时开展了降雨和库水位升降等单因素的影响特征分析。结果表明:

(1) 基于 Forchheimer-VG 模型对大华滑坡的地下水进行反演,与实测资料对比表明,该方法模拟效果较好。

(2) 对大华滑坡的历史运行资料进行分析,结果表明库水位的升降对滑坡体低高程处的地下水影响更大,而降雨对滑坡体高处的地下水影响更大。通过对以往运行条件下的水动力影响分析,表明大华滑坡安全系数的变化主要由库水位升降所引起。库水作用导致大华滑坡体前缘岩土体强度的劣化,使其首先破坏,然后牵引上部产生拉裂缝,其潜在滑面的剪出口位于库水位以下,尤其应加强大华滑坡体的水下、临江水位变动区的监测工作。

(3) 水动力条件下单因素影响特征分析结果表明,地下水位变动、堆积体内的渗流过程、应力应变状态和安全系数的变化相较于水动力条件的变化存在一定的滞后性。降雨易在大华滑坡体表面形成地下水出露点。降雨历时越长,地下水抬升的幅度越大,其回落周期越久。安全系数也伴随降雨的持续而不断降低,降雨刚结束时,安全系数仍会进一步降低,雨后几天才会逐渐回升。降雨历时越短,安全系数回升所用的时间越短。雨强越大,滑坡体内的地下水位抬升高度越大,地下水回落时间越长,回落过程中的波动性越强;滑坡体表面越易形成暂态饱和区。

(4) 库水位对靠近水库一侧的地下水影响较大,而对远端的地下水影响很小。库水位上升速率较小时,地下水的抬升具有明显的滞后效应;当库水位上升速率很大时,滞后性减弱。库水位下降速率较小时,地下水下降较慢;随着库水位下降速率增大,地下水位下降的速率也增大,且当库水位下降速率增大到一定程度时,地下水位的降速则会超过库水位降速,从而反向补给库水位。地下水的这种陡降也将引起渗流力方向的瞬间变化,威胁滑坡安全。与库水位上涨不同,下降时地下水调整至稳定状态所需时间更久,因此库水位下降对滑坡安全性的影响远大于上升状态,应避免库水位的骤降。

参考文献

[1] 周家文,陈明亮,李海波,等. 水动力型滑坡形成运动机理与防控减灾技术[J]. 工程地质学报,2019,27(5):1131-1145.

[2] ALAOUI A, LIPIEC J, GERKE H H. A review of the changes in the soil pore system due to soil deformation: A hydrodynamic perspective [J/OL]. Soil and Tillage Research, 2011, 115-116:1-15.

[3] PHAM H Q, FREDLUND D G. A volume-mass constitutive model for unsaturated soils[C]//Proceedings of the 58th Canadian Geotechnical Conference. Saskatoon: 2005,2:173-181.

[4] GEE G W, WARD A L, ZHANG Z F, et al. The Influence of Hydraulic Nonequilibrium on Pressure Plate Data[J]. Vadose Zone Journal, 2002, 1(1):172-178.

[5] 刘奉银,张昭,周冬,等. 影响 GCTS 土水特征曲线仪试验结果的因素及曲线合理性分析[J]. 西安理工大学学报,2010,26(3):320-325.

[6] 中华人民共和国住房和城乡建设部. 土工试验方法标准:GB/T 50123—2019[S]. 北京:中国计划出版社,2019.

[7] CRONEY D, COLEMAN J D. Pore pressure and suction in soils[C]// Proceeding of Conference on Pore pressure and suction in soils. London:Butterworths, 1961.

[8] RICHARDS B G. Measurement of free energy of soil moisture by the psychrometric technique, using thermistors [M]// AITCHISON G D. Moisture equilibria and moisture changes in soils beneath covered areas. Sydney:Butterworths, 1965:39-46.

[9] KHANZODE R M, VANAPALLI S K, FREDLUND D G. Measurement of soil-water characteristic curves for fine grained soils using a small-scale centrifuge[J]. Canadian Geotechnical Journal, 2002, 39(5): 1209-1217.

[10] SONG Y S, HWANG W K, JUNG S J, et al. A comparative study of

suction stress between sand and silt under unsaturated conditions[J]. Engineering Geology, 2012, 124(1): 90-97.

[11] LI J, SUN D, SHENG D, et al. Preliminary study on soil-water characteristics of Maryland clay[C]//Proceedings of the 3rd Asian Conference on Unsaturated Soils. 2007:569-574.

[12] VAN GENUCHTEN M T. A Closed-form Equation for Predicting the Hydraulic Conductivity of Unsaturated Soils[J]. Soil Science Society of American Journal, 1980, 44(5): 892-898.

[13] MUALEM Y. A new model for predicting the hydraulic conductivity of unsaturated porous media[J]. Water Resources Research, 1976, 12(3): 513-522.

[14] FREDLUND D G, RAHARDJO H. Soil mechanics for unsaturated soils[M]. Wiley, 1993.

[15] LU N, LIKOS W J. Unsaturated Soil Mechanics[M]. New Jersey: Wiley, 2005.

[16] WEI H Z, XU W J, WEI C F, et al. Influence of water content and shear rate on the mechanical behavior of soil-rock mixtures[J]. Science China Technological Sciences, 2018, 61(8): 1127-1136.

[17] VANAPALLI S K, FREDLUND D G, PUFAHL D E. The influence of soil structure and stress history on the soil-water characteristics of a compacted till[J]. Géotechnique, 1999, 49(2): 143-159.

[18] ZHANG Y, ZHAO Y, KONG C, et al. A new prediction method based on VMD-PRBF-ARMA-E model considering wind speed characteristic [J]. Energy Conversion and Management, 2020, 203: 112254.

[19] MOHANTY S, GGUPTA KK, RAJU K S. Hurst based vibro-acoustic feature extraction of bearing using EMD and VMD[J]. Measurement, 2018, 117: 200-220.

[20] MIRJALILI S, MIRJALILI S M, LEWIS A. Grey wolf optimizer[J]. Advances in Engineering Software, 2014, 69: 46-61.

[21] FARIS H, ALJARAH I, AL-BETAR M A, et al. Grey wolf optimizer: a review of recent variants and applications[J]. Neural Computing and

Applications, 2018, 30(2): 413-435.

[22] DRAGOMIRETSKIY K, ZOSSO D. Variational mode decomposition[J]. IEEE transactions on signal processing, 2013, 62(3): 531-544.

[23] RICHMAN J S, MOORMAN J R. Physiological time-series analysis using approximate entropy and sample entropy[J]. American Journal of Physiology-Heart and Circulatory Physiology, 2000, 278(6): H2039-H2049.

[24] KRASKOV A, STöGBAUER H, GRASSBERGER P. Estimating mutual information[J]. Physical Review E, 2004, 69(6): 066138.

[25] RESHEF D N, RESHEF Y A, FINUCANE H K, et al. Detecting novel associations in large data sets[J]. Science, 2011, 334(6062): 1518-1524.

[26] CORTES C, VAPNIK V. Support-vector networks[J]. Machine Learning, 1995, 20(3): 273-297.

[27] SUYKENS J A, VANDEWALLE J. Least squares support vector machine classifiers[J]. Neural Processing Letters, 1999, 9(3): 293-300.

[28] CAI Z, XU W, MENG Y, et al. Prediction of landslide displacement based on GA-LSSVM with multiple factors[J]. Bulletin of Engineering Geology and the Environment, 2016, 75(2): 637-646.

[29] MIRJALILI S, LEWIS A. The whale optimization algorithm[J]. Advances in Engineering Software, 2016, 95: 51-67.

[30] MARINI F, WALCZAK B. Particle swarm optimization (PSO). A tutorial[J]. Chemometrics and Intelligent Laboratory Systems, 2015, 149: 153-165.

[31] KARABOGA D, BASTURK B. A powerful and efficient algorithm for numerical function optimization: artificial bee colony (ABC) algorithm[J]. Journal of Global Optimization, 2007, 39(3): 459-471.

[32] 周倩瑶. 水动力型滑坡位移预测与综合预警研究-以大华滑坡为例[D]. 南京:河海大学,2020.

[33] 水利水电规划设计总院. 水电工程边坡设计规范 NB/T 10512—2021[S]. 北京:中国水利水电出版社,2021.

[34] 许强,董秀军,李为乐. 基于天-空-地一体化的重大地质灾害隐患早期

识别与监测预警[J]. 武汉大学学报(信息科学版), 2019, 44(7): 957-966.

[35] 金海元. 高边坡安全监测预警方法研究及应用——以锦屏一级水电站左岸边坡为例[D]. 南京: 河海大学, 2009.

[36] 许强, 曾裕平. 具有蠕变特点滑坡的加速度变化特征及临滑预警指标研究[J]. 岩石力学与工程学报, 2009, 28(6): 1099-1106.

[37] 白洁, 巨能攀, 张成强, 等. 贵州兴义滑坡特征及过程预警研究[J]. 工程地质学报, 2020, 28(6): 1279-1291.

[38] 卓云, 何政伟, 赵银兵, 等. 一种改进切线角单体滑坡预报模型的单体预警系统[J]. 测绘科学, 2014, 39(2): 73-75.

[39] 许强, 曾裕平, 钱江澎, 等. 一种改进的切线角及对应的滑坡预警判据[J]. 地质通报, 2009, 28(4): 501-505.

[40] 曾裕平. 重大突发性滑坡灾害预测预报研究[D]. 成都: 成都理工大学, 2009.

[41] 兰宇. 三峡库区九龙乡白龙村滑坡预测预警研究[D]. 成都: 成都理工大学, 2012.

[42] 苑谊, 马霄汉, 李庆岳, 等. 由树坪滑坡自动监测曲线分析滑坡诱因与预警判据[J]. 水文地质工程地质, 2015, 42(5): 115-122+128.

[43] 蔡嘉伦. 基于表面位移的滑坡稳定性评价及预警阈值探讨[D]. 成都: 西南科技大学, 2016.

[44] 张硕. 黄土高填方边坡失稳机理和临灾预警判据研究[D]. 成都: 成都理工大学, 2016.

[45] 马旭. 四川省理县西山村滑坡协同预警研究[D]. 成都: 成都理工大学, 2016.

[46] 魏上杰. 攀田高速三家村滑坡稳定性分析与监测预警研究[D]. 成都: 成都理工大学, 2017.

[47] 许强, 彭大雷, 何朝阳, 等. 突发型黄土滑坡监测预警理论方法研究——以甘肃黑方台为例[J]. 工程地质学报, 2020, 28(1): 111-121.

[48] 李聪, 朱杰兵, 汪斌, 等. 滑坡不同变形阶段演化规律与变形速率预警判据研究[J]. 岩石力学与工程学报, 2016, 35(7): 1407-1414.

[49] 中国水电顾问集团成都勘测设计研究院. 岩石高边坡稳定性反馈分析和

预警系统关键技术研究[R].2010.
[50] 袁广.开挖黄土边坡失稳机理与预警判据研究——以兰州市沙井驿滑坡为例[D].成都:成都理工大学,2017.
[51] 毛昶熙.堤防工程手册[M].北京:中国水利水电出版社,2009.
[52] 黄松.山博赛金矿床地质统计学模型构建与三维成矿预测[D].北京:北京科技大学,2020.
[53] REMY N. Geostatistical Earth Modeling Software: User's Manual [J]. Stanford center for reservoir forecasting,2004.
[54] LIU C,XU Q,SHI B, et al. Mechanical properties and energy conversion of 3D close-packed lattice model for brittle rocks [J]. Computers & Geosciences,2017,103:12-20.
[55] 刘世君,徐卫亚,王红春.不确定性岩石力学参数的区间反分析[J].岩石力学与工程学报,2004,23(6):885-888.
[56] 喻和平,张聪,袁明明,等.边坡稳定性分析的区间极限平衡法[J].科学技术与工程,2015,15(5):301-304.
[57] DONALD I B,GIAM P. The ACADS slope stability programs review [C]//Proceedings of the 6th International Symposium on Landslides. 1992,3:1665-1670.